여성복 패턴 메이킹
스커트/블라우스

여성복 패턴 메이킹
스커트/블라우스

최현옥 · 유은주 지음

책나무과무

디지털 기술과의 융합은 오늘날 패션 산업 현장에서 필수가 되었으며, 2D CAD와 3D 가상 봉제 시스템은 이제 선택이 아닌 기본 역량으로 자리 잡았습니다. 그러나 교육 현장에서는 여전히 창의적 디자인을 실제 의복으로 완성시키는 패턴 제도 단계에서, CAD 활용 능력과 체형·디자인에 적합한 패턴 설계의 어려움으로 많은 시행착오가 반복되고 있는 것이 현실입니다.

이러한 교육적 과제를 깊이 이해하고 집필된 본 교재의 출간은, 패션 CAD 교육을 선도하는 기업의 대표로서 매우 반갑고 의미 있는 소식이라 할 수 있습니다. 본 교재는 기초 패턴 제도부터 실무 중심의 디지털 CAD 활용까지 유기적으로 연결한 현장 친화적인 실무 지침서로서, 다음과 같은 세 가지 강점을 지니고 있습니다.

첫째, 현장 중심의 패턴 제도 체계화입니다. 본 교재는 기존 교재들이 주로 기성복 표준 사이즈에 머무르던 한계를 넘어, 실제 모델 인체 측정치를 기반으로 패턴 제도 과정을 충실히 담아냈습니다. 실제 인체 치수를 바탕으로 DXF 파일을 제작하는 전 과정은, 졸업 작품과 포트폴리오 완성도를 고민하는 학생들에게 매우 실질적인 해답을 제시합니다.

둘째, UTTU CAD를 활용한 능동적 디지털 패턴 메이킹 학습입니다. 의류 산업 현장이 빠르게 2D CAD 중심으로 전환되는 지금, 프로그램을 '아는 수준'을 넘어 '자유롭게 활용하는 역량'이 무엇보다 중요합니다. 본 교재는 UTTU CAD의 환경 설정부터 핵심 아이콘과 기능 활용까지 단계별로 체계적으로 안내함으로써, 학습자가 CAD를 주도적으로 다룰 수 있도록 설계되었습니다.

셋째, 3D 가상 봉제를 통한 직관적 피드백과 응용력 강화입니다. CLO 프로그램을 활용한 3D 가상 봉제 결과를 함께 제시하여, 패턴 설계가 실제 실루엣으로 구현되는 과정을 미리 확인할 수 있도록 한 점은 매우 인상적입니다. 특히 베이지 톤의 광목 원단을 적용해 장식적 요소를 배제하고, 실루엣과 패턴 구조 자체에 집중하도록 구성한 점은 교육적 완성도가 매우 높다고 평가합니다.

본 교재는 대학 저학년의 기초 학습부터 고학년의 졸업 작품 준비에 이르기까지 전 교육 과정을 아우르는 든든한 가이드북이 될 것입니다. 특히 UTTU CAD 프로그램을 처음 접하는 학습자뿐만 아니라, 실무 수준의 숙련도를 갖추고자 하는 모든 분들께 자신 있게 추천합니다.

이 책이 UTTU CAD를 활용한 2D 패턴 제도에 대한 확신과 자신감을 심어 주고, 디지털 패션 시대를 선도할 전문 인재를 양성하는 데 소중한 밑거름이 되기를 진심으로 기대합니다.

2026년 1월

㈜씨에이플래닛 대표 고태욱

들어가는 글 ○

수년간 학생들의 졸업 작품을 지도하며 관찰한 결과, 많은 학생들이 실제 의복으로 완성시키는 패턴 제도 단계에서, CAD 활용 능력과 모델 체형·디자인에 적합한 패턴 설계의 어려움을 겪고 있음을 확인할 수 있었다.

디지털 패턴 작업은 정확성과 작업 효율을 향상시키는 동시에, 다양한 체형과 디자인 변형에 빠르게 대응할 수 있다는 장점을 지닌다. 이에, 의류 산업 현장은 물론 교육 현장에서도 CAD 프로그램을 활용한 2D 패턴 메이킹으로의 전환이 빠르게 이루어지고 있다. 이러한 변화는 패턴 교육 방식 또한 산업 환경과 시대적 흐름에 부합하도록 재정립될 필요가 있음을 시사한다.

본 교재는 이러한 문제의식과 산업 및 교육 환경의 변화를 바탕으로, UTTU CAD 프로그램을 활용한 여성복 원형 패턴 제도 방법부터 졸업 작품 제작을 위한 패턴 응용 및 실전 적용까지를 단계적으로 정리한 학습서이다. 각 아이템을 완성하는 과정을 통해 UTTU CAD 프로그램을 자연스럽게 학습할 수 있도록 하였다. 또한 패션모델의 인체 측정치 및 사이즈를 기준으로 한 패턴 제도 과정을 수록함으로써 졸업 작품 제작에 실질적인 도움이 되도록 구성하였다.

내용 구성은 기초 학습 단계의 기본 원형 제도 방법부터 졸업 작품 제작 단계에 이르기까지 단계적 활용이 가능한 다양한 아이템을 제시함으로써, 학습자의 수준과 목적에 따라 폭넓은 응용이 가능하도록 하였다. 모든 패턴 제도는 UTTU CAD 프로그램을 활용하여 실제 크기로 제도하였으며, 프로그램의 환경 설정 방법과 함께 패턴 제도 시 사용되는 주요 아이콘의 기능, 제도 과정을 단계별로 상세히 설명하였다.

디자인 제시는 UTTU CAD 프로그램을 활용하여 제작한 패턴 파일(DXF)을 3D 시뮬레이션 프로그램 CLO에서 불러와 가상 의상으로 시뮬레이션 한 결과물을 제시함으로써, 패턴 설계와 완성 형태 간의 연관성을 보다 명확히 이해할 수 있도록 하였다. 3D 시뮬레이션 과정에서 광목 소재를 적용하여 소재의 장식적 요소를 의도적으로 배제하였으며, 이를 통해 실루엣과 패턴 구조 자체에 대한 이해에 중점을 두었다.

구체적으로는 스커트 원형을 활용한 17가지 스커트 디자인, 토르소 원형과 소매 원형을 활용한 17가지 블라우스 디자인을 제시하여, 다양한 패턴 제도 방법을 비교·응용할 수 있도록 하였다. 이를 통해 디자인 간 교차 적용이 가능하도록 구성하였으며, 본 교재가 2D CAD 학습과 디자인 개발을 위한 실질적인 패턴 제도 참고서로 활용될 수 있을 것으로 기대한다.

이 책이 출판되기까지 아낌없는 노력과 시간을 들여 성심껏 도움을 주신 모든 분들께 깊은 감사를 드린다. 패턴에 대한 소중한 조언을 아끼지 않으신 ㈜쏠리드의 조극영 이사님, UTTU CAD 프로그램을 지원해 주신 ㈜씨에이플래닛을 비롯하여 여러 방면에서 도움을 주신 모든 분들께 진심으로 감사의 뜻을 전한다.

2026년 1월

저자 최현옥·유은주

차례

1장 인체측정

2장 UTTU CAD 설정

3장 스커트 패턴 메이킹

4장 블라우스 패턴 메이킹

여성복 패턴 메이킹

스커트/블라우스

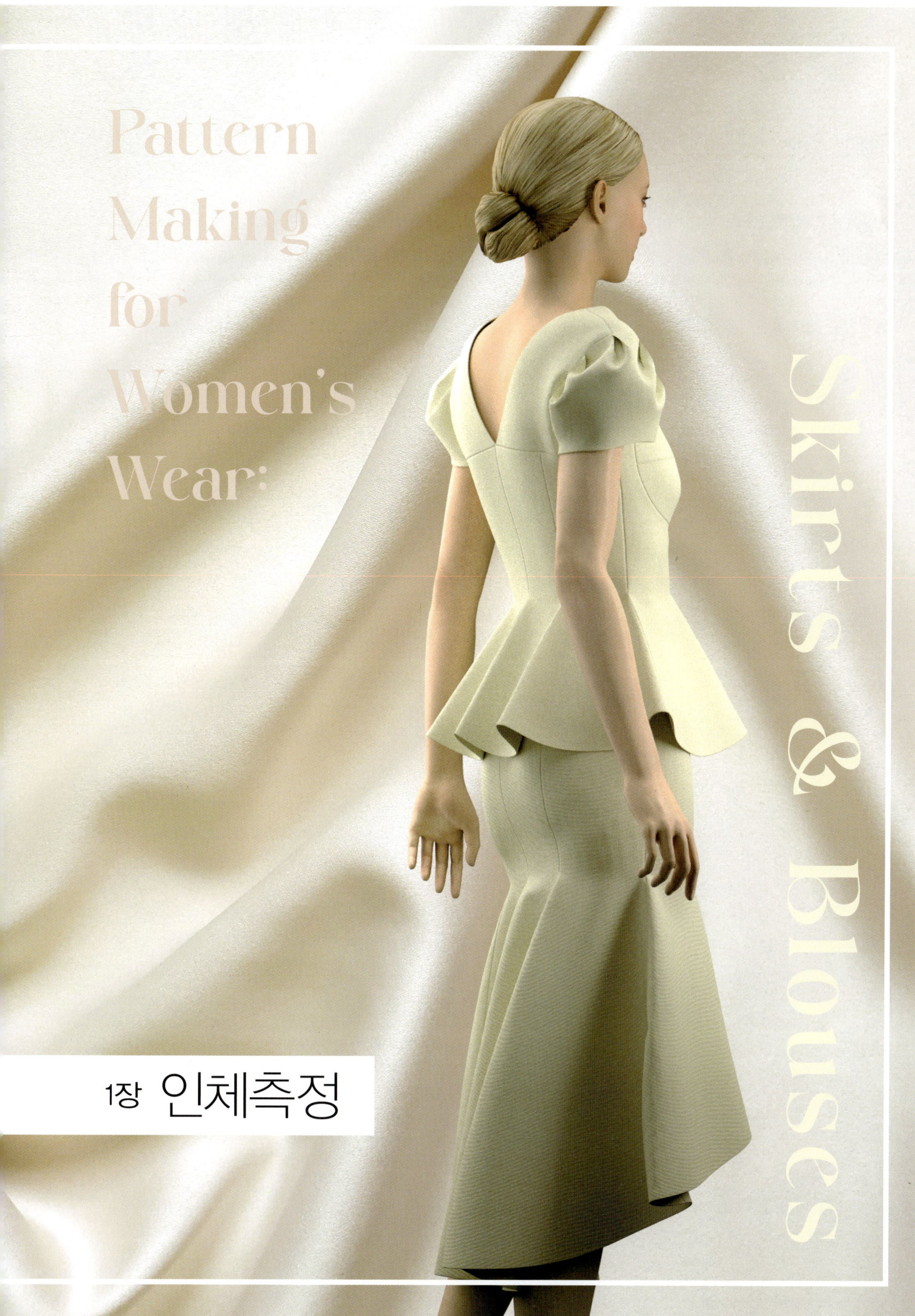

1장 인체측정

1. 인체측정

1) 측정 준비

피측정자는 인체측정학 및 의복구성학에 근거한 측정 기준점 및 기준선을 표시한 후 인체측정학적 선 자세 (Anthropometric Standing)를 취한다. 인체측정학적 선 자세란 척주와 무릎을 곧게 펴고 머리를 반듯하게 세우고 눈은 똑바로 앞을 주시하며, 턱은 위로 들지 않은 상태, 즉 머리 수평면을 유지하도록 하는 자세를 의미한다. 이때, 좌우 발꿈치는 붙이고 양 엄지발가락 사이 끝은 30° 정도 벌리고 서서 팔은 자연스럽게 내려 손바닥이 몸의 옆쪽을 향하게 한다.

측정 시 측정복으로 스포츠 브라와 브리프를 착용하는 것이 바람직하나, 경우에 따라 착용 가능한 외의류를 착용할 수 있다. 예로 재킷을 위한 치수 측정 시 피측정자의 몸에 잘 맞는 셔츠를 입을 수 있다.

2) 기준점[1]

기준점	위치	측정 방법 및 자세
목뒤점		피측정자의 뒤쪽에서 피측정자의 머리를 숙이게 하고 가장 튀어나온 목뼈를 만지면서 피측정자가 천천히 머리를 들어 머리수평면이 되게 한다. 일곱째 목뼈가시돌기 가장 뒤쪽에 만져지는 위치를 정한다.
목앞점		피측정자 주위에서 위치를 바꾼다. 측정자는 측정용 목걸이(체인)를 목뒤점에서 목밑둘레를 따라 돌려 양쪽 빗장뼈 안쪽 위가를 지나도록 한다.
목옆점		피측정자의 옆에 서서, 피측정자의 어깨에서 목 쪽으로 만지면서 등세모근의 앞쪽 가장자리가 목 옆에 그어 놓은 선과 만나는 위치를 정한다.
어깨 가쪽점		피측정자의 오른쪽 옆에 서서 자를 사용하여 위팔 폭을 이등분하는 수직선을 올려 어깨 부위에 그어 놓은 ─선과 만나도록 하고, 그 위치에서 직각이 되는 짧은 ｜선을 그어 ＋ 표시가 되게 한다.

---

1 https://sizekorea.kr/human-meas-search/ergo-std/landmark

팔꿈치 가운데점		피측정자는 손등을 밖으로 향하게 하여 바닥과 수평이 될 때까지 팔을 들어 올리고 아래 팔과 주먹은 일직선이 되도록 한다. 피측정자의 오른쪽 팔꿈치 머리 중심에서 가장 튀어나온 곳을 정한다.
손목 안쪽점		피측정자의 뒤에 서서 피측정자의 손을 잡고, 피측정자 손의 새끼손가락 쪽에 측정자의 엄지손가락을 놓고 손목 쪽을 향하여 위로 만져 자뼈 끝을 정한다.
젖꼭지점		피측정자의 오른쪽에 서서 측정복의 가장 튀어나온 젖꼭지점을 찾아 정한다.
겨드랑점		필요에 따라 피측정자 주위에서 위치를 바꾼다. 30㎝ 수직자를 측정자의 오른쪽 겨드랑에 끼워 겨드랑 높이로 수평이 되게 조절한 다음 팔을 조심스럽게 내리게 한 후 정한다.
겨드랑 앞벽점		어깨가쪽점과 겨드랑앞점까지 줄자를 대고, 그 거리의 중간 위치에서 어깨가쪽점 설정 과정에서 미리 그어 놓은 ｜선과 직각이 되는 짧은 ―선을 그어 ＋ 표시가 되게 한다.
겨드랑 뒤벽점		어깨가쪽점과 겨드랑뒤점까지 줄자를 대고 그 거리의 중간 위치에서 어깨가쪽점 설정 과정에서 미리 그어 놓은 ｜선과 직각이 되는 짧은 ―선을 그어 ＋ 표시가 되게 한다.
등뼈위 겨드랑수준		피측정자의 뒤에 서서 자(ruler)로 오른쪽과 왼쪽의 겨드랑뒤점을 연결해서 등뼈 위에 표시한다. 겨드랑 수준을 등뼈에 정한다.
허리옆점		피측정자의 앞에 서서 열째 갈비뼈점과 엉덩뼈능선점 사이 거리의 1/2 위치에 표시한다.
허리앞점, 허리뒤점		허리앞점은 허리옆점 높이를 앞 정중선상에 정하고, 허리뒤점은 허리옆점 높이를 뒤 정중선상에 정한다.

엉덩뼈 능선점			피측정자의 앞에 서서 오른쪽 엉덩뼈 능선에서 가장 높이 만져지는 곳을 정한다.
엉덩이 돌출점수준			피측정자는 인체측정학적 선 자세를 취한 후 아래팔을 수평으로 올린다. 피측정자의 오른쪽에 서서 오른쪽 엉덩이 부위에서 가장 뒤쪽으로 튀어나온 곳을 정한다.
무릎뼈 가운데점			피측정자의 앞에 서서, 무릎뼈 위가는 집게손가락, 무릎뼈 아래가는 엄지손가락으로 잡고 눈으로 가운데를 설정해서 무릎뼈의 위가와 아래가 사이의 가운데를 정한다.
가쪽복사점			측정대 위에서 몸무게를 두 발에 균등하게 싣고 선 피측정자의 오른쪽에 서서 가쪽복사에서 가장 돌출된 곳을 정한다.

3) 기준선

몸의 부위를 나누기 위해 정해진 선과 인체 부위의 최대, 최소의 길이를 표시하는 선으로, 의복의 구성상 중요시되는 선들을 기준으로 정한다.

(1) 목밑둘레선(neck base circumference line) : 목뒤점과 목옆점, 목앞점을 지나는 자연스러운 곡선.

(2) 가슴둘레선(bust circumference line) : 상반신에서 가장 두꺼우며 양쪽 젖꼭지점을 지나는 수평둘레선.

(3) 어깨선(shoulder line) : 목옆점에서 어깨끝점을 잇는 선.

(4) 진동둘레선(armhole circumference line) : 겨드랑점과 어깨끝점을 지나는 곡선.

(5) 허리둘레선(waist circumference line) : 허리앞점, 허리옆점, 허리뒤점을 지나는 수평둘레선.

(6) 엉덩이둘레선(hip circumference line) : 엉덩이돌출점을 지나는 수평둘레선.

(7) 앞중심선(center front line) : 목앞점에서 정중선을 따라 수직으로 내려오는 선.

(8) 뒤중심선(center back line) : 목뒤점에서 정중선을 따라 수직으로 내려오는 선.

4) 인체측정 방법

부정확한 인체 측정치로는 올바른 패턴 제도를 완성할 수 없고, 모델 치수에 맞는 디자인 구현이 어려우며, 여러 번의 피팅과 수정이 요구된다.

패턴 제도 전 일반적으로 줄자를 활용한 직접측정법의 인체측정이 주로 사용되며, 이를 위해 허리벨트(허리둘레 표시용 고무줄), 목둘레 측정용 체인(목걸이), 진동둘레 표시용 접착식 라인 테이프나 얇은 고무줄, 랜드 마크용 수성사인펜과 알코올 스왑, 접착식 도트 테이프, 30㎝ 직선자, 치수 기록표와 필기도구 등이 필요하다.

정확한 측정을 위해서는 측정자 1인이 측정하는 것보다는 측정 보조자로 최소 2인이 함께하여 수평둘레 측정 시 도움을 주거나, 측정치의 기록 등을 돕는 것이 좋다.

(1) 측정 항목 및 방법[2]

① 길이 항목

항목	위치	측정 방법
총길이		피측정자의 뒤에서 줄자로 목뒤점에서 허리뒤점, 엉덩이돌출점 수준까지 체표를 따른 후, 엉덩이돌출점에서 바닥면까지의 수직길이를 측정한다.
등길이		피측정자의 뒤에서 줄자로 목뒤점에서 허리뒤점까지 뒤 정중선을 따라 체표길이를 측정한다.
목뒤등뼈위 겨드랑수준 길이		피측정자의 뒤에서 줄자로 목뒤점에서부터 등뼈위 겨드랑수준까지 뒤 정중선을 따라 체표길이를 측정한다.
어깨길이		피측정자의 오른쪽 뒤에서 줄자로 피측정자의 목옆점에서 어깨점까지의 길이를 측정한다.

---

2 https://sizekorea.kr/human-meas-search/ergo-std/item

어깨가쪽 사이길이		피측정자의 뒤에서 줄자로 왼쪽 어깨가쪽점에서 오른쪽 어깨가쪽점까지의 체표길이를 측정한다.
팔길이 (어깨가쪽점)		피측정자의 오른쪽 옆에서 줄자로 오른팔 어깨점에서 노뼈위점을 지나 손목안쪽점까지의 체표길이를 측정한다.
위팔길이 (어깨가쪽점)		피측정자의 오른쪽 옆에서 줄자로 오른팔 어깨가쪽점에서 노뼈위점까지의 체표길이를 측정한다.
겨드랑뒤벽 사이길이		피측정자의 뒤에서 줄자로 오른쪽과 왼쪽의 겨드랑뒤벽점 사이 길이를 측정한다. 이때 줄자가 등 뒤의 움푹한 부분을 건너도록 당겨서 측정한다.
겨드랑앞벽 사이길이		피측정자의 앞에서 줄자로 오른쪽 겨드랑앞벽점과 왼쪽 겨드랑앞벽점 사이의 길이를 측정한다.
목옆젖꼭지 길이		피측정자의 오른쪽 옆에서 줄자로 목옆점에서 젖꼭지점까지의 길이를 측정한다.
젖꼭지사이 수평길이(여)		피측정자의 앞에서 줄자로 양쪽 젖꼭지점 사이의 수평거리를 측정한다. 단, 양쪽 젖꼭지점의 높이가 다를 경우 오른쪽 젖꼭지점을 기준으로 한다.

② 둘레 항목

항목	위치	측정 방법
목밑둘레		피측정자의 앞에서 오른쪽 목옆점, 목뒤점, 왼쪽 목옆점, 목앞점을 지나 다시 오른쪽 목옆점을 지나는 길이를 줄자를 세워서 측정한다.
젖가슴둘레 (여)		피측정자의 앞에서 줄자로 젖꼭지점을 지나는 둘레를 측정한다. 이때 줄자는 수평을 유지하도록 주의하여야 한다. 자연스러운 숨쉬기의 중간 호흡일 때 눈금을 읽는다.
젖가슴아래 둘레(여)		피측정자의 앞에서 줄자로 젖가슴아래점 높이 수준에서의 둘레를 측정한다. 이때 줄자는 수평을 유지하여야 하고 특히 등 쪽에서 줄자의 수평을 확인한다. 자연스러운 숨쉬기의 중간 호흡일 때 눈금을 읽는다.
가는허리둘레 (여)		피측정자의 앞에서 줄자로 피측정자의 가장 가는허리옆점을 지나는 허리둘레를 측정한다. 이때 줄자는 수평을 유지하도록 주의하고 자연스러운 숨쉬기의 중간 호흡일 때 눈금을 읽는다.
배꼽수준 허리둘레		피측정자의 앞에서 줄자로 배꼽점을 지나는 둘레를 측정한다. 자연스러운 숨쉬기의 중간 호흡일 때 눈금을 읽는다.
엉덩이둘레		피측정자의 오른쪽 앞 옆에서 엉덩이돌출점 수준의 수평둘레를 측정한다.
손목둘레		피측정자의 오른쪽 앞에서 줄자로 손목가쪽점을 지나 팔에 수직이 되도록 오른쪽 손목둘레를 측정한다.

2. 제도에 사용되는 부호

제도 기호	명칭	제도 기호	명칭
	올방향, 식서방향		이즈(오그림)
	완성선		개더, 셔링
	골선		다트
	안단선		다트접음
	등분선		외주름 (사선은 주름 방향 표시)
	45°정바이어스		맞주름
	직각		단추
	절개선		단춧구멍

3. 제도에 사용되는 약자

약자	원어	설명
B	bust circumference	가슴둘레
W	waist circumference	허리둘레
H	hip circumference	엉덩이둘레
N	neck circumference	목둘레
B.L	bust line	가슴선
W.L	waist line	허리선
H.L	hip line	엉덩이선
N.L	neck line	목둘레선
B.P	bust point	젖꼭지점
E.L	elbow line	팔꿈치선
K.L	knee line	무릎선
F.N.P	front neck point	목앞점
B.N.P	back neck point	목뒤점
S.N.P	side neck point	목옆점
S.P	shoulder point	어깨점
S.L	shoulder line	어깨선
C.F.(L)	center front (line)	앞중심(선)
C.B.(L)	center back (line)	뒤중심(선)
S.S	side seam	옆선
A.H	arm hole	진동둘레
F.A.H	front arm hole	앞진동둘레
B.A.H	back arm hole	뒤진동둘레
Fn	front notch	앞진동 맞춤표시
Bn	back notch	뒤진동 맞춤표시
MP	manipulation	(다트) 접어서 없앤다
S.C.H	sleeve cap height	소매산
S.B.L	sleeve bicep line	소매폭
Hm.L	hem line	밑단선
Cr.L	crotch line	밑위선

모델 치수 표					
측정일		**모델명**		**의상 No. (디자이너)**	

단위: ㎝

번호	항목	모델참고치수	1차측정	2차측정
1	키	177		
2	총길이	140		
3	등길이	39		
4	목뒤등뼈위겨드랑수준길이	15		
5	어깨길이	12		
6	어깨가쪽사이길이	39		
7	어깨가쪽점 팔길이	60		
8	어깨가쪽점 위팔길이	30		
9	손목둘레	15		
10	겨드랑뒤벽사이길이	32.5		
11	겨드랑앞벽사이길이	32		
12	앞중심길이	35.5		
13	목옆젖꼭지길이(유장)	25		
14	젖꼭지사이수평길이(유폭)	18		
15	목밑둘레	36		
16	젖가슴둘레(여)	82		
17	젖가슴아래둘레(여)	74		
18	가는허리둘레(여)	62		
19	배꼽수준허리둘레	64		
20	엉덩이둘레	92		
21	다리가쪽길이	102		
22	신발사이즈	mm	mm	mm

Pattern
Making
for
Women's
Wear:
Skirts & Blouses
2장 UTTU CAD 설정

1. UTTU CAD 실행

본 교재에서는 의류 패턴 제도 프로그램인 '우투(UTTU)'를 활용하여 스커트와 블라우스의 디자인에 따른 2D패턴 제도 방법을 소개한다.

(1) www.uttu.me에서 다운로드 후 회원 가입한다.

(2) 실행하면 아래 그림과 같은 화면이 활성화된다.

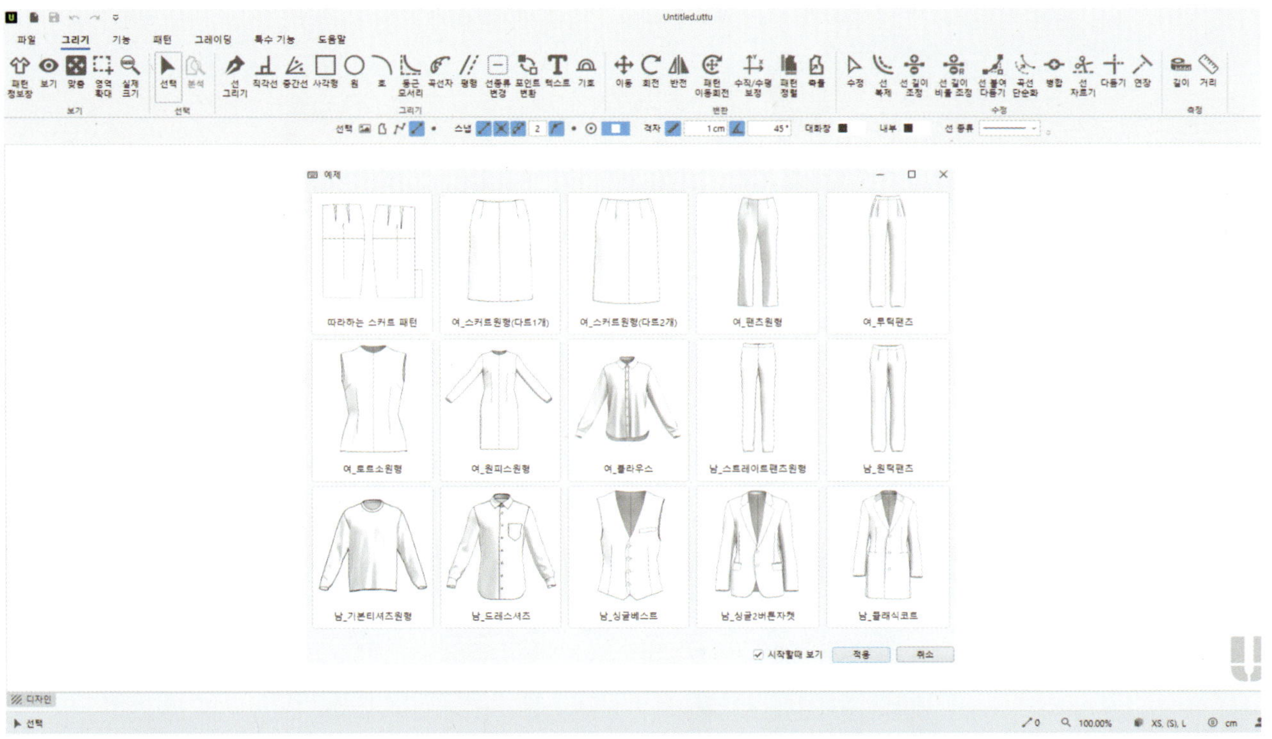

(3) 예제 팝업창에서 선택하고 적용을 클릭하거나 더블 클릭하면 예제 파일이 열린다.

(4) '따라 하는 스커트 패턴' 파일은 순서대로 따라 하면서 연습하는 데 활용한다.

(5) 예제 파일들은 기본 원형 파일들로 수정 작업하는 데 활용할 수 있다.

(6) 팝업창 아랫부분 '시작할 때 보기' 체크 해제하여 프로그램 실행 시 팝업창이 보이지 않게 할 수 있다.

(7) 다시 팝업창을 보고 싶다면 도움말 탭에서 예제 아이콘을 클릭한다.

2. UTTU CAD 기본 구조

UTTU CAD의 화면 구성은 다음과 같다.

① 탭: 파일/그리기/기능/패턴/그레이딩/특수 기능/도움말 탭으로 구성된다.

② 아이콘 표시줄: 패턴을 그리기 위한 지시 아이콘들로 구성된다.

③ 도구 모음: 선택/스냅/격자/대화창/내부 토글/선 종류 선택 도구 모음이다.

④ 정보창: 드로잉과 패턴에 대한 정보를 표시하는 창으로 표시/숨기기 설정이 가능하다. 본 교재에서는 숨기기로 설정한다.

⑤ 작업창: 패턴을 제도하는 창이다.

⑥ 보기창: 여러 항목 보기/숨기기 선택 창으로 보기/숨기기 설정이 가능하다.

⑦ 상태 표시줄: 실행 중인 명령어, 다음 동작 설명, 좌표값, 확대비율, 단위계, 버전을 표시한다.

⑧ 캔버스 상태 표시줄: 다음 동작 설명과 옵션을 표시한다.

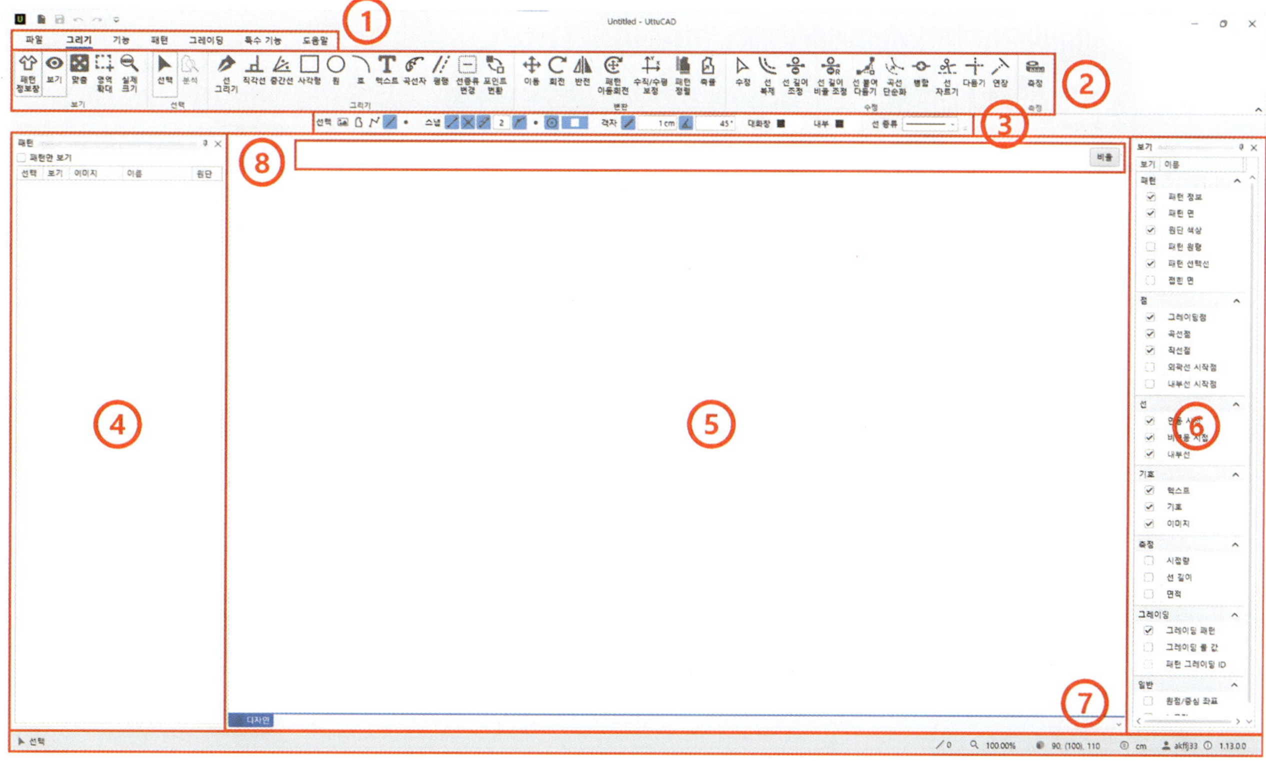

3. 파일

1) 설정

(1) 테마에서 화면창을 어둡게, 밝게 선택할 수 있다.

(2) 한국어, 중국어, 일본어, 영어, 베트남어를 지원한다.

(3) 단위는 ㎝, ㎜, inch로 설정할 수 있으며, 본 교재에서는 ㎝로 설정한다.

(4) 옵션과 지시 설명 위치는 캔버스 상단이나 상태창 왼쪽 하단으로 설정할 수 있다.

(5) 화면 크기 보정은 실제 크기 보기를 실행할 경우 사용한다.

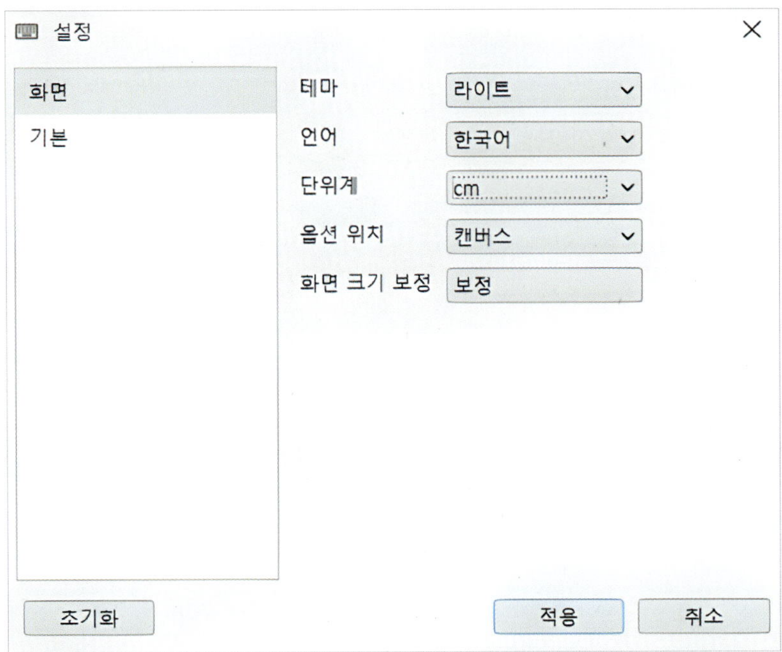

(6) 기본에서 개인용 컴퓨터가 아닌 공용 컴퓨터일 경우 자동 로그인을 비활성화한다.

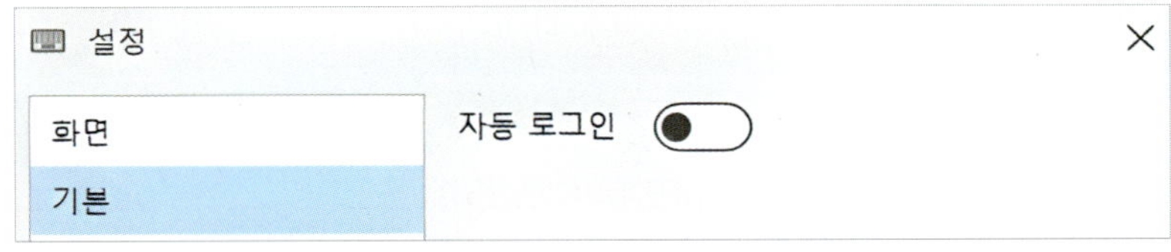

2) 다른 이름으로 저장

(1) 패턴 제도 시작 전에 파일 안정화를 위해 먼저 다른 이름으로 저장한다.

(2) 다른 이름으로 저장하면 그리기 창에 파일 이름이 생성되며, 이후 저장 버튼을 클릭하여 저장한다.

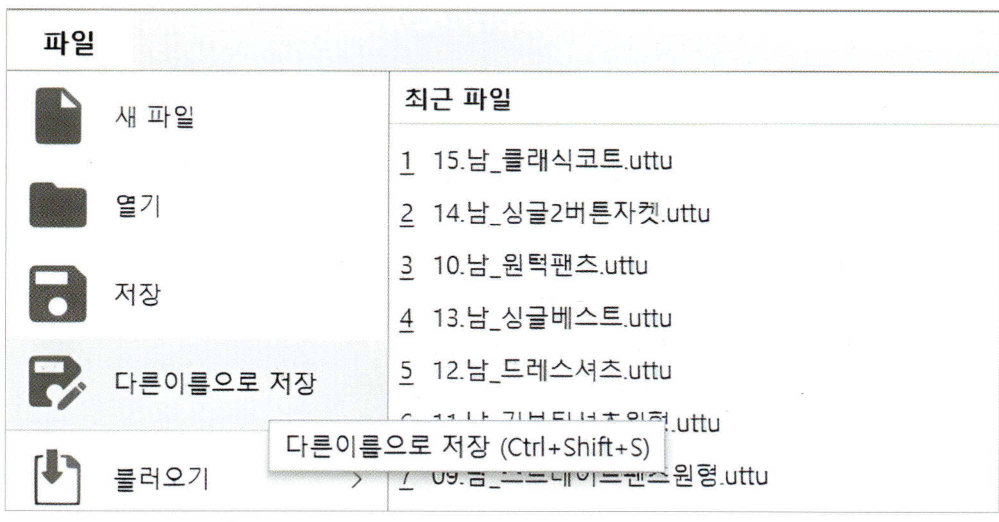

3) DXF 불러오기

(1) DXF 파일을 선택하면 아래 그림과 같은 대화창이 나온다.

① 패턴 정보창
패턴 전체 또는 원하는 사이즈만 선택하여 불러올 수 있다.

② 사이즈 라이브러리
DXF 파일의 사이즈 체계에 대한 정보를 표시한다. 불러온 사이즈 체계가 사이즈 리스트에 존재하면 동일하게 사용하고, 사이즈 리스트에 없는 경우에는 새로운 사이즈 리스트를 생성하여 사용한다. 새로 생성한 사이즈 리스트는 창의 제일 아랫부분에 추가된다.

③ DXF 파일 정보창

- 스타일 정보: 스타일 이름, 그레이드 룰 표, 사이즈 리스트, 기본 사이즈, 단위계, CAD 프로그램 제품, 파일 타입, 작성 날짜를 표시한다.
- 불러오기 옵션: 인코딩은 자동 인식되어 적용되는 부분이라 사용자는 선택하지 않는다. 배율은 파일에 따라 배율 조정이 필요한 경우 수정하여 사용한다.
- 새로운 사이즈 만들기: 현재 사이즈에 포함 옵션이다.

(2) 새로운 사이즈 만들기 상태에서는 새 파일에 DXF 파일을 불러오면서 저장하지 않은 작업은 저장 여부를 물어본다. 그레이딩된 패턴이 존재하는 경우 패턴 합치기 여부를 물어보는 팝업창이 뜬다.

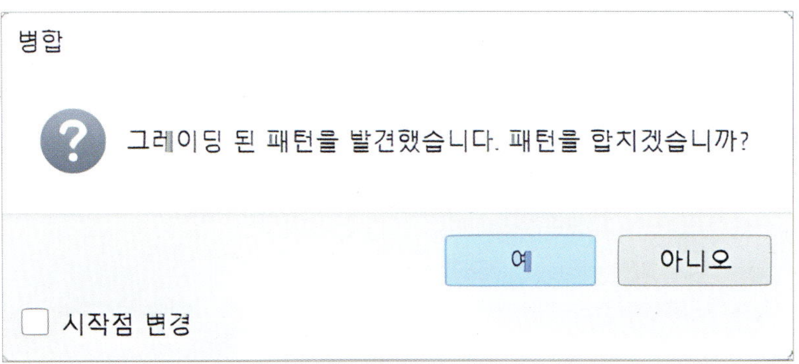

"예"를 클릭하면 기본 사이즈만 보이고 그레이딩 모드에서 그레이딩된 패턴들을 확인할 수 있다.

"아니오"를 클릭하면 모든 사이즈를 전개하여 표시한다. 이 경우는 각 패턴이 모두 기본 사이즈로 표시되고, 패턴 이름에 (사이즈)로 원래 사이즈를 표시한다. 혼동이 올 수 있으므로 주의한다.

(3) 다음 단계에서 패턴 정렬 여부를 확인하는 팝업창이 뜬다. 정렬 여부를 선택해서 불러오기를 완료한다.

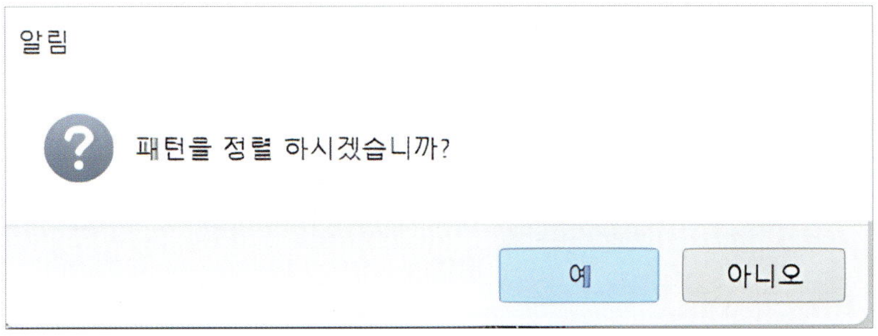

(4) 현재 사이즈에 포함 상태에서는 현재 작업 중인 파일에 DXF 파일을 추가한다.

현재 작업 중인 파일의 사이즈 체계와 불러오는 DXF 파일의 사이즈 체계가 다를 경우, 추가한 패턴들은 기본 사이즈가 현재 작업 중인 기본 사이즈로 표시되고 패턴 이름 옆에 (사이즈)로 표시한다. 이 경우 DXF 파일의 사이즈 체계는 기존 사이즈 체계로 대체되므로 주의한다.

예를 들어 현재 작업 중인 파일의 사이즈 체계가 'S–M–L'이고, 불러오는 DXF의 사이즈 체계가 '30–35–40–45–50'이면 불러오는 DXF 파일의 사이즈 체계가 'S–M–L'로 바뀌게 된다. 패턴 이름 옆에 (30), (35) 등으로 추가된 패턴의 사이즈 체계를 표시한다.

4) DXF 내보내기

(1) 파일 – 내보내기 – **DXF(ASTM)**를 클릭하면 아래와 같은 내보내기 창이 뜬다.

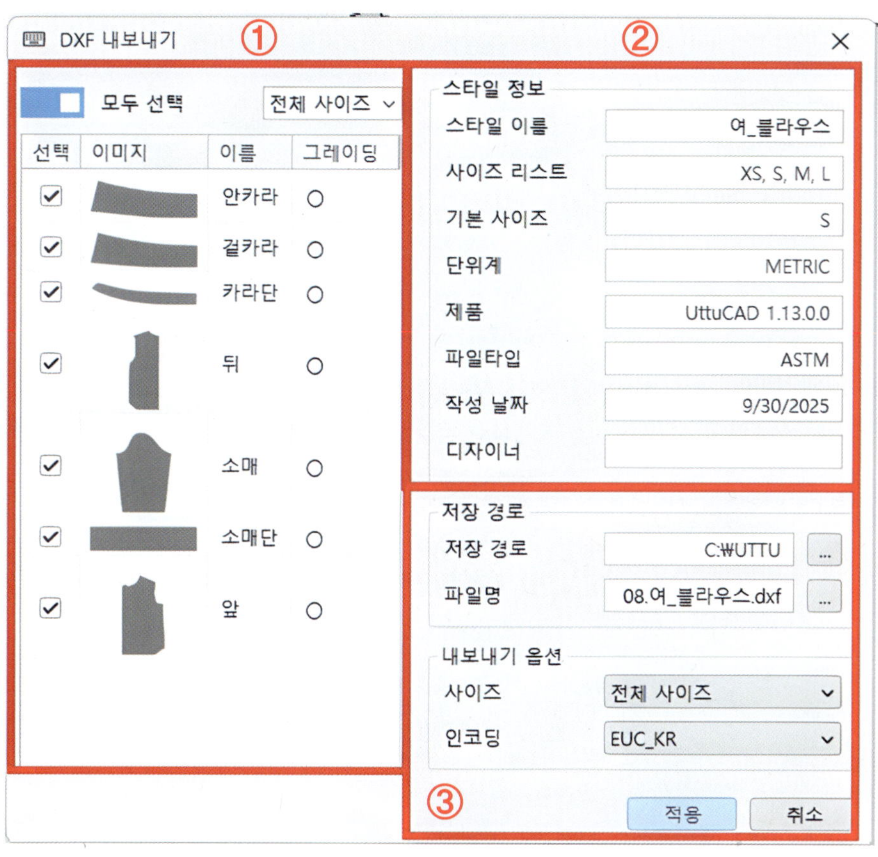

① 패턴 정보창: 패턴을 전체 또는 사이즈별로 선택해서 내보낼 수 있다. 그레이딩된 패턴은 "O"로 표시된다.

② 스타일 정보: 스타일 이름, 사이즈 리스트, 기본 사이즈, 단위계, CAD 프로그램 제품, 파일 타입, 작성 날짜, 작성자를 표시한다.

③ 저장 경로 & 옵션: 저장 경로는 DXF 파일을 내보낼 경로와 파일 이름을 표시하고, 사용자가 수정할 수 있다. 내보내기 옵션 중 사이즈는 패턴 정보창에서 선택한 내용에 따라 변경된다. 인코딩은 자동 인식되어 적용되는 부분이라 사용자는 선택하지 않는다.

4. 그리기

'그리기'에서는 패턴을 제도하고 DXF 파일을 만들며 패턴 제도에 필요한 여러 기능을 수행할 수 있다.

(1) 빨간 박스 안의 도구 모음 기능들을 활성화하거나 확인 후 제도를 시작한다.

(2) 그림과 같이 '선택'에서 선으로 선택하고, 2등분 체크, 대화창 활성화, 내부 활성화, 실선으로 선택한다.

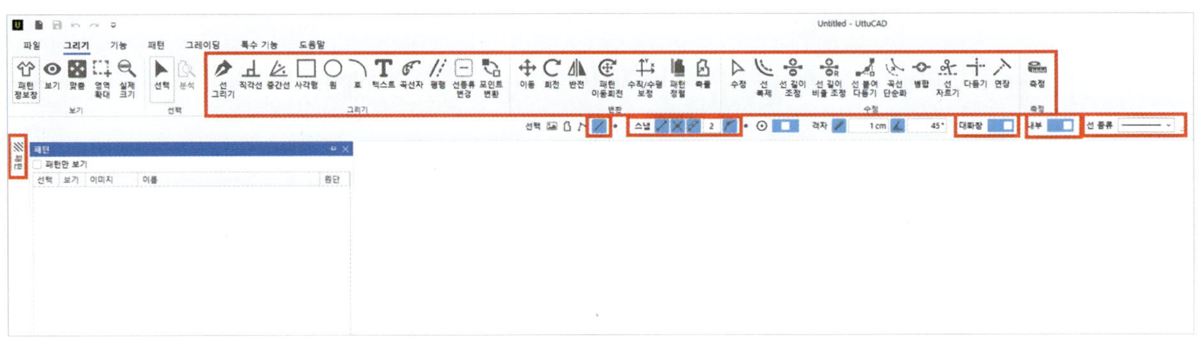

(3) '패턴정보창'은 이미지, 이름, 원단 등 패턴 정보가 보인다. 패턴을 우클릭하여 패턴 정보를 수정할 수 있다. 패턴 정보창은 필요에 따라 비활성화한다.

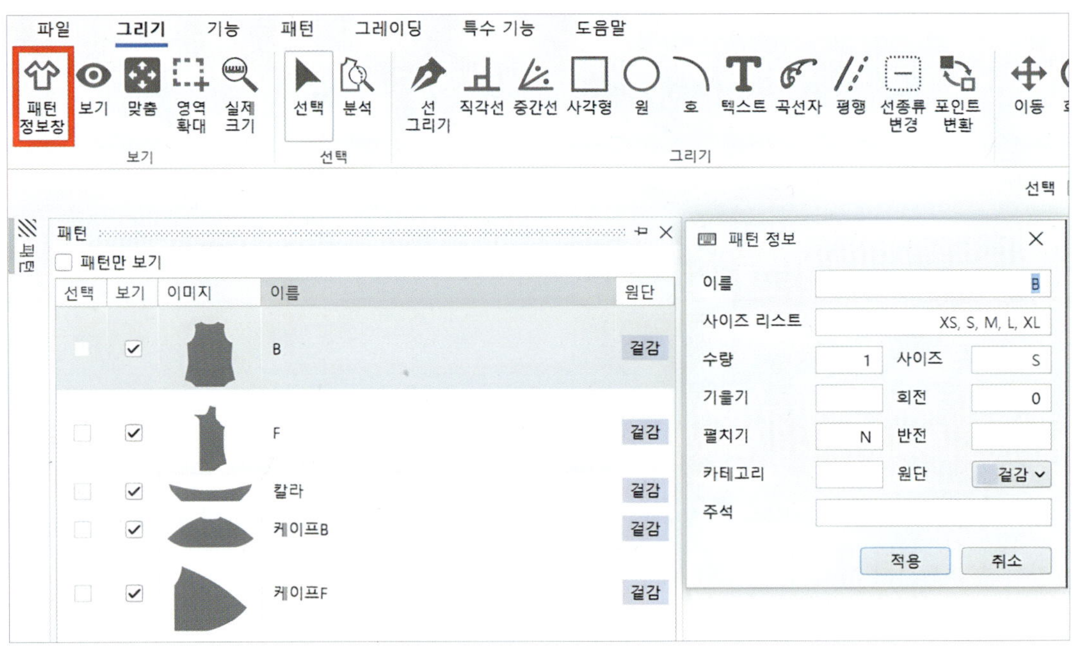

(4) '보기'는 패턴정보, 그레이딩점, 곡선점, 직선점, 연동시접, 텍스트, 시접량, 선길이, 그레이딩, 눈금자 등을 활성화하거나 비활성화할 수 있다. 패턴 제도하는 데 꼭 필요하지 않다면 비활성화하는 게 좋다. 필요할 시에만 활성화한다.

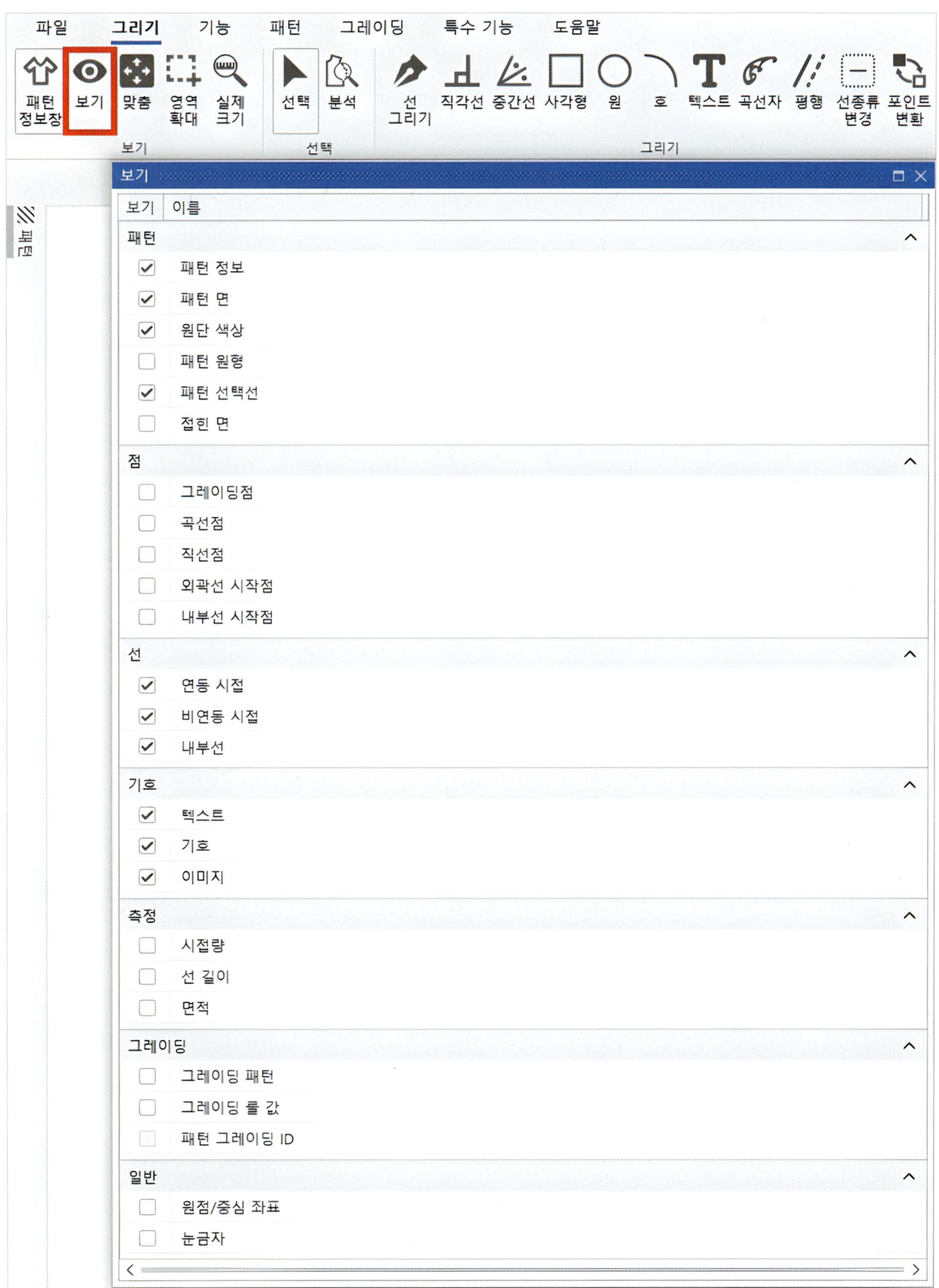

파일   그리기   기능   패턴   그레이딩   특수 기능   도움말
패턴 정보창   보기   맞춤   영역 확대   실제 크기   선택   분석   선 그리기   직각선   중간선   사각형   원   호   텍스트   곡선자   평행   선종류 변경   포인트 변환
보기   선택   그리기
패턴
보기   이름
패턴
패턴 정보
패턴 면
원단 색상
패턴 원형
패턴 선택선
접힌 면
점
그레이딩점
곡선점
직선점
외곽선 시작점
내부선 시작점
선
연동 시접
비연동 시접
내부선
기호
텍스트
기호
이미지
측정
시접량
선 길이
면적
그레이딩
그레이딩 패턴
그레이딩 룰 값
패턴 그레이딩 ID
일반
원점/중심 좌표
눈금자

5. 기능

'기능'에는 다트, 주름, 기호가 있다.

(1) 기호 아이콘에는 단추와 단춧구멍, 지그재그, 골선 등이 있다.

(2) 다트의 생성, 다듬기, 채우기는 한 개의 세트처럼 주로 사용하는 아이콘이다.

(3) 주름에는 외주름과 맞주름, 벌리기 아이콘이 있다. 패턴 제도 시 해당 아이콘을 적절히 사용한다.

6. 패턴

패턴 메뉴에는 패턴, 식서, 시접, 너치, 라이브러리가 있다.

(1) 패턴 모둠에서는 만들기, 식서 모둠에서는 수정과 회전, 시접 모둠에서는 수정, 너치 모둠에서는 설정을 먼저 하고 수정을 주로 사용한다.

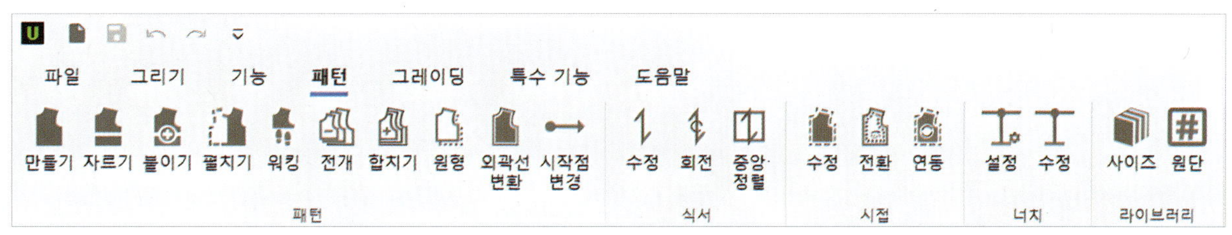

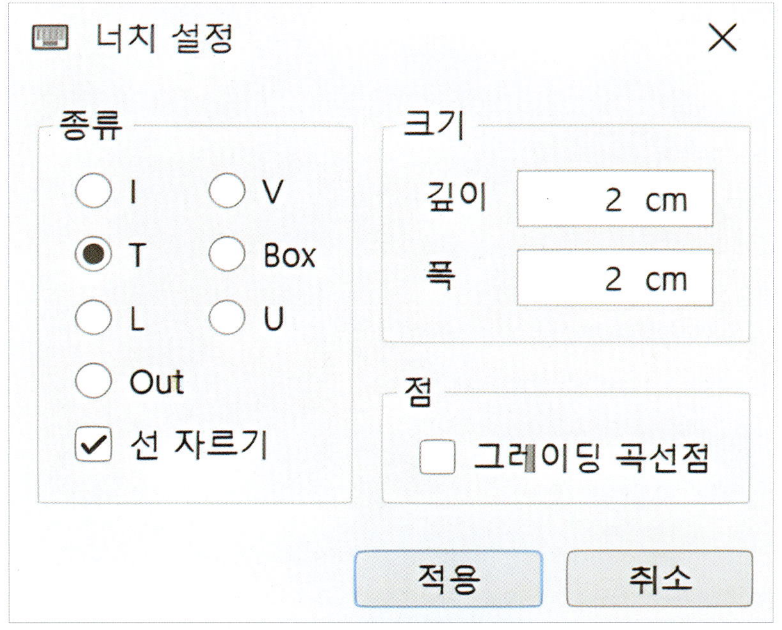

(2) 라이브러리 모둠에서는 사이즈를 주로 사용하는데, 패턴 제도하기 전에 먼저 설정한다.

① 사이즈 목록에는 사이즈 리스트를 구성하고, 구성된 사이즈 형식을 선택하거나 다시 설정할 수 있다.

② 기본 사이즈를 설정하거나 사이즈 스펙을 넓게 하기도 좁게 하기도 한다.

③ 패턴의 아이템에 따라 사이즈 리스트를 다르게 선택한다.

④ 활성화된 사이즈에 '앞 추가' 클릭 앞사이즈를 추가할 수 있다. '뒷 추가' 클릭 뒷사이즈를 추가할 수 있다.

⑤ 사이즈 클릭 기본 사이즈 적용하면 패턴에 기본 사이즈가 자동으로 입력된다.

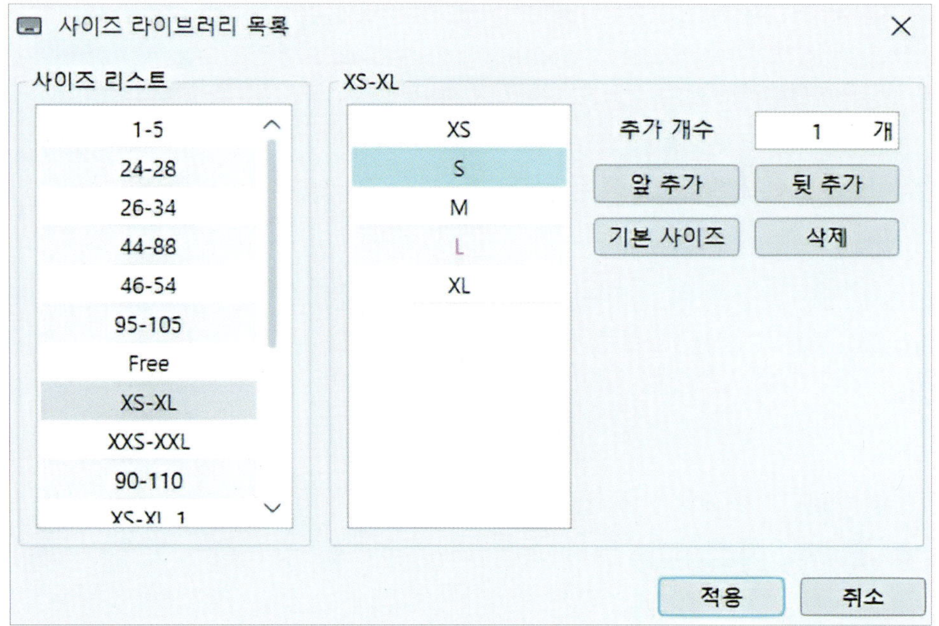

(3) 라이브러리의 **원단**에서는 패턴을 만든 후 패턴에 원단의 컬러를 설정할 수 있다.

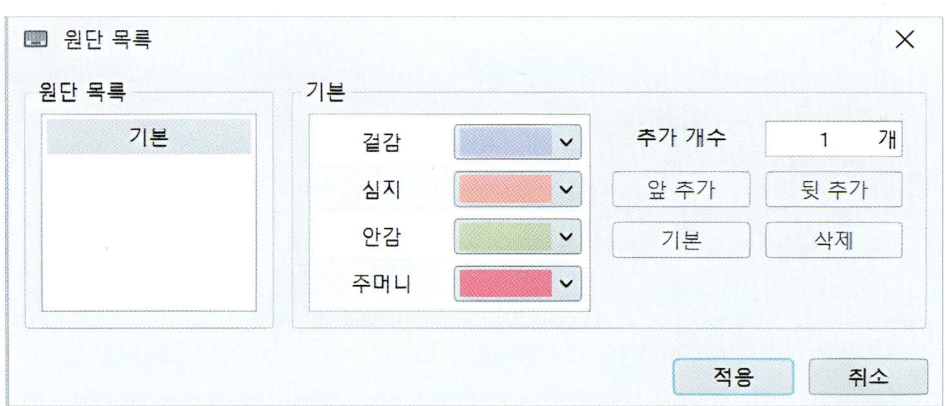

7. 그레이딩

(1) 패턴을 만든 후 그레이딩 모드로 이동하여 그레이딩 작업을 수행할 수 있다.

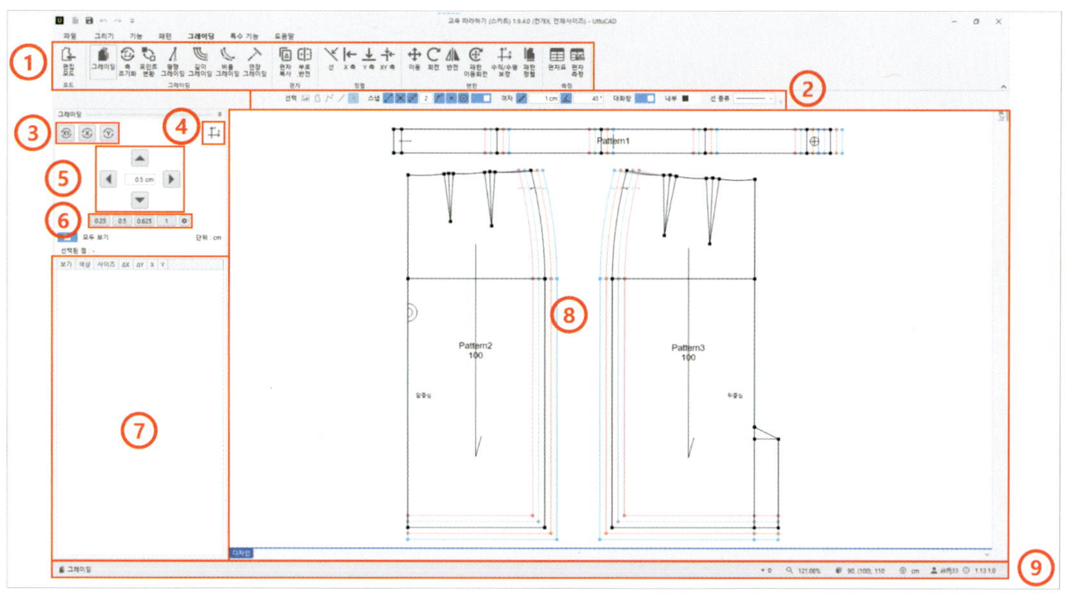

① 그레이딩 도구: 그레이딩을 수행하기 위한 도구

  – 모드: 편집 모드로 이동

  – 그레이딩: 축 초기화/포인트 변환/평행/길이/비율/연장 그레이딩

  – 편차: 편차 복사/부호 반전/편차 측정

  – 정렬: 선/X축/Y축/XY축

  – 변환: 이동/회전/반전/패턴이동회전/수직/수평 보정/패턴 정렬

  – 측정: 편차표/편차 측정

② 도구 모음

③ 편차값 초기화 버튼: X & Y 초기화/X 초기화/Y 초기화

④ 그레이딩 축 show/hide & 회전

⑤ 편차값 입력 & 방향 입력 버튼

⑥ 자주 사용하는 편차값 목록 & 수정

⑦ 선택한 점의 편차표

⑧ 그레이딩 작업창

⑨ 상태 표시줄: 그레이딩 점 개수/배율/사이즈 체계/단위계/사용자/버전 표시

(2) 그레이딩 작업 창에서 패턴의 그레이딩 점을 선택한 후 그레이딩 도구 창에서 수행한다.

① 패턴만 그레이딩을 할 수 있으며, 그레이딩 창에서는 그레이딩 포인트만 선택할 수 있다.

  - 포인트 선택: 클릭 또는 드래그로 선택한다.

  - 선택 해제: 빈 화면에 마우스 오른쪽 버튼을 클릭하여 해제한다.

② 왼쪽 탭에 있는 리모콘의 방향대로 선택한 점을 이동시킬 수 있다.

  - 중앙 숫자 칸: 편차값, 자주 사용하는 편차값을 지정하여 사용한다.

  - 방향 키: 편차값을 적용할 방향을 선택한다.

  - 편차값 초기화(점 선택 후, 버튼 클릭)

  - 편차 버튼: 편차/원본/모두 보기를 선택할 수 있다.

  - 단위: 하단 상태창에서 단위 클릭하여 수정 가능하다.

  - 표: 선택한 점의 편차값을 표시한다.

③ 편차값 표에 있는 색상으로 사이즈를 구별할 수 있다.

8. 특수기능

1) 프린트

일반 프린터기에서 패턴을 출력할 수 있다. 그러나 패턴 조각을 풀이나 테이프로 붙여서 사용해야 하는 단점이 있다.

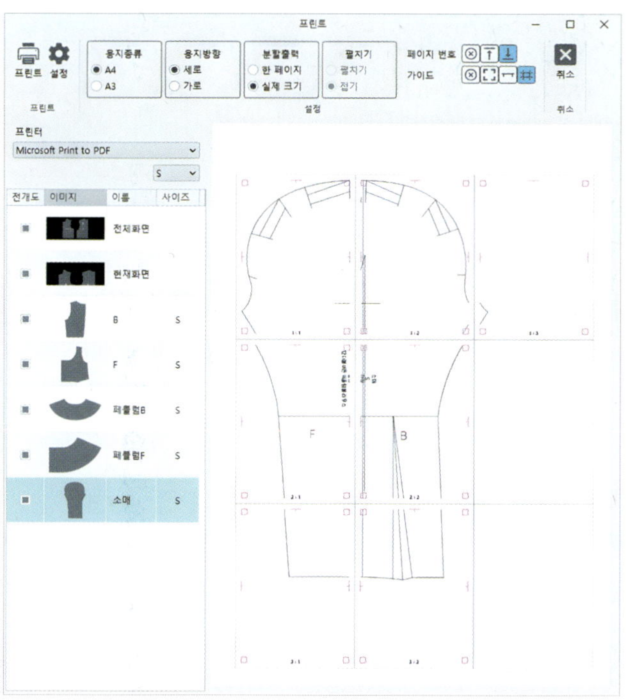

2) 플로트

현재 파일에 패턴이 있어야 플로트 메뉴가 활성화된다.

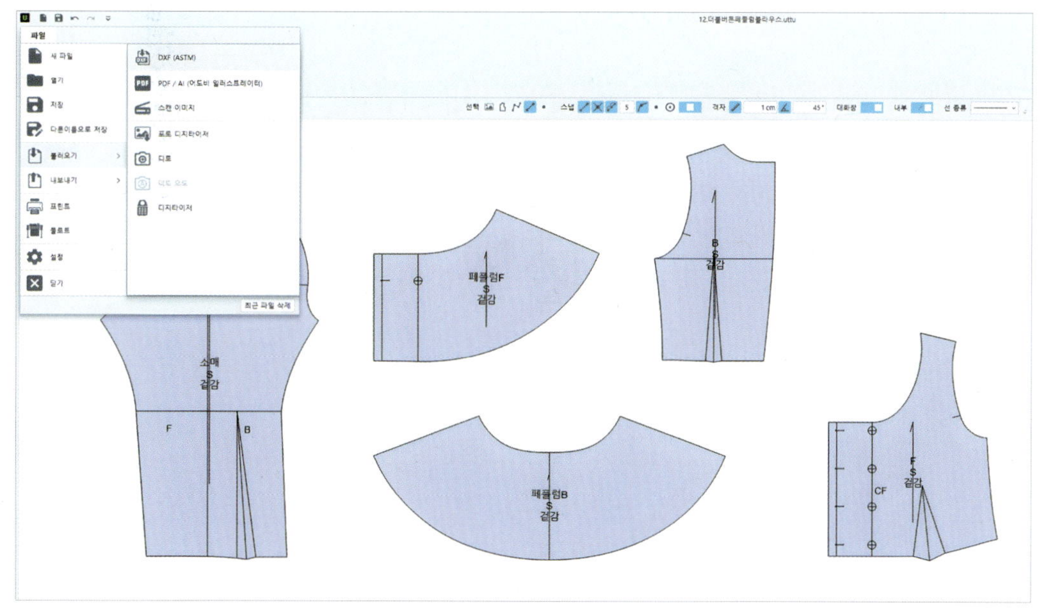

(1) 텍스트 출력과 패턴 펼치기 설정은 기본 사이즈를 표시한다.

(2) 플로트에서 구별하기 쉽도록 잘리는 선은 빨간색으로 표시된다.

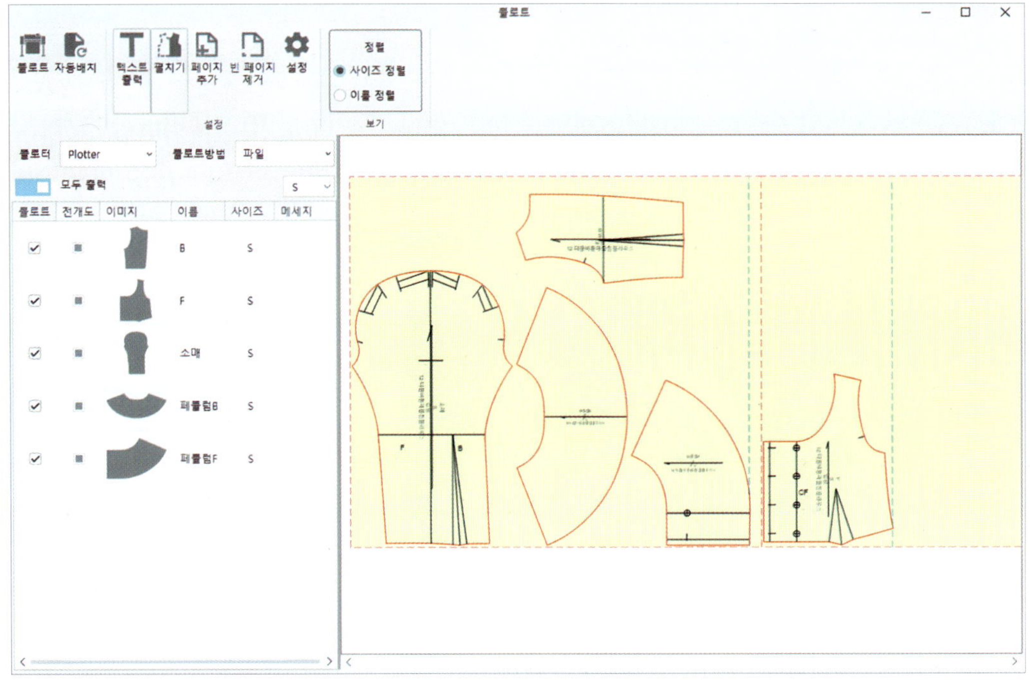

(3) 패턴 정보창에서 원하는 패턴만 선택, 플로터 용지 크기에 맞게 자동 배치된다.

(4) 모두 보기 버튼으로 전체 패턴을 선택/해제할 수 있다.

(5) 전개도 부분은 그레이딩을 수행한 패턴에 대해서만 활성화된다.

(6) 전개도를 체크하면 그레이딩된 패턴들이 나타나고 플로트할 수 있다.

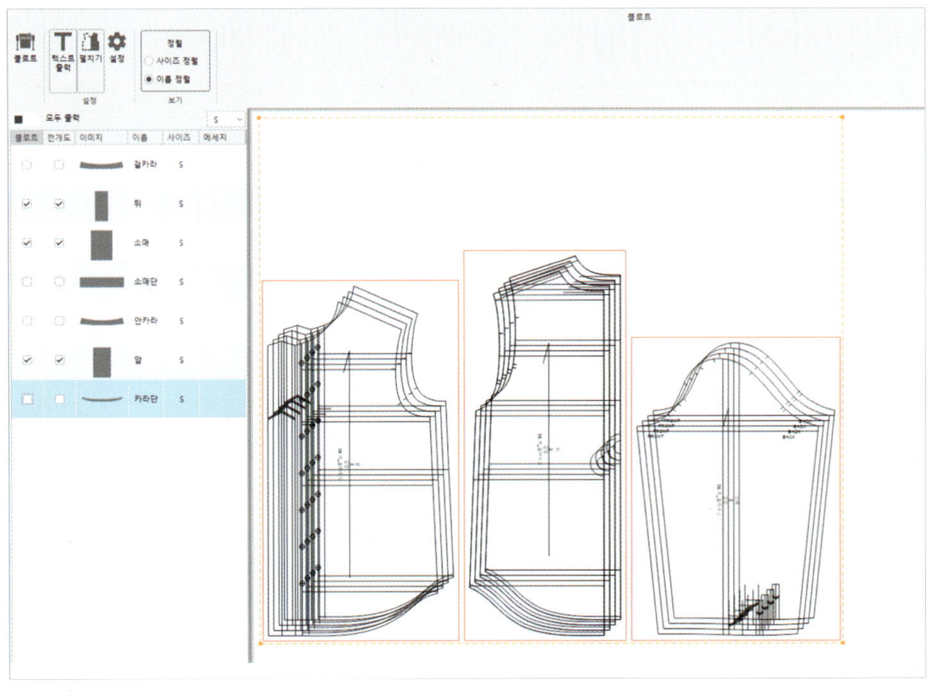

(7) 필요한 각 사이즈만을 선택하여 플로트할 수 있다.

(8) 텍스트 출력 아이콘으로 텍스트 출력 유무를 선택할 수 있다.

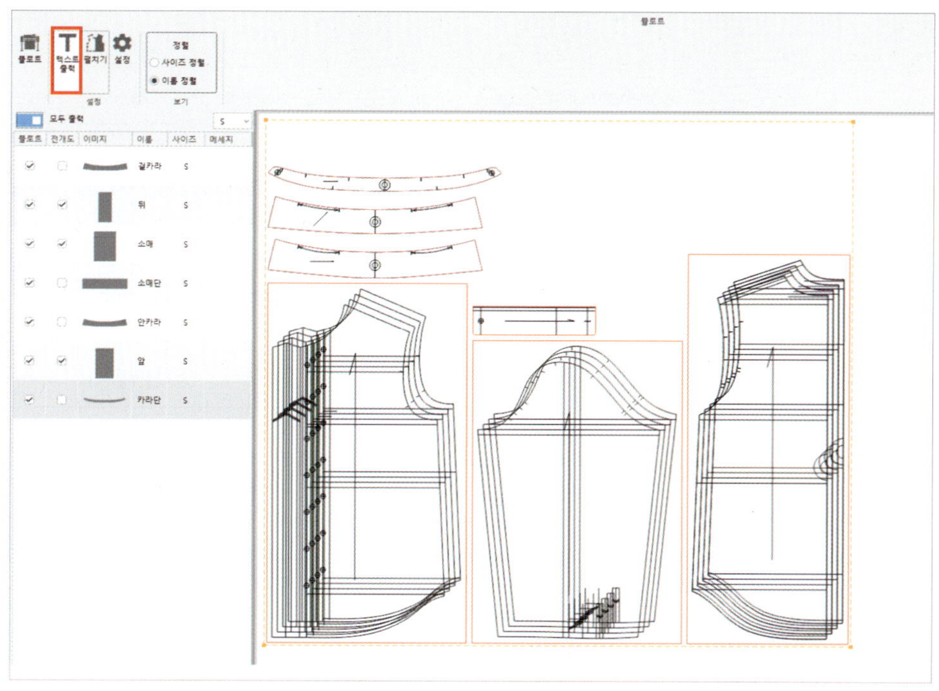

(9) 펼치기는 펼치기를 수행한 패턴 보기를 설정할 수 있다.

(10) 설정 아이콘을 클릭하면, 사용자 환경에 맞도록 설정을 수정할 수 있다.

(11) 설정의 왼쪽 창에 자주 사용하는 플로터를 등록하고 사용할 수 있다.

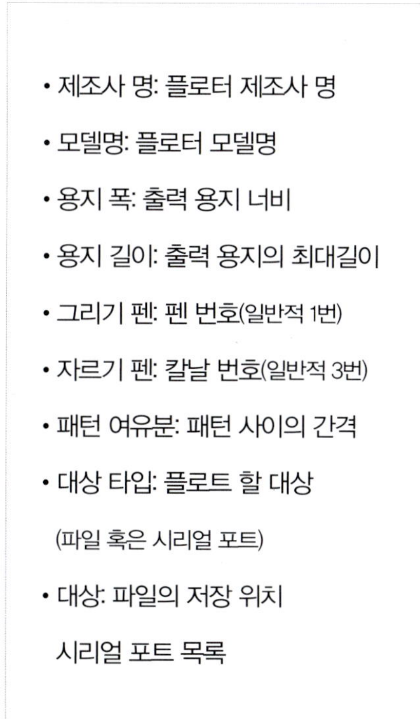

- 제조사 명: 플로터 제조사 명
- 모델명: 플로터 모델명
- 용지 폭: 출력 용지 너비
- 용지 길이: 출력 용지의 최대길이
- 그리기 펜: 펜 번호(일반적 1번)
- 자르기 펜: 칼날 번호(일반적 3번)
- 패턴 여유분: 패턴 사이의 간격
- 대상 타입: 플로트 할 대상
  (파일 혹은 시리얼 포트)
- 대상: 파일의 저장 위치
  시리얼 포트 목록

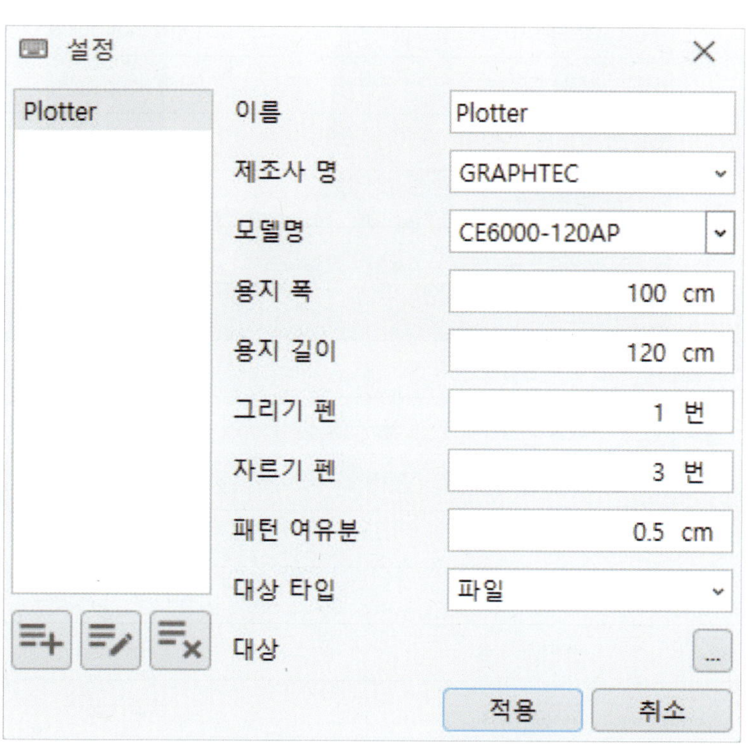

(12) 설정 완료 후 플로트 아이콘을 클릭하면 플로트가 진행된다. 플로터가 연결되어 있지 않은 경우는 HPGL 형식의 파일로 저장된다.

(13) 2025년 현재 GRAPHTEC CE-6000(이하 모델 포함), GRAPHTEC CE-7000(이상 모델 포함), MUTOH AC-800, MIMAKI APC-130을 지원하고 있다.

3) 디토

새로운 포토 디지타이저 기능인 디토는 전용 보드가 필요하다.

(1) 디토 보드 위에 종이 패턴이 구겨지지 않도록 자석으로 고정하여 붙인다. 자석은 흰색으로 하는데, 이는 색상이 있을 경우 패턴으로 인식되어 추출되는 불편함이 있기 때문이다.

(2) 디토 보드 전체가 나올 필요는 없고, 종이 패턴과 주위의 디토 보드 2칸 이상이 함께 나오도록 사진을 찍는다.

(3) 찍은 사진을 메신저나 메일 등을 활용하여 원본으로 UTTU CAD가 있는 컴퓨터에 옮겨 저장한다.

(4) UTTU CAD에서 '파일-불러오기-디토'를 실행하거나 '특수기능-디토'를 실행한다.

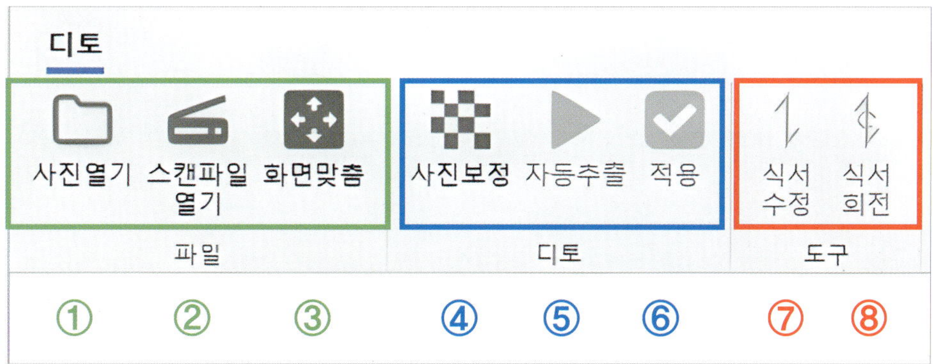

① 사진 열기: 사진파일을 선택하여 불러온다.

② 스캔파일 열기: 스캔한 이미지 파일을 불러온다(스캔한 pdf는 불러올 수 없다). 패턴을 스캔한 이미지에서 자동 추출 기능으로 외곽선을 추출할 수 있다.

③ 화면맞춤: 사진을 화면에 딱 맞게 보여 준다.

④ 사진보정: 사진의 왜곡된 부분을 자동 보정한다. 사진 보정을 하지 않은 채로 자동추출과 적용은 불가하다.

⑤ 자동추출: 외곽선과 내부선을 자동으로 추출한다. 외곽선은 하나의 선이 아닐 수 있으며, 내부선은 일부만 추출될 수 있다. 보정된 사진만 입력하고 싶다면 바로 '적용' 버튼을 누른다. 자동추출 된 패턴에는 식서가 수직 방향으로 자동 생성된다. 식서 수정과 식서 회전 기능을 사용하여 식서를 수정한다. 식서는 캐드 화면 안에서도 수정이 가능하다.

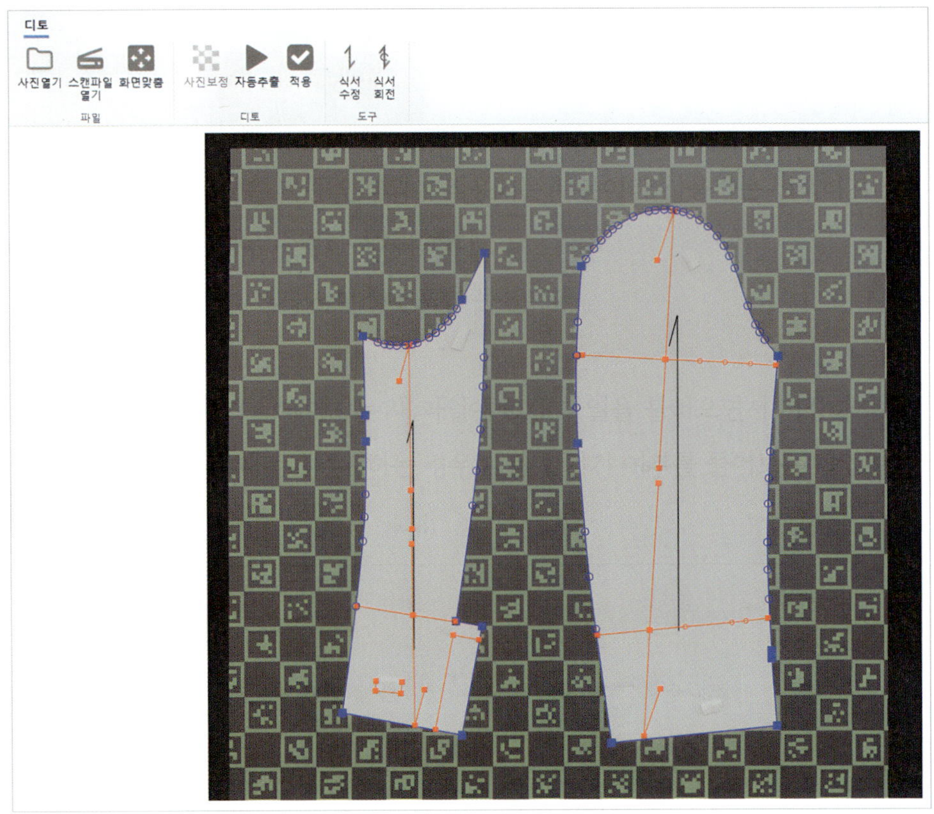

⑥ 적용: 보정된 사진과 자동으로 추출한 패턴을 캐드 화면으로 불러온다. 사진과 패턴이 마우스 커서에 따라
다닌다. 위치시킬 곳을 클릭하면 사진과 패턴이 클릭한 위치에 고정된다.

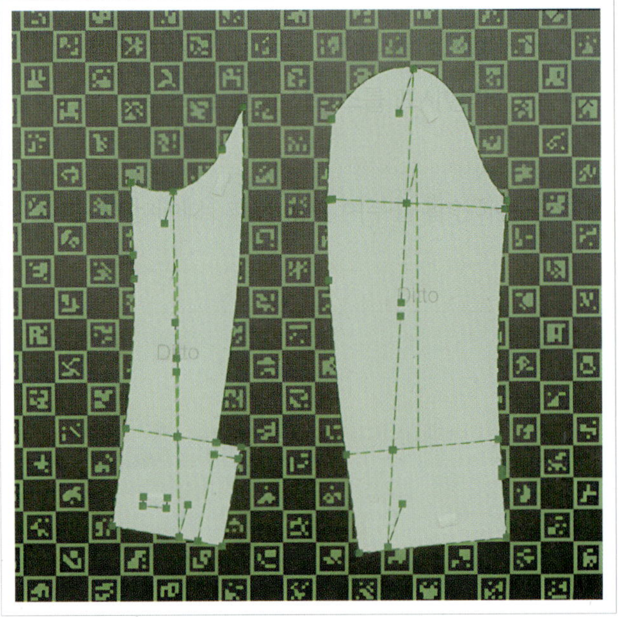

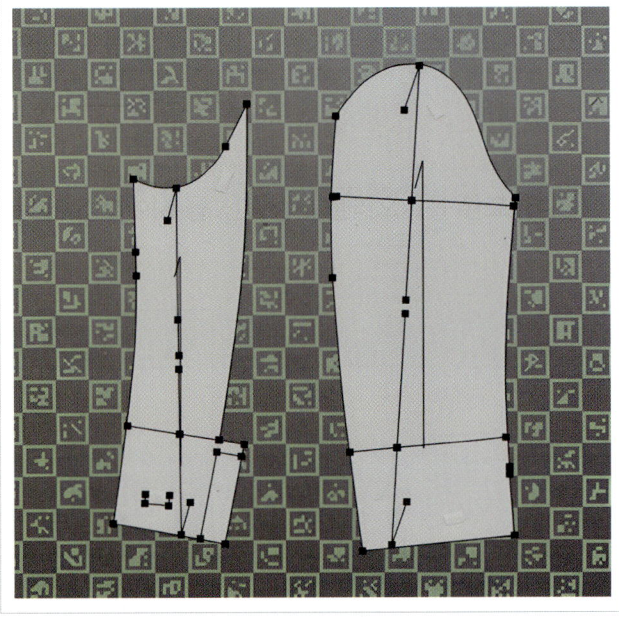

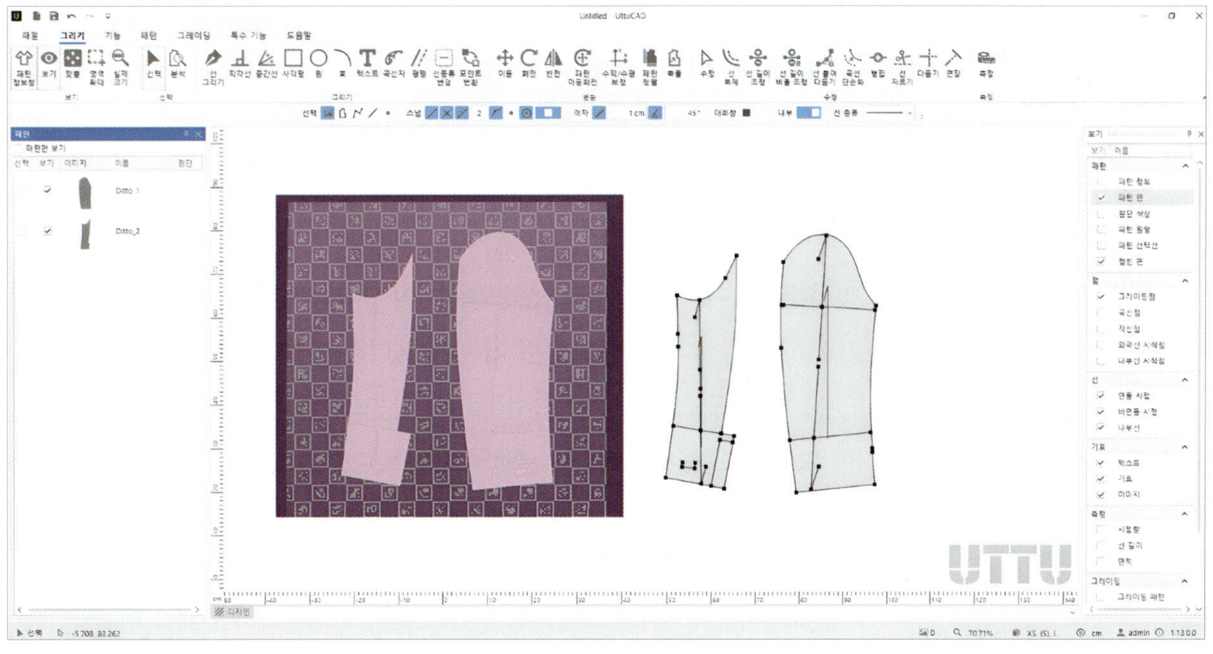

⑦ 식서수정: 적용된 패턴의 식서를 수정 또는 방향으로 수정할 수 있다.

⑧ 식서회전: 적용된 패턴의 식서를 선 또는 점으로 회전시킬 수 있다.

9. 도움말

현재 작업 폴더와 예제 파일을 열 수 있고, 매뉴얼과 유튜브로 자동 연결되어 매뉴얼을 확인할 수 있다. 홈페이지 uttu.me FAQ와 Q&A 페이지로 연결되거나, 계산기를 사용할 수 있다.

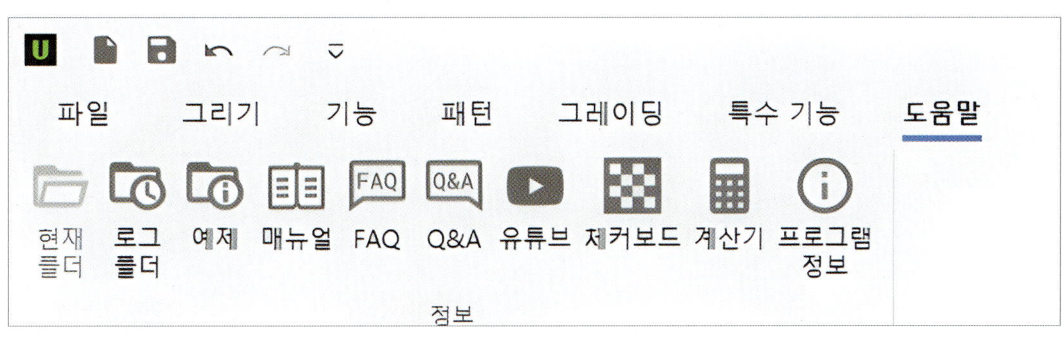

여성복 패턴 메이킹

스커트/블라우스

Pattern
Making
for
Women'
Wea
Skirts & Blouses
3장 스커트 패턴 메이킹

1. 스커트 원형과 직선 벨트

　스커트는 허리선 아래 몸통과 다리를 감싸는 의복으로, 제도법이 비교적 간단하지만 스커트 원형을 이용하여 다양한 디자인으로 변형이 가능하다.

　제도 시 주의할 점은 탈착의가 편리하도록 해야 한다는 점이다. 특히 자유로운 활동이 가능하도록 다리의 동작에 지장이 없게 트임의 길이나 밑단의 여유에 주의해야 한다.

　스커트는 옆면에서 봤을 때 뒤쪽은 엉덩이, 앞쪽은 아랫배의 돌출로 인해 남는 분량으로 다트가 생긴다. 허리둘레와 엉덩이둘레의 차이가 클수록 다트의 분량이 많아지며 그 차이가 작을수록 다트의 분량도 작아진다. 또한 아랫배보다 엉덩이가 아래쪽에 위치하므로 뒤 다트의 길이가 앞 다트의 길이보다 길다. 또, 앞 허리보다 뒤 허리선엔 지방도 적고 상대적으로 낮아 이를 패턴에 반영하게 된다.

　스커트 제도 시 필요한 인체치수는 다음과 같다.

단위: cm

가는허리둘레	엉덩이둘레	스커트길이	엉덩이길이
62	92	64	20

　스커트 원형의 2D패턴을 제도하기 위해 사용된 UTTU CAD의 주요 아이콘들이다. 경우에 따라 그 외 아이콘들을 사용할 수도 있다.

사용 아이콘								
사각형	직각선	평행	선 그리기	수정	반전	생성	다듬기	채우기
선 붙여 다듬기	만들기	수정	회전	중앙 정렬	DXF (ASTM)			

1) 패턴 제도

① **사각형(Y)** 만들기

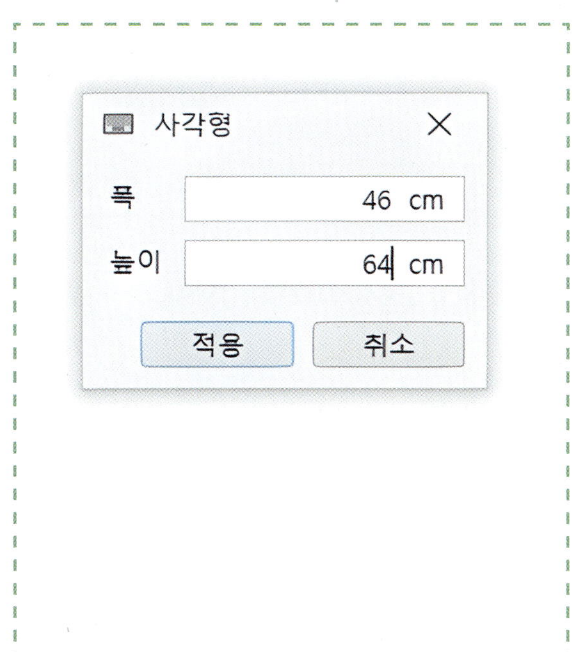

② 2등분 점에서 **직각선(V)** 긋기

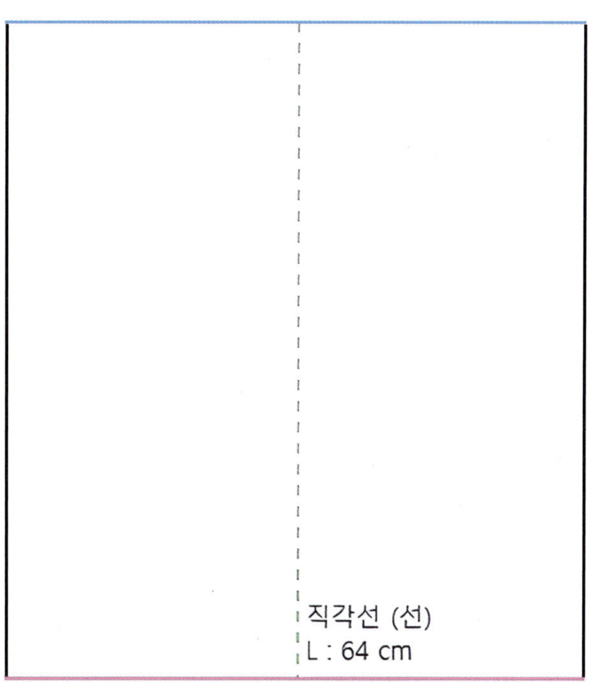

③ 허리선에 **평행(P)**으로 엉덩이선 그리기

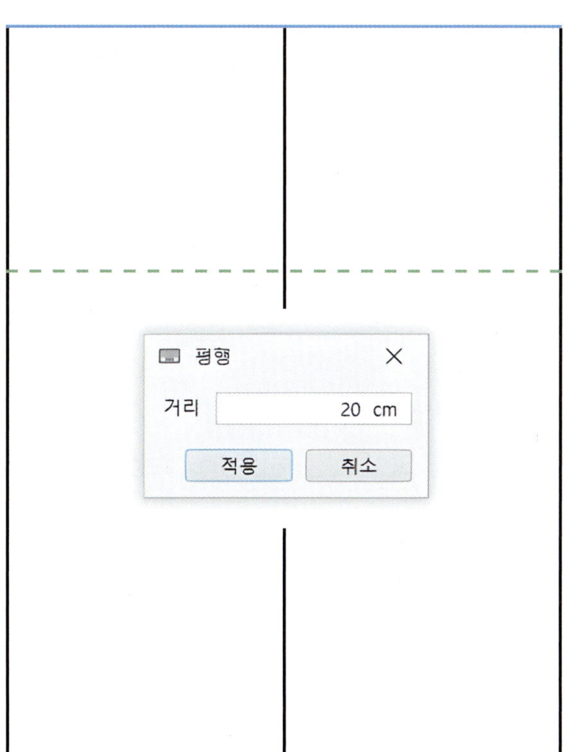

④ 허리선에 **선그리기(D)**로 옆선 그리기

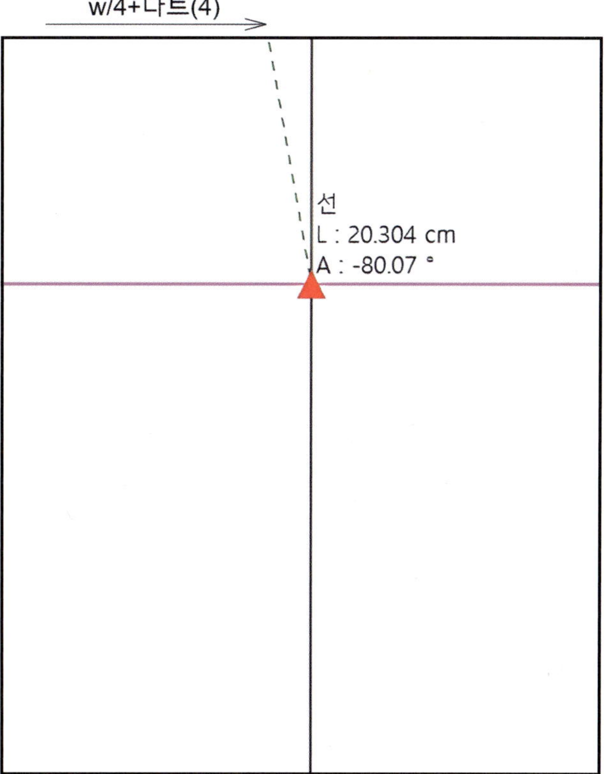

⑤ **수정(A)**으로 옆선을 곡선 처리

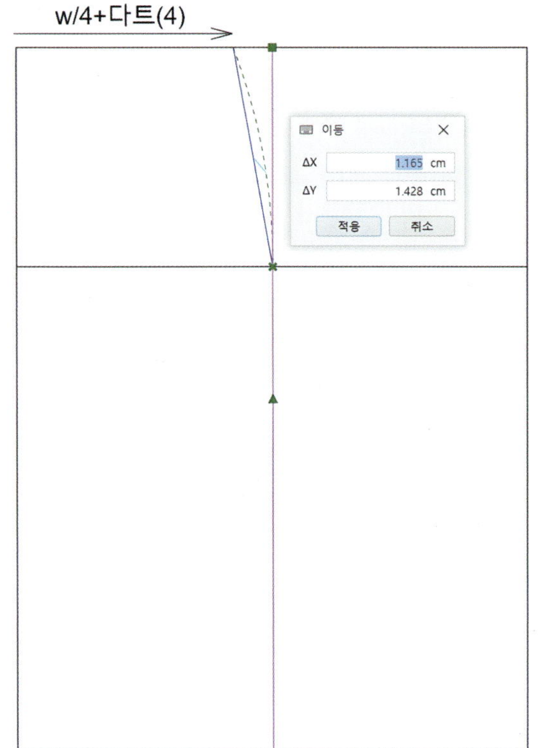

⑥ **반전×2(F)**로 옆선을 복사하여 그리기

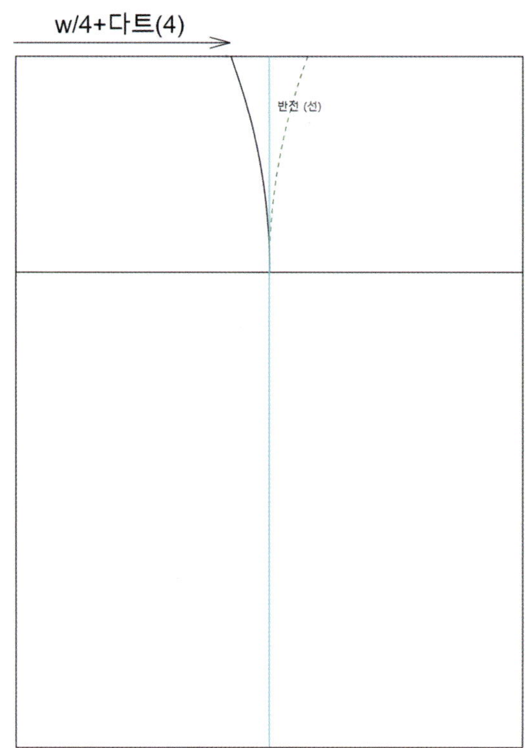

⑦ **직각선(V)** 1.2㎝ 내려서 0.3㎝ 그리기

⑧ **선그리기곡선(D)**으로 뒤허리선 곡선 그리기

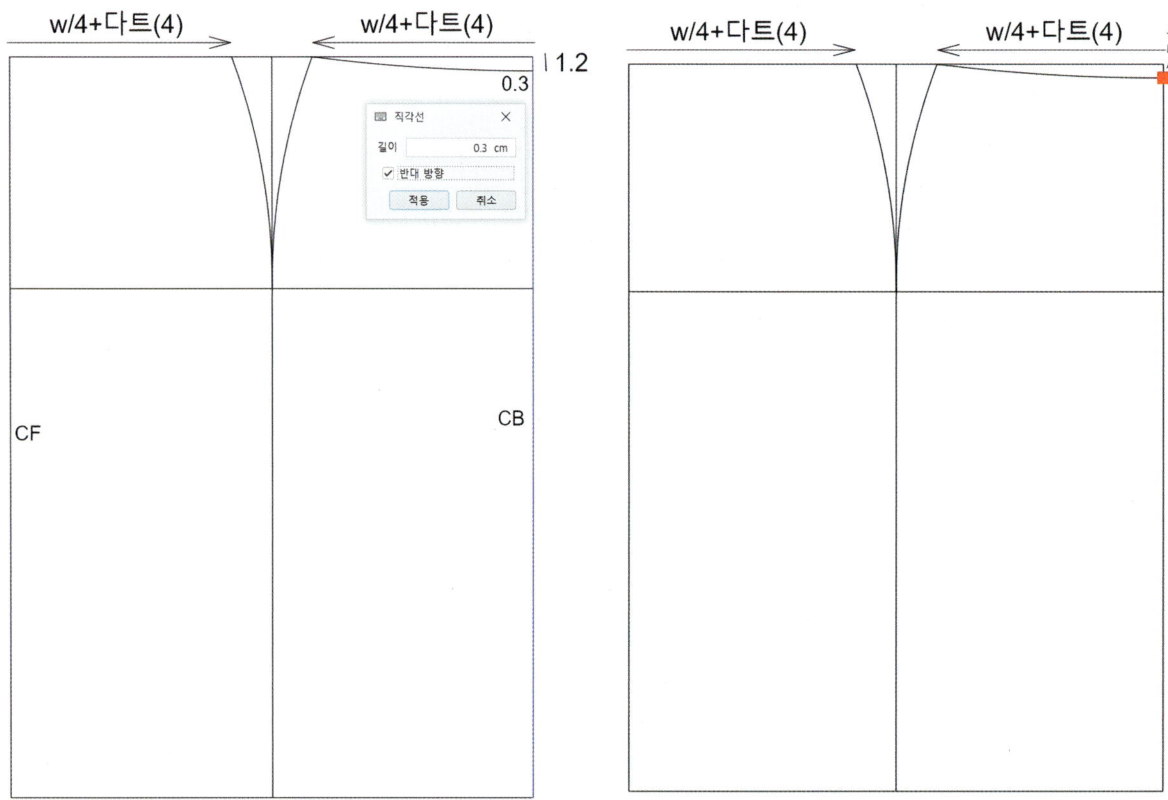

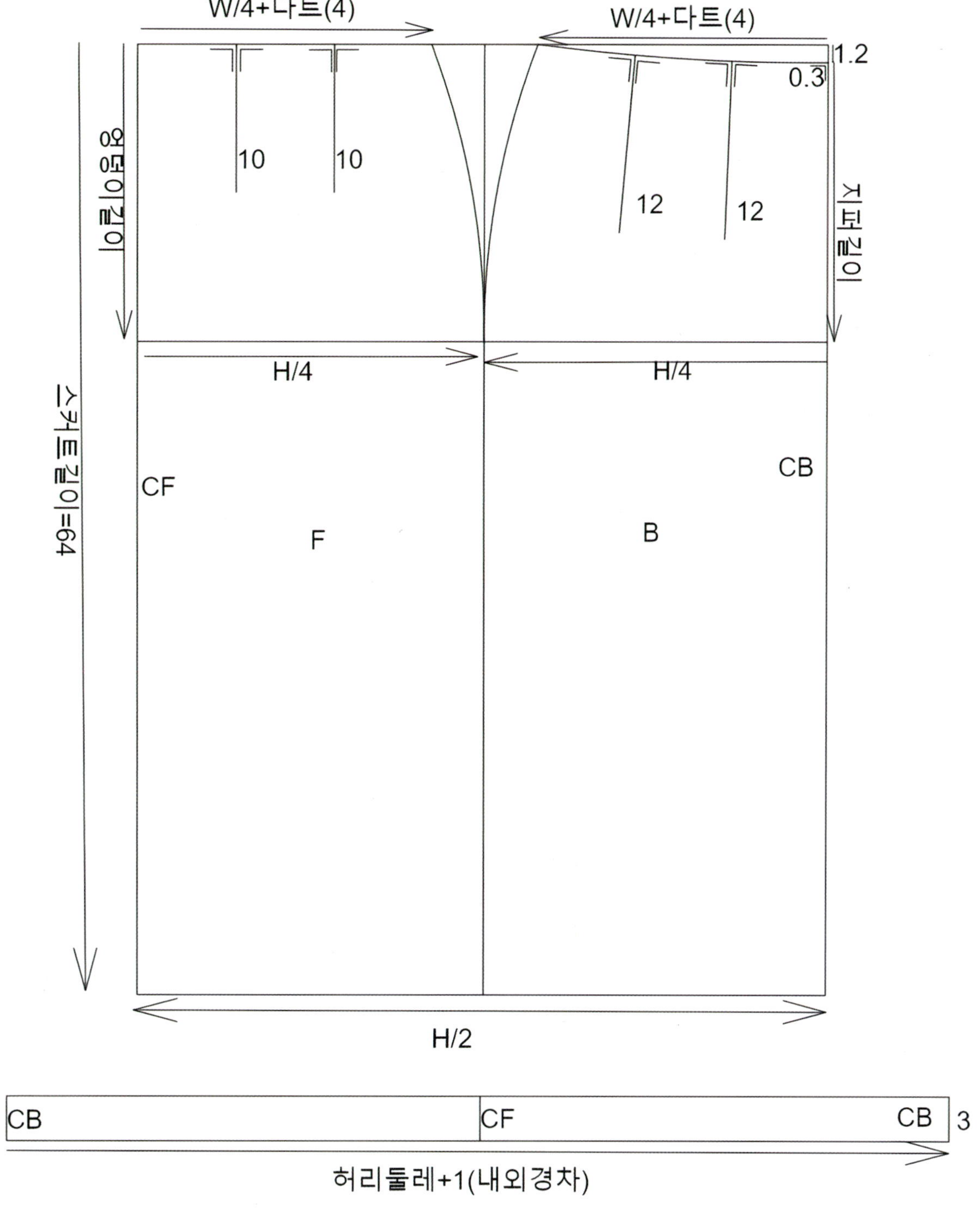

⑨ 앞판(F) 허리선의 3등분점에서 **직각선(V)**으로 다트 기준선 10㎝ 그린다. 뒤판(B) 허리선의 3등분점에서 **직각선(V)**으로 다트 기준선 12㎝ 그린다.

⑩ 스커트가 타이드할 경우, 지퍼길이는 엉덩이선까지 한다.

⑪ **사각형(Y)**으로 벨트를 그린다. 허리둘레 62㎝ + 내외경차 1㎝ = 63㎝다. 내외경차란 몸판의 허리둘레보다 벨트의 허리둘레가 두꺼워지면서 발생하는 차이를 말한다. 내외경차는 체형, 원단의 두께, 심지 유무, 디자인에 따라 다르게 적용한다.

⑫ 다트는 **기능 다트생성**으로 다트량 2㎝를 입력하여 생성한다.

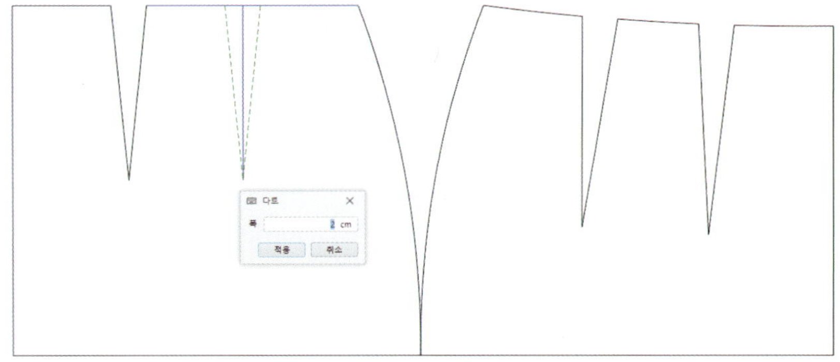

⑬ 다트는 **기능 다트다듬기**로 박았을 때 각이 지지 않게 곡선으로 그린다.

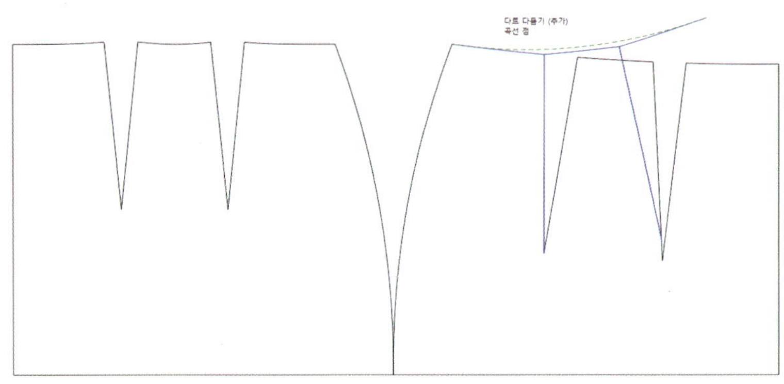

⑭ 다트는 **기능 다트채우기**로 다트량을 채워 준다.

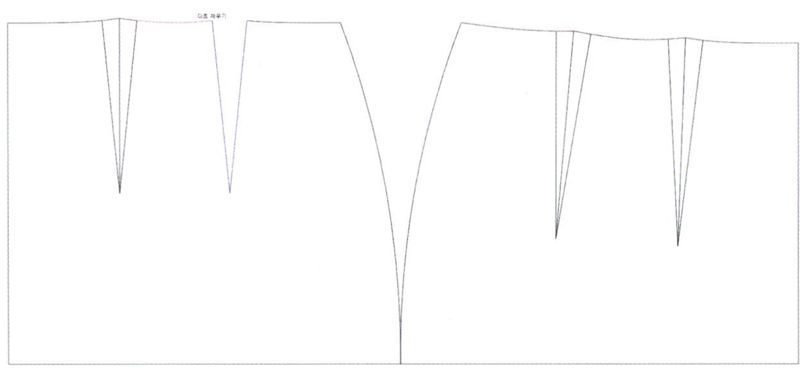

⑮ 옆선은 **선붙여다듬기(Z)** 하여 자연스러운 곡선 처리한다.

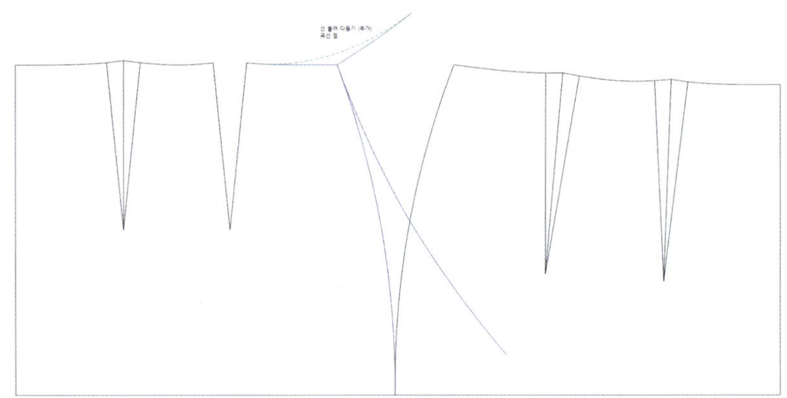

2) 완성선

⑯ 앞판(F)과 벨트는 **반전×2(F)**로 제도를 펼친다. 이때 중복되는 선은 둘 중 하나를 삭제한다.

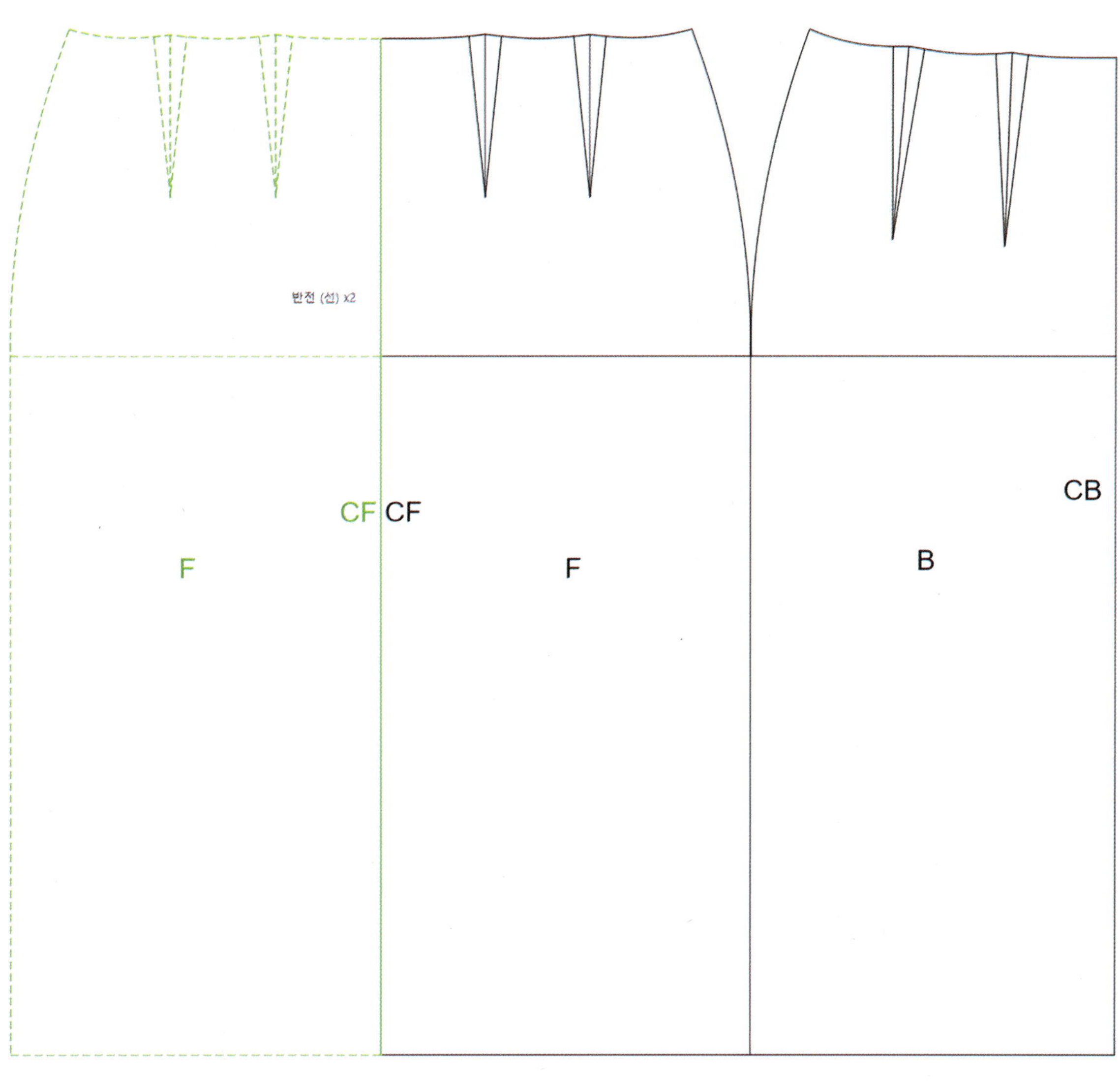

⑰ **패턴 만들기**(X)로 패턴 이름, 원단을 입력하고 패턴을 생성한다. 사이즈 설정값에 따라 식서 방향과 사이즈는 자동 생성된다. 사이즈 리스트는 '**패턴-사이즈**'에서 설정하고 기본 사이즈도 '**패턴-사이즈**'에서 설정한다. **식서수정**과 **식서회전**, **식서중앙정렬**은 가능하다.

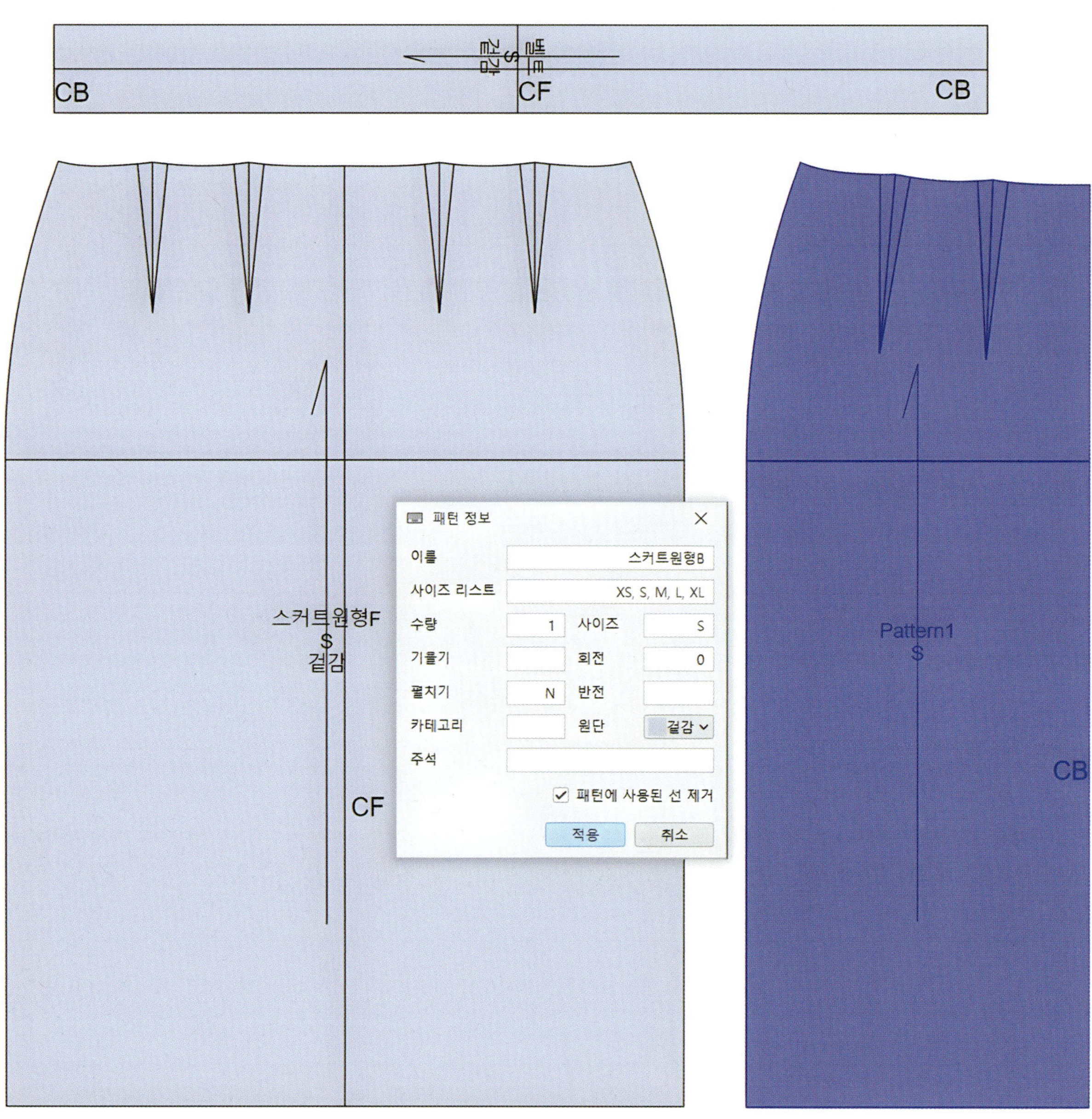

4) 패턴 내보내기

⑱ 패턴(dxf)만 내보내거나 저장할 때 **'파일-내보내기-DXF'**를 한다.

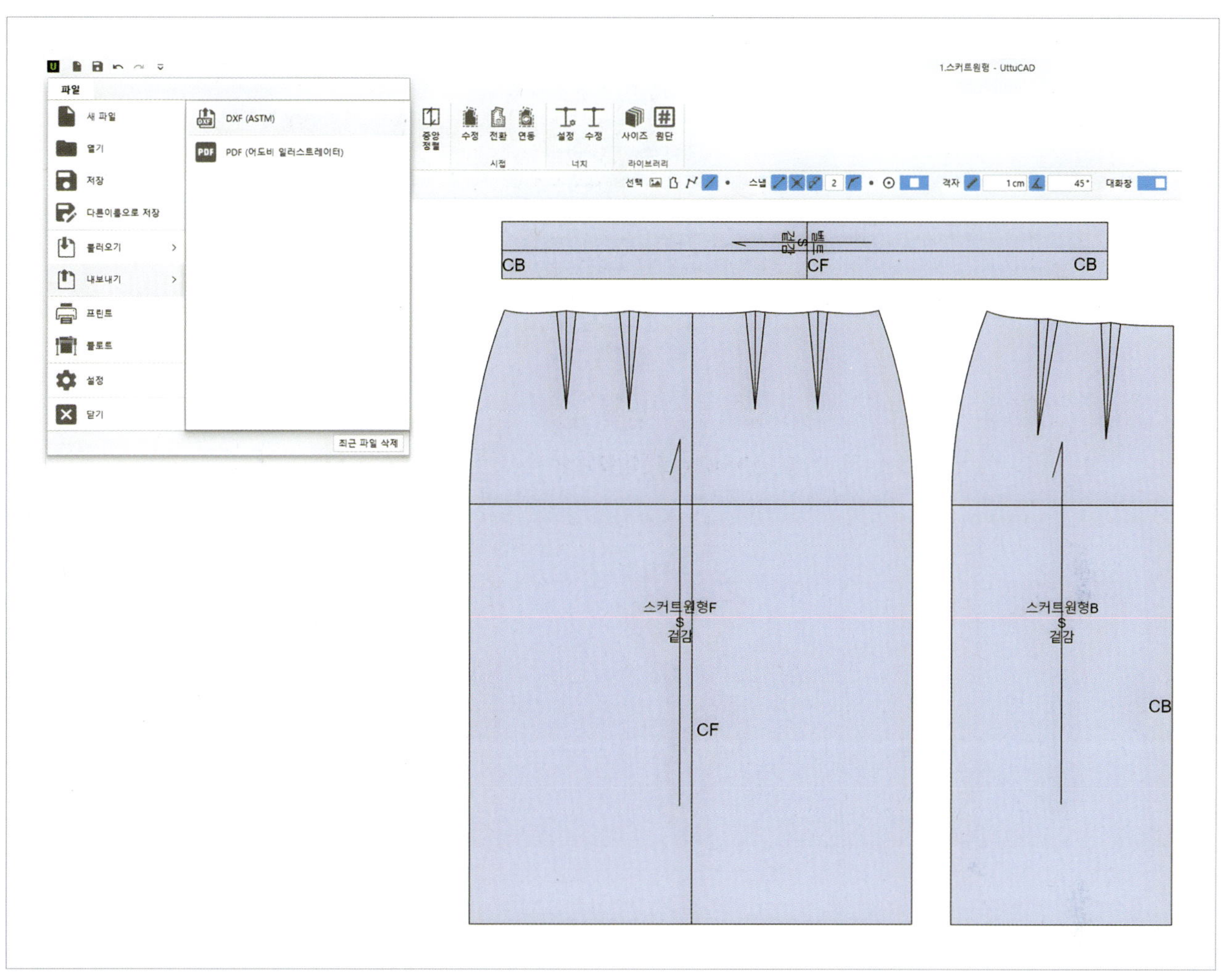

⑲ 파일 이름을 입력하고 기본 사이즈나 저장 경로를 확인하고 적용을 클릭하면 패턴이 저장된다.

스커트 디자인

54p	62p	66p	70p
75p	80p	86p	91p
96p	100p	104p	110p
115p	118p	122p	126p

2. 타이트 스커트(Tight Skirt)

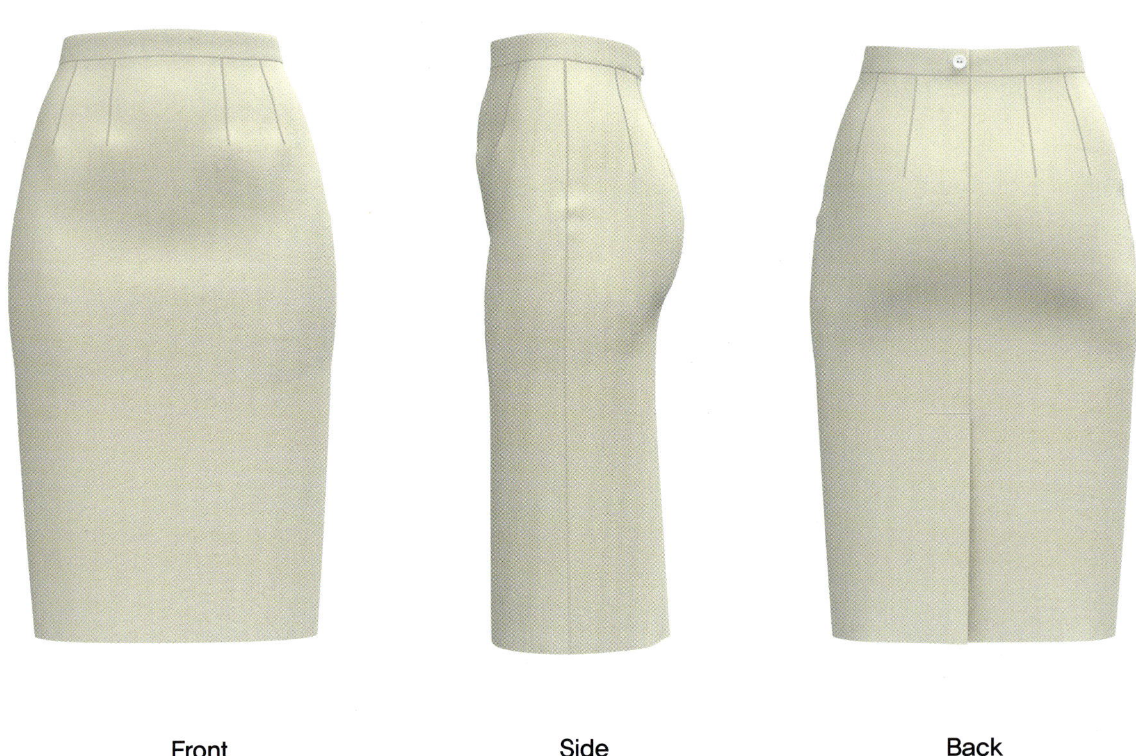

Front   Side   Back

제품 완성 치수				(단위: ㎝, 오차: ±0.5㎝)
허리둘레	엉덩이둘레	스커트길이	벨트너비	밑단둘레
63	92	64	3	82

사용 아이콘									
사각형	평행	기호	선 그리기	직각선	선 붙여 다듬기	이동	반전	연장	다듬기
선 길이 조정	만들기	수정	회전	중앙 정렬	수정				

1) 패턴 제도

(1) 겉감 패턴 제도(스커트 원형 이용)

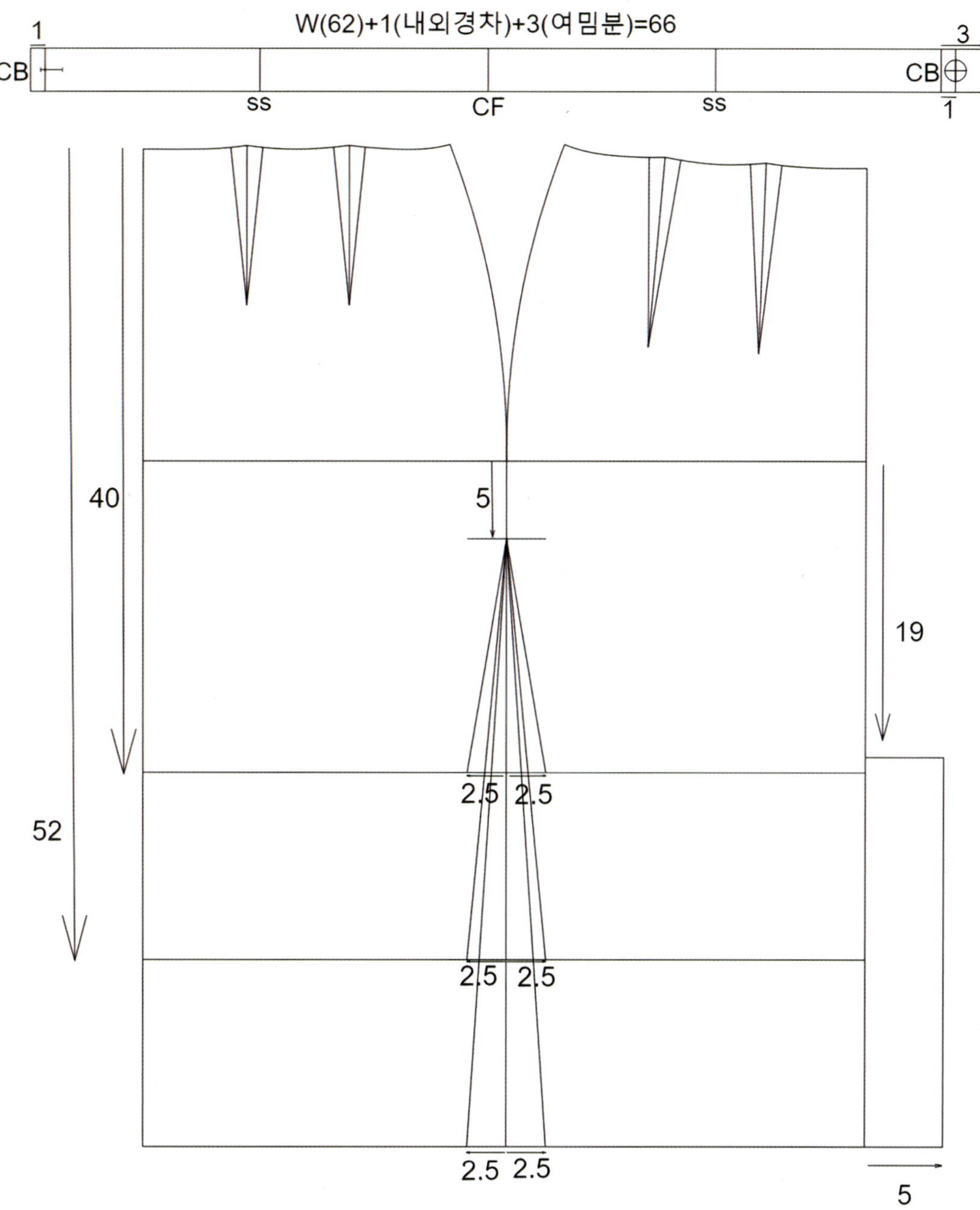

① 스커트 원형을 제도 후 벨트는 허리둘레+1㎝(내외경차)+3㎝(여밈분량)를 그린다. 허리둘레의 내외경차는 체형, 원단의 두께, 심지 유무, 디자인에 따라 다르게 적용한다.

② 벨트의 뒤중심(CB)에서 **평행(P)**으로 1㎝ 안쪽에 단춧구멍 위치를 만들고, 반대편 뒤중심(CB)에서 **평행(P)**으로 3㎝ 바깥쪽으로 여밈분을 내준다. 뒤중심(CB)에서 **평행(P)**으로 1㎝ 바깥쪽에 **기능기호(O)**로 단춧구멍과 단추를 표시한다.

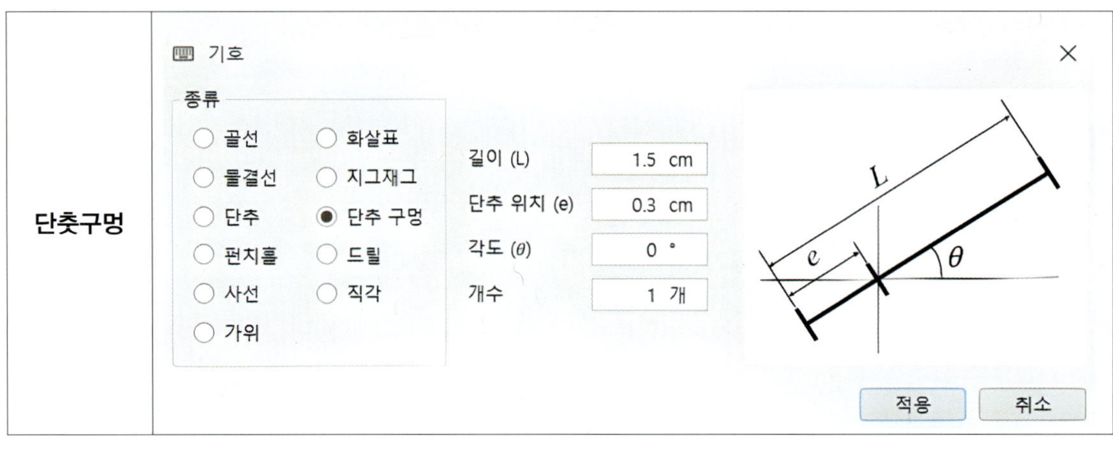

③ 스트레이트형 타이트 스커트에서 밑단폭을 줄이고자 할 경우는 스커트의 길이(40㎝, 52㎝ ,64㎝)에 따라서 밑단폭을 조정하여 **선그리기(D)**로 그린다.

④ 지퍼길이는 뒤중심(CB)의 엉덩이선까지로 한다.

⑤ 밑단과 옆선을 **선붙여다듬기(Z)**로 자연스러운 곡선 처리한다.

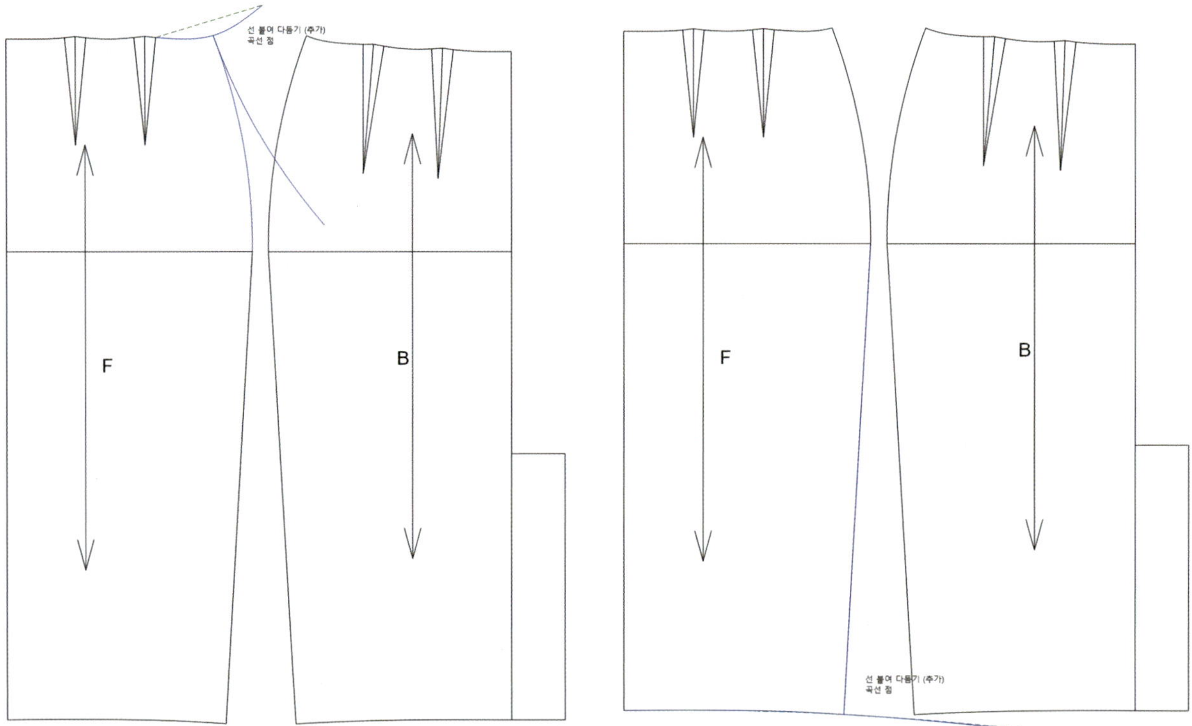

(2) 안감 패턴(겉감 패턴 이용)

⑥ **이동**×2(M)로 겉감을 복사 이동한다.

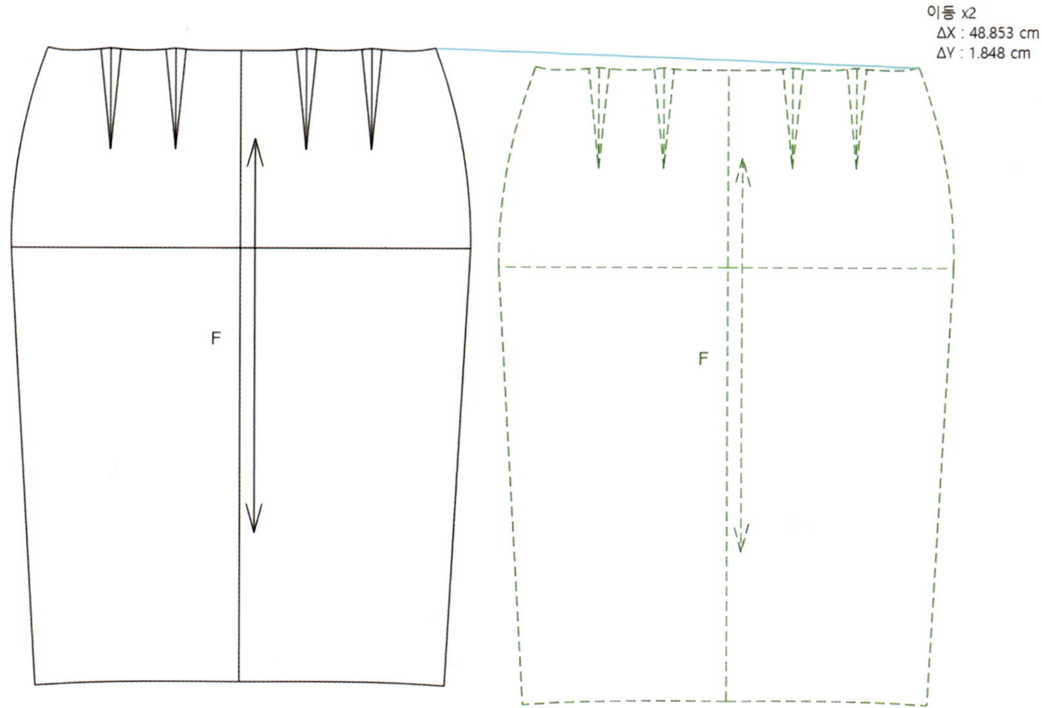

⑦ **반전**×2(F)로 뒤판은 하나 더 복제한다.

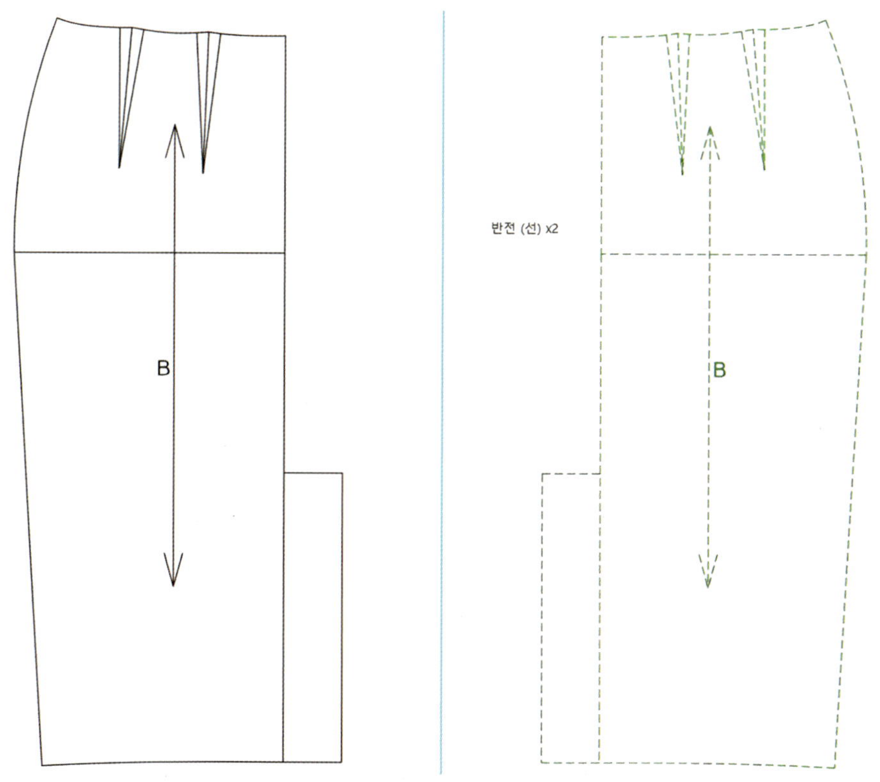

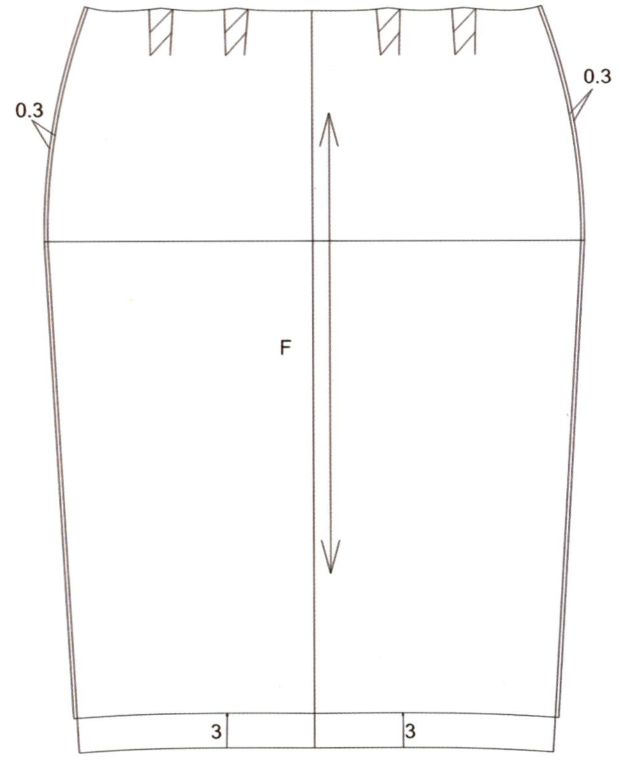

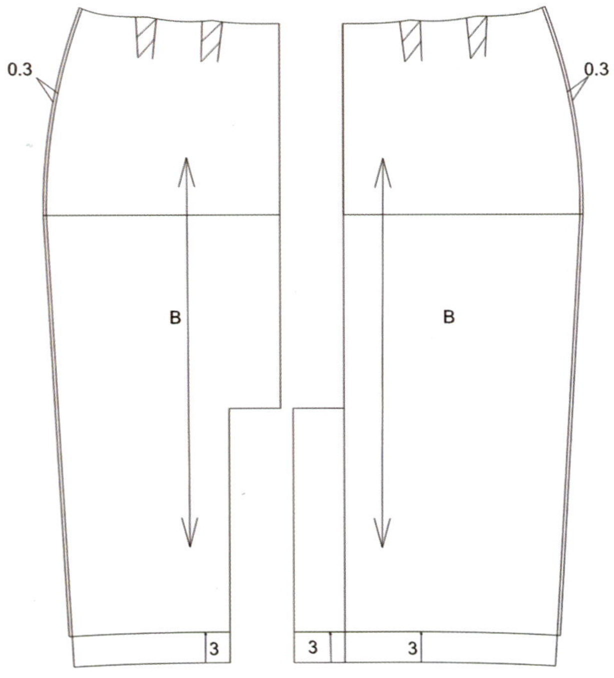

⑧ 안감 완성선은 겉감 옆선에서 **평행**(P)으로 0.3㎝ 늘려 주고, 밑단에서 길이 3㎝를 **평행**(P)으로 짧게 올린다.
연장(E)과 **다듬기**(W)를 이용하여 선을 정리한다.

⑨ 뒤판 왼쪽은 **반전**×1(F)로 트임이 들어가도록 오른쪽은 트임이 나오도록 제도한다.

⑩ 안감 허리다트는 다트로 박지 않고 외주름(턱)으로 처리한다.

2) 완성선

(1) 겉감 패턴

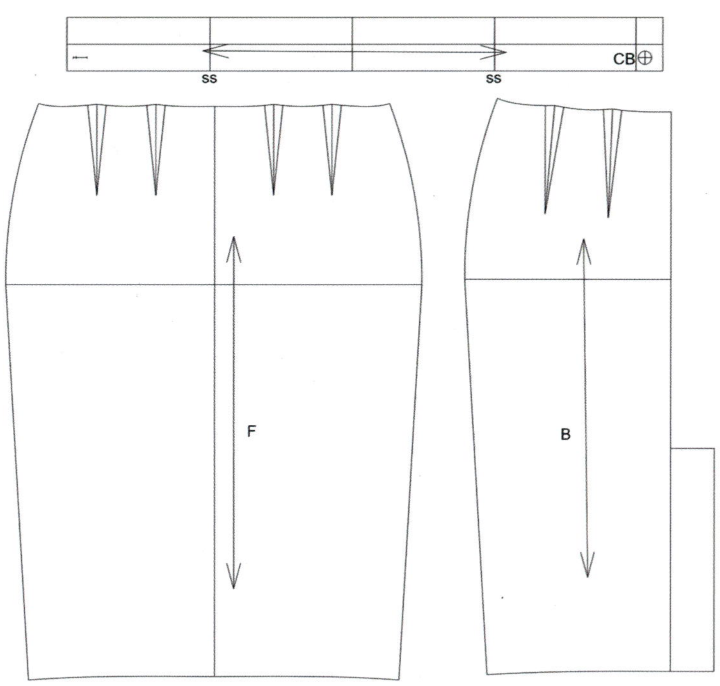

(2) 안감 패턴

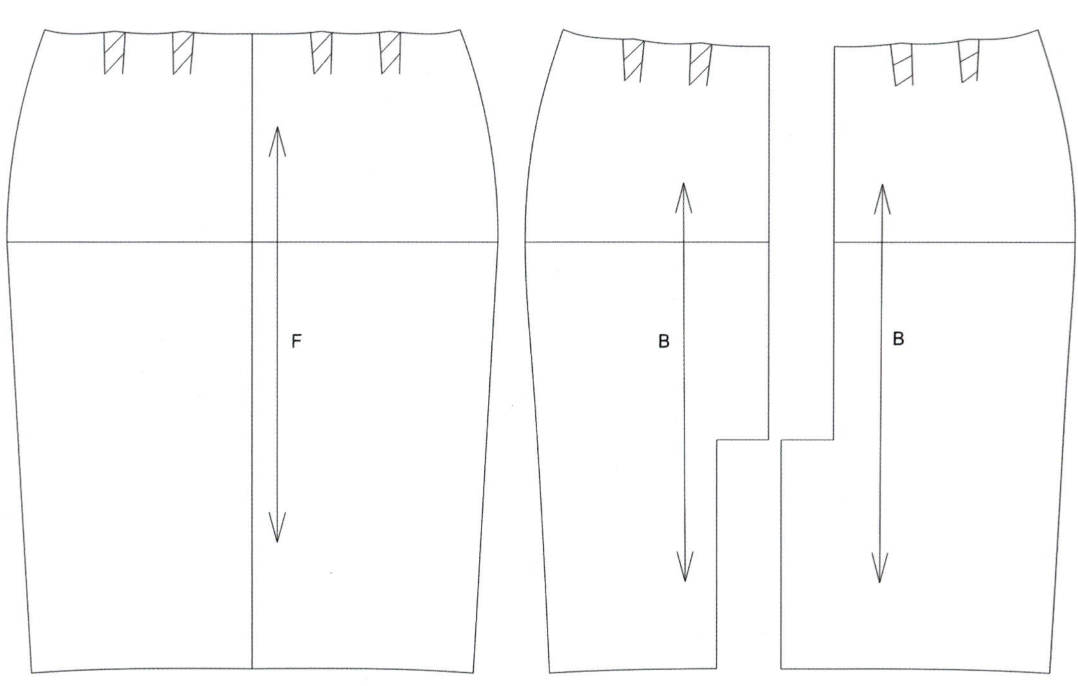

3) 시접 패턴(완성 패턴에 시접을 준 패턴)

(1) 겉감 시접 패턴

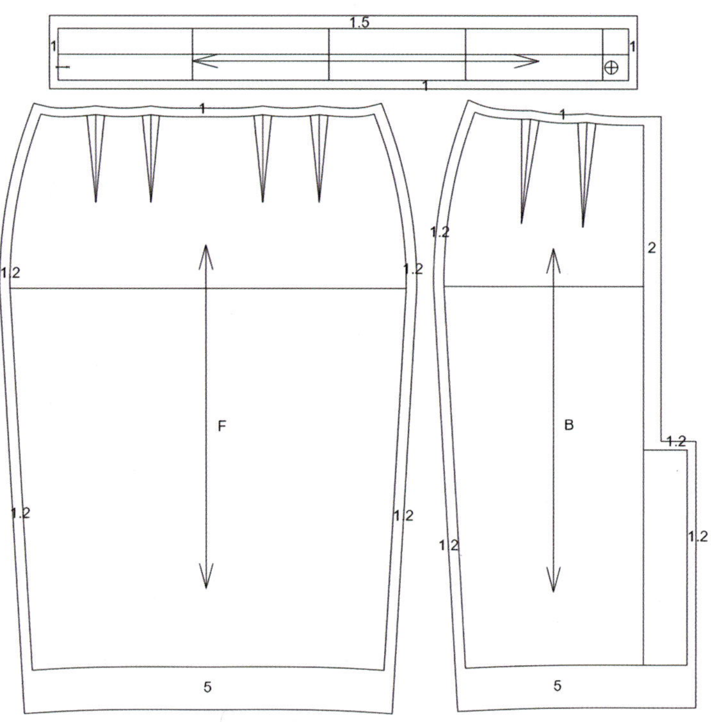

(2) 안감 시접 패턴

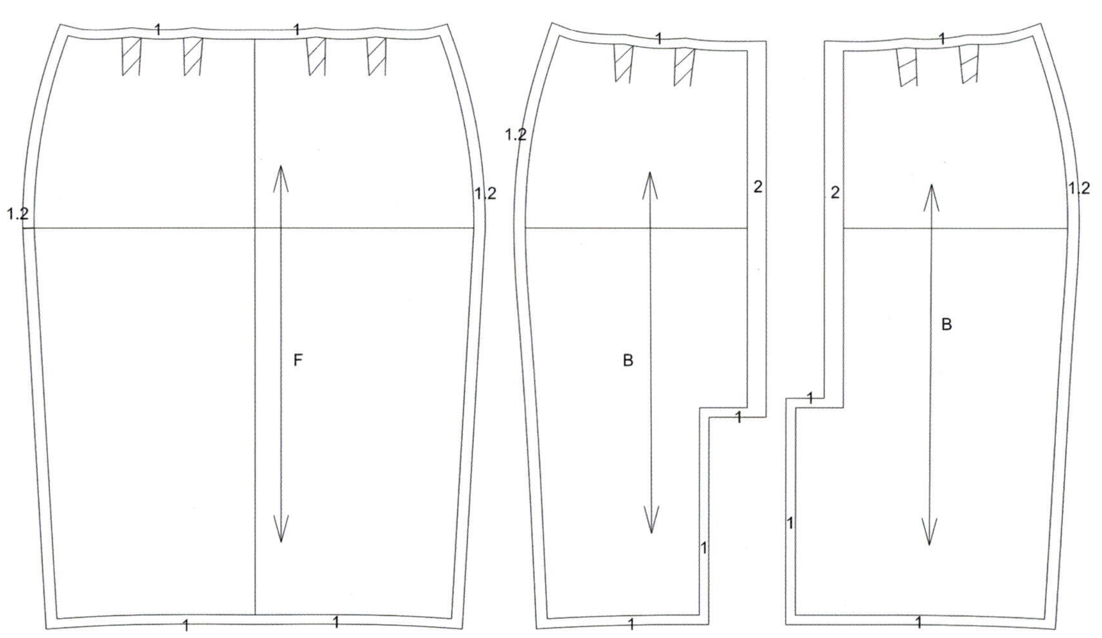

구분	폭(cm)	계산법
겉감	90, 110	(스커트길이×2)+시접(12~16cm)
	150	스커트길이+시접(6~8cm)
안감	110	스커트길이+시접(3~4cm)

5) 패턴의 배치(동일방향 마킹)

(1) 겉감의 배치(원단폭 150cm)

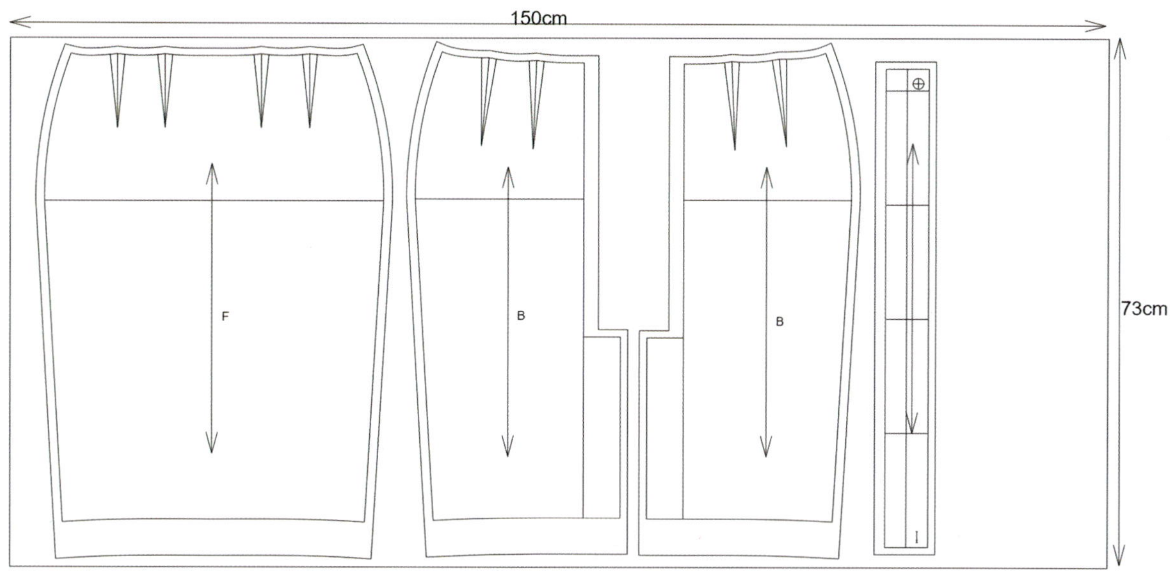

(2) 안감의 배치(원단폭 110cm)

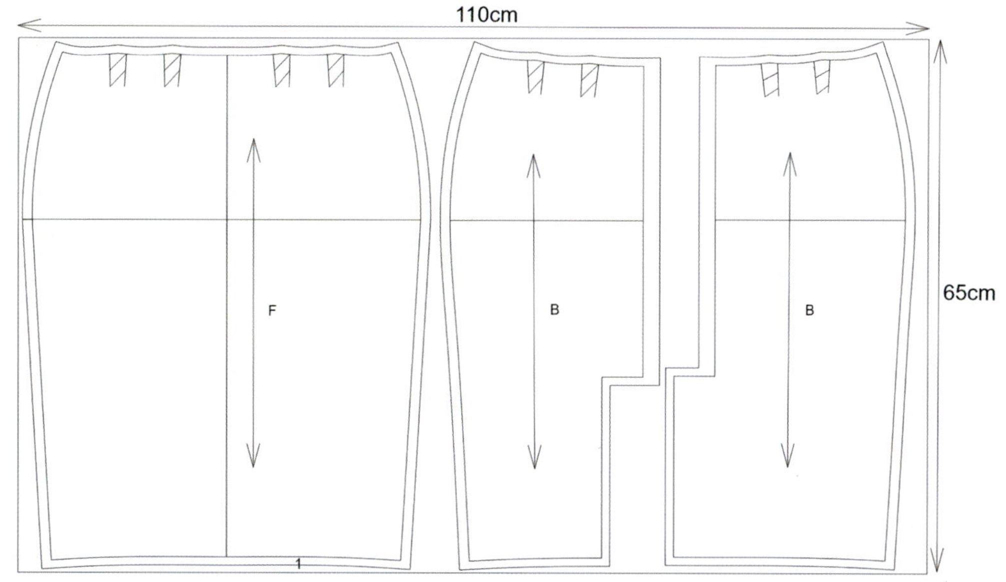

3. 하이웨이스트 스커트(High-Waist Skirt)

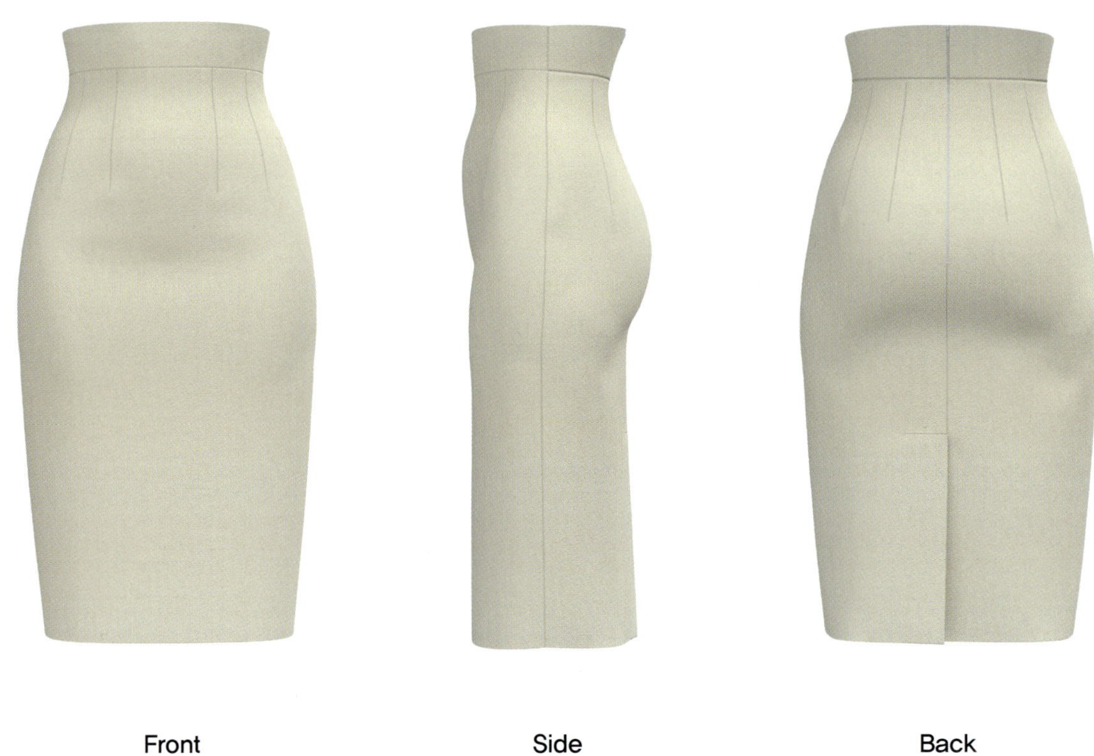

Front   Side   Back

제품 완성 치수				(단위: ㎝, 오차: ±0.5㎝)
허리둘레	엉덩이둘레	스커트길이	벨트너비	밑단둘레
62	92	64	벨트 없음	82

사용 아이콘									
선 그리기	직각선	사각형	다듬기	선 길이 조정	연장	평행	선 붙여 다듬기	이동	회전
반전									

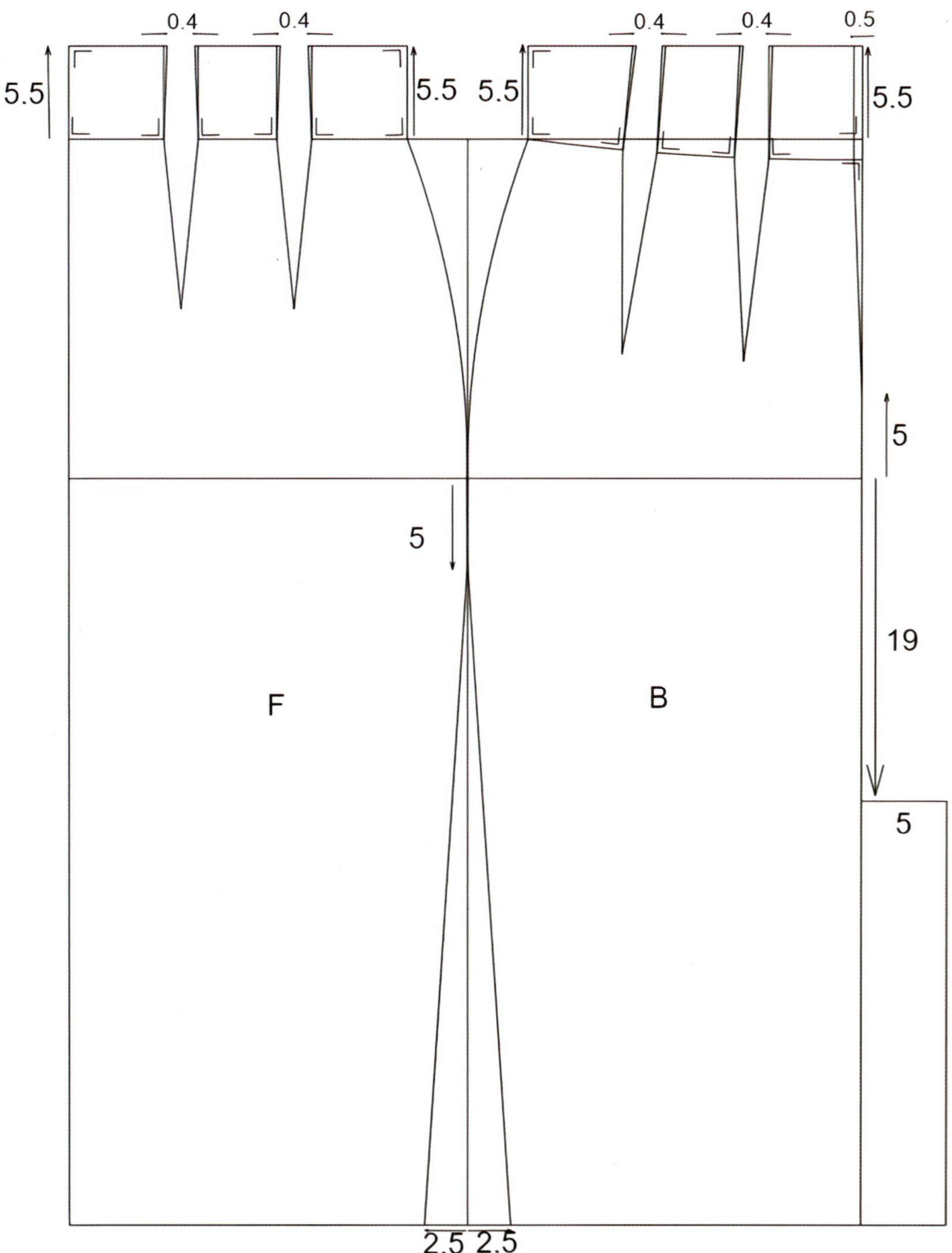

① 타이트 스커트를 제도한 후 **선길이조정**(Q)으로 하이웨이스트 분량 5.5㎝를 스커트 허리선에 수직으로 올려서 제도한다.

② 각 다트선들은 **직각선**(V)으로 5.5㎝ 올린 후 **선길이조정**(Q)으로 0.4㎝씩 다트 안쪽으로 다트량을 줄인다. 나머지 다트선과 허리선은 **선그리기**(D)로 그린다.

③ 지퍼는 엉덩이선까지 하고 **선붙여다듬기**(Z)로 다듬을 뿐 척추 라인을 그대로 살려 준다.

④ **이동×2(M)**로 안단을 복사한다.

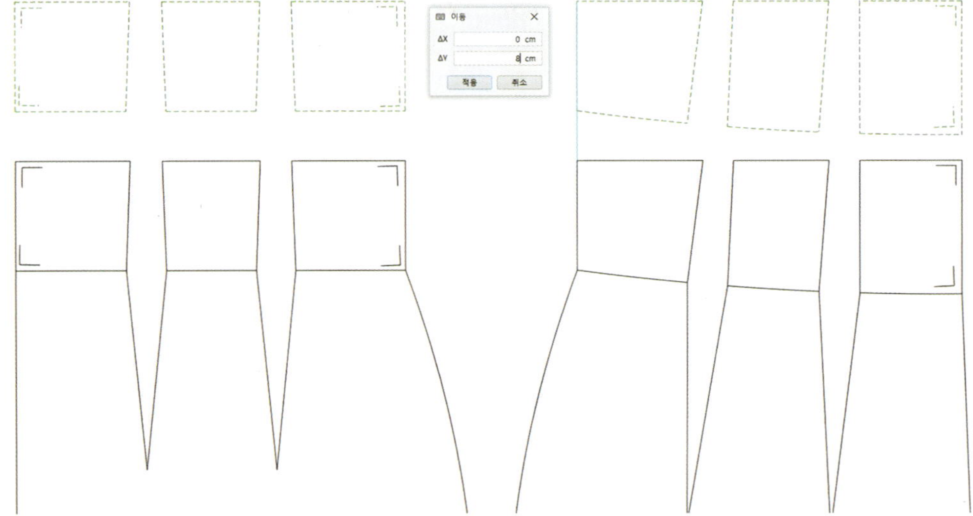

⑤ **이동×1(M)**로 허리 다트점을 붙인 후 **회전×1(R)**로 다트선을 회전하여 MP시킨다.

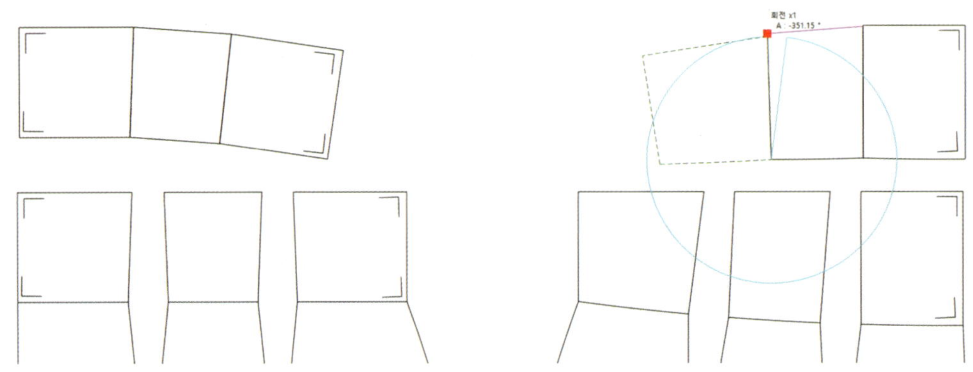

⑥ **선붙여다듬기(Z)**로 각이 진 안단을 자연스러운 곡선 처리한다.

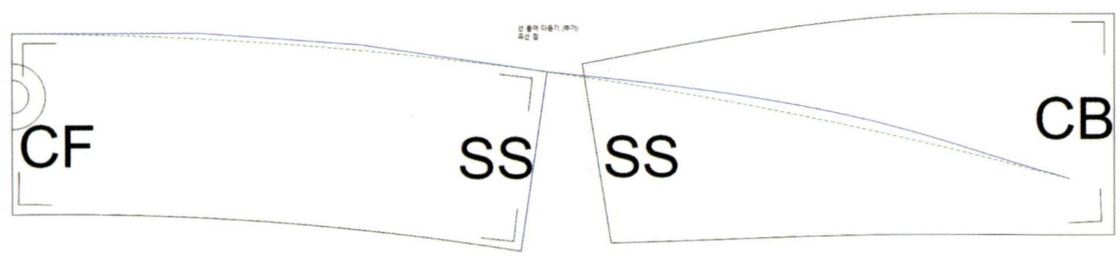

⑦ 앞판(F)의 안단은 앞중심(CF)를 기준으로 **반전×2(F)**로 복사하여 펼친다.

2) 완성선

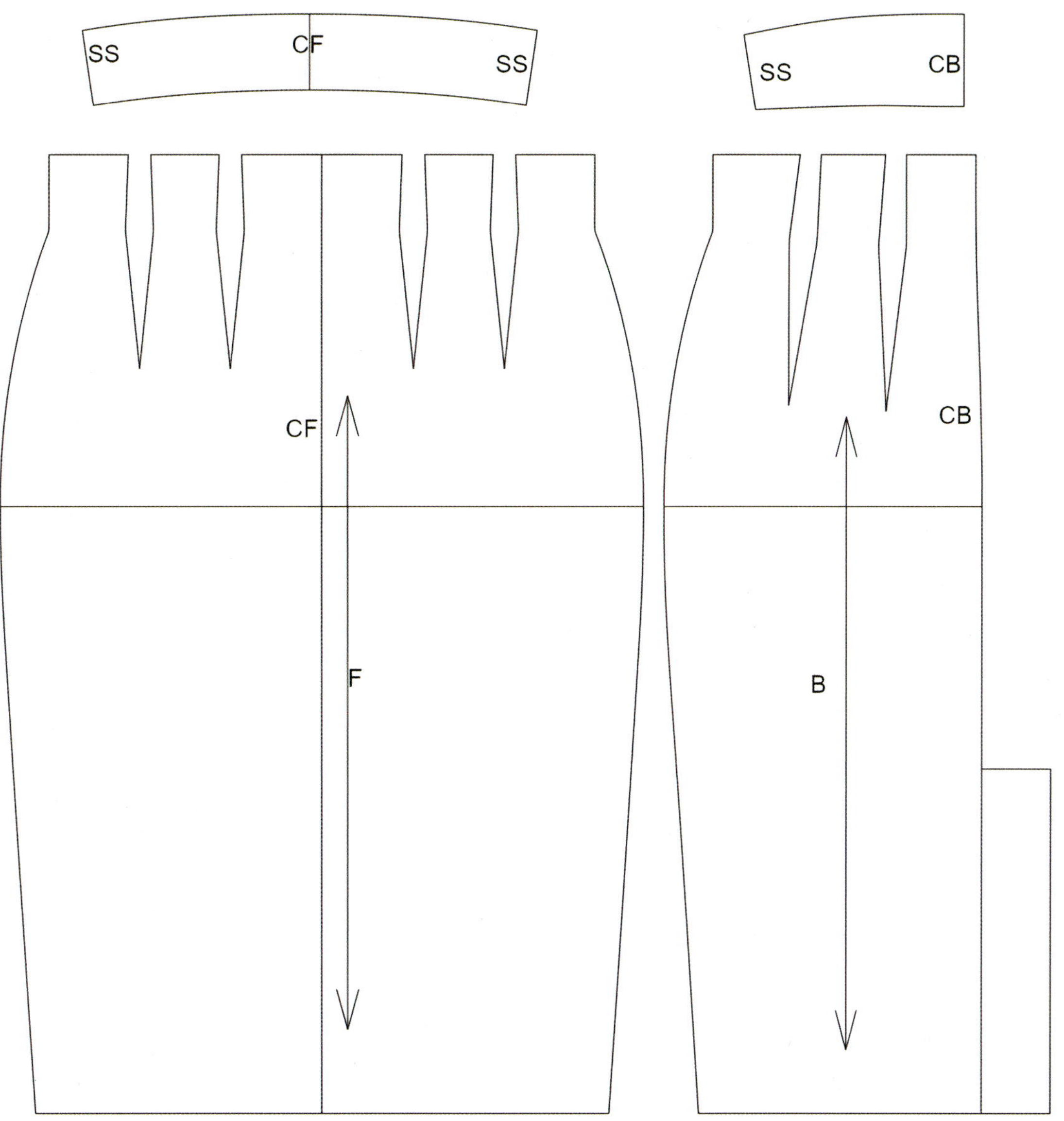

4. A-라인 스커트와 곡선 벨트
（A-line Skirt with Contoured Waistband）

Front   Side   Back

제품 완성 치수				(단위: ㎝, 오차: ±0.5㎝)
허리둘레	엉덩이둘레	스커트길이	벨트너비	밑단둘레
62	93.5	61	3	112

사용 아이콘
기호   직각선   평행   선 그리기   선 길이 조정   다듬기   생성   다듬기   채우기   선 붙여 다듬기
이동   회전   반전   선 자르기

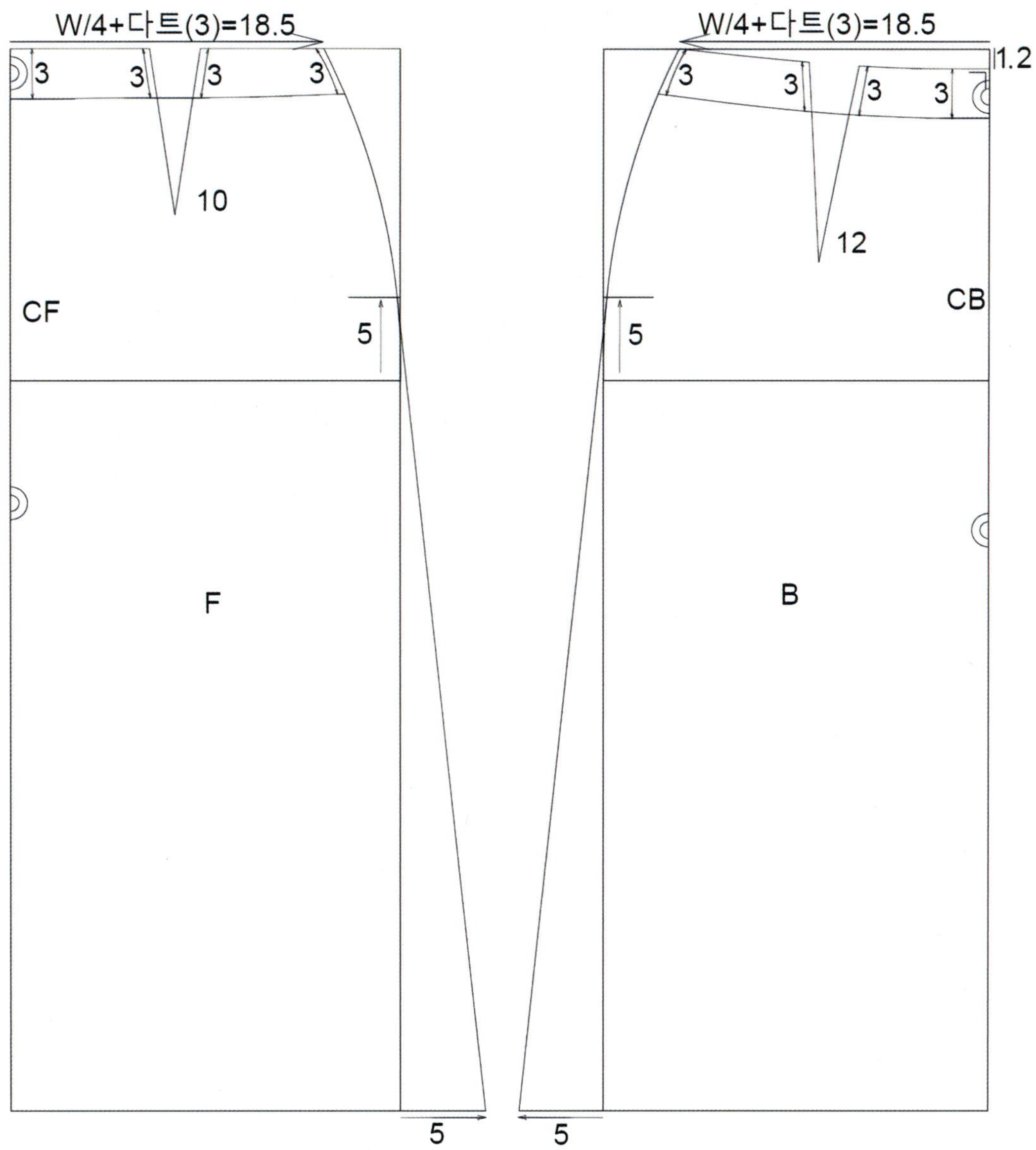

① 스커트 원형 제도 후 앞판과 뒤판에 **기능기호(O)**로 골선 표시한다. 지퍼는 입었을 때 왼쪽 옆선에 18㎝로 한다.

② 다트는 허리선의 2등분점에 **직각선(V)**으로 다트 길이를 그린다. 다트량 3㎝를 **기능 다트생성**으로 그린다. **다트다듬기**와 **다트채우기** 한다.

③ 벨트의 넓이는 기본 3㎝로 하며 벨트 넓이는 더 넓게 변경이 가능하다.

④ 밑단둘레는 **선길이조정(Q)**으로 5㎝ 더한다.

⑤ 옆선은 엉덩이선에서 5㎝ 올라가 **직각선(V)**으로 너치를 그리고, 그 점에서부터 **선그리기(D)**로 밑단까지 옆선을 내려 A라인을 만든다.

⑥ 기준선들과 필요 없는 선들은 **다듬기(W)**로 삭제한다.

⑦ 벨트는 **이동×1(M)**로 잘라 내고 벨트의 다트는 **이동×1(M)**과 **회전×1(R)**로 MP시킨다. A라인으로 벌어진
　밑단선과 벨트 외곽선은 **선붙여다듬기(Z)**로 자연스러운 곡선 처리한다.

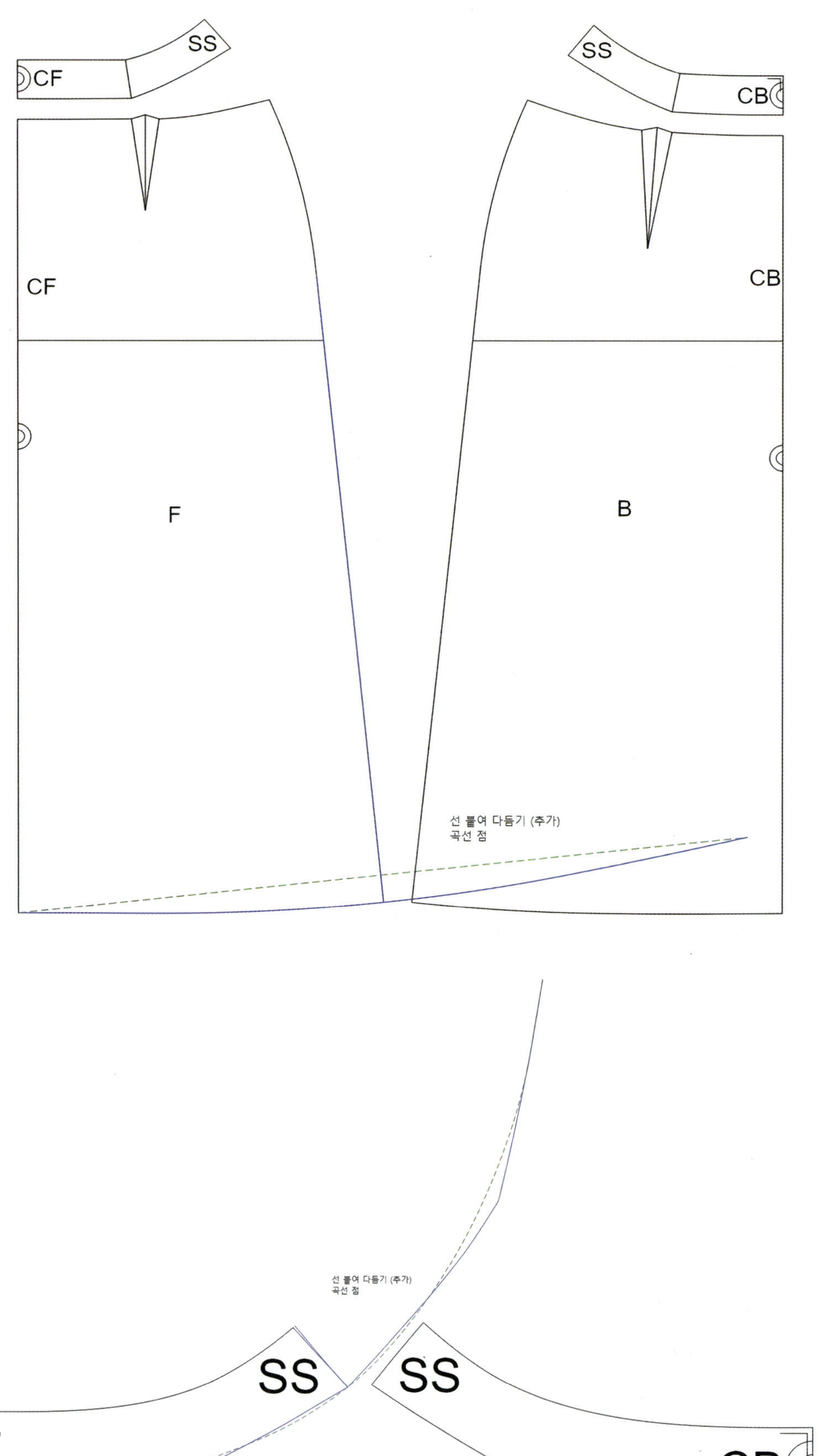

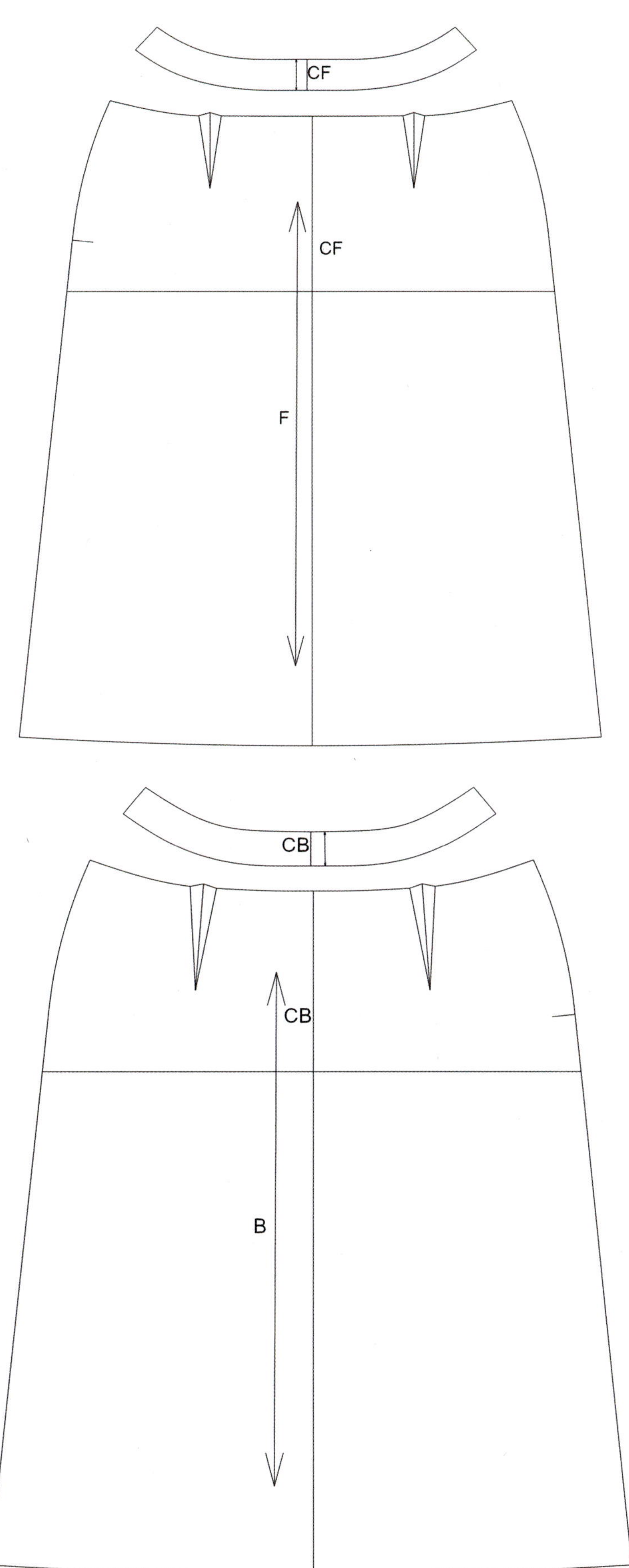

CF
CF
F
CB
CB
B

5. 플레어 스커트와 곡선 벨트
（Flared Skirt with Contoured Waistband）

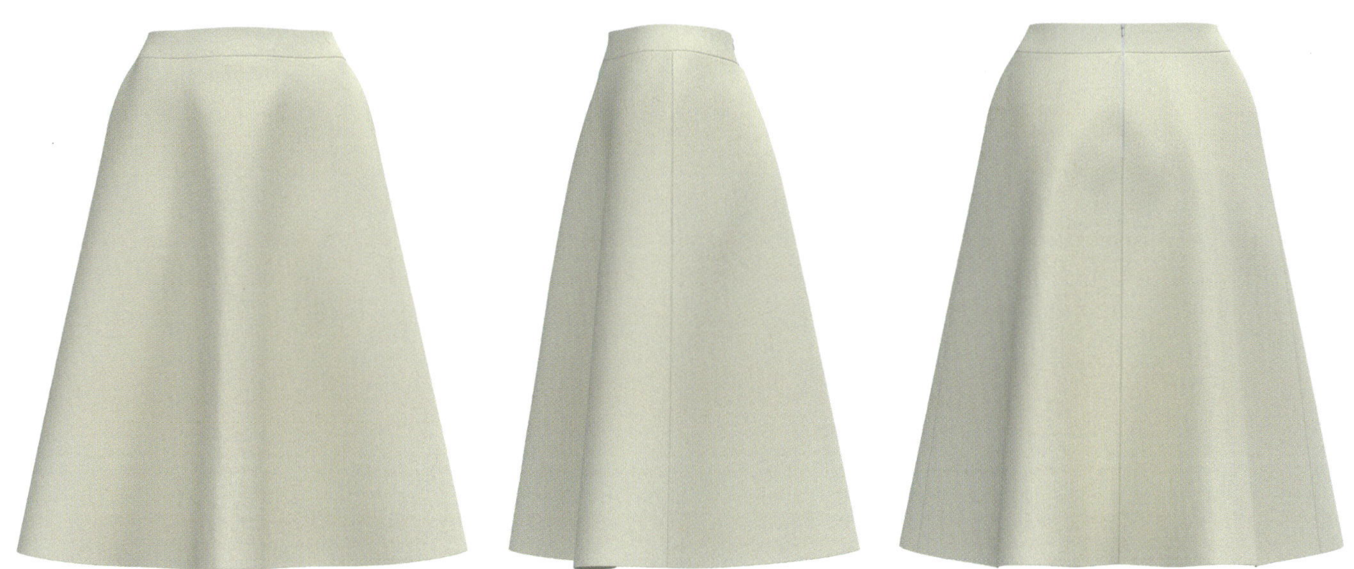

Front   Side   Back

제품 완성 치수				(단위: ㎝, 오차: ±0.5㎝)
허리둘레	엉덩이둘레	스커트길이	벨트너비	밑단둘레
62	104	66	4	192

사용 아이콘									
직각선	수정	평행	선 그리기	선 길이 조정	다듬기	이동	회전	반전	선 붙여 다듬기
	선 자르기	연장							

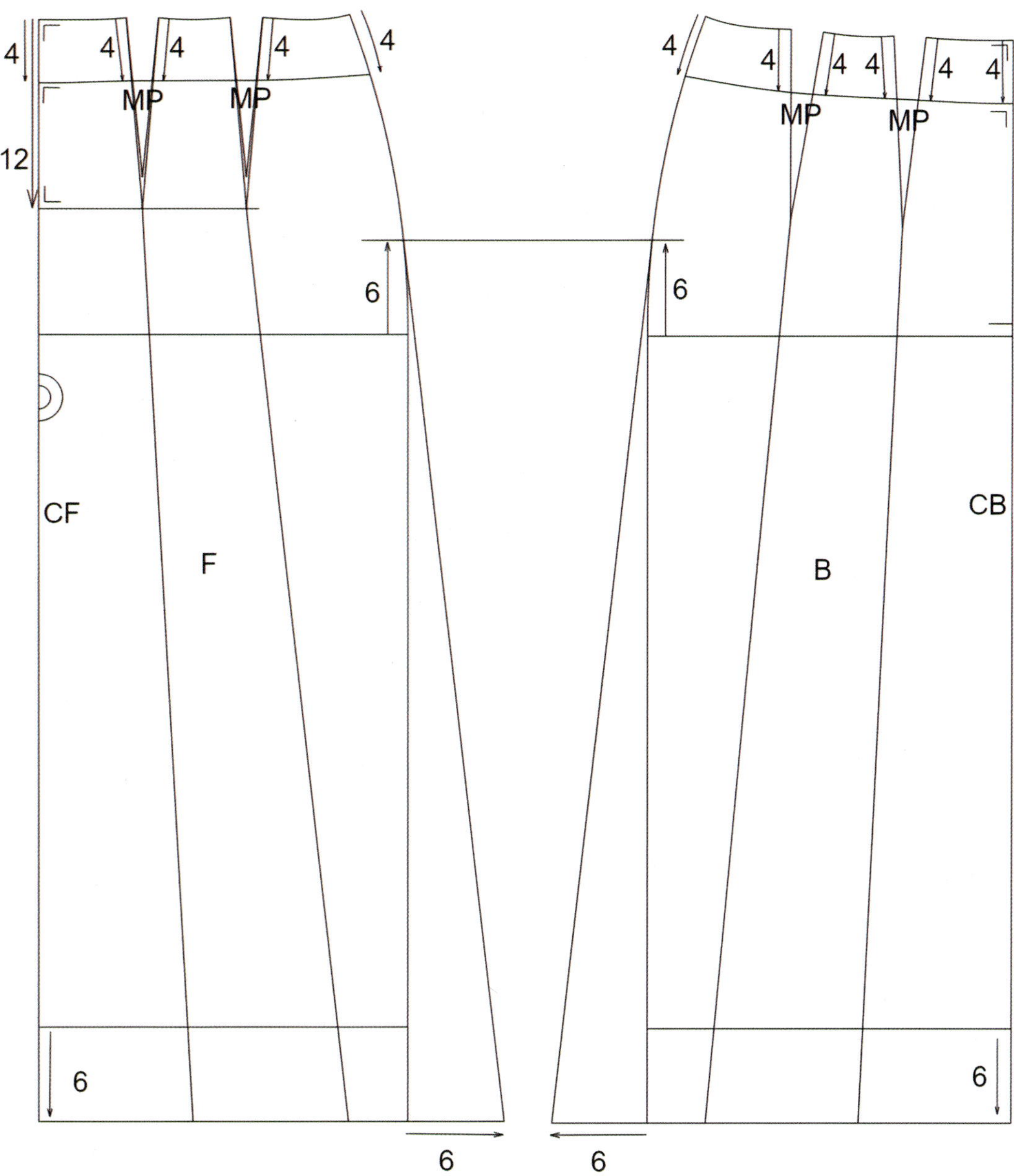

① 스커트 원형 제도 후, 앞중심(CF)에서 **직각선(V)**으로 12㎝ 내려 다트점 기준선을 그린다.

② 앞판다트 길이는 뒤판다트 길이에 맞춰 12㎝로 한다. **수정(A)**으로 다트 끝점을 당겨서 12㎝ 직선에 닿도록 한다.

③ **직각선(V)**과 **선그리기(D)**로 벨트너비는 4㎝로 그린다.

④ 디자인에 따라 스커트 길이도 늘리거나 줄일 수 있는데 길이는 **평행(P)**으로 6㎝ 늘리고 **선길이조정(Q)**으로 밑단선을 6㎝ 늘려 A라인 옆선을 그린다.

⑤ 스커트 다트끝점과 스커트 밑단의 3등분점을 **선그리기(D)**로 직선 연결한다.

⑥ 벨트선은 **선자르기**(C) 후, **이동×1(M)**하고 **회전×1(R)**로 MP시킨다. 벨트는 **선붙여다듬기**(Z)로 자연스러운 곡선 처리한다.

⑦ 밑단선은 **선붙여다듬기**(Z)로 자연스러운 곡선 처리한다. 3등분선은 연장과 다듬기로 정리한다.

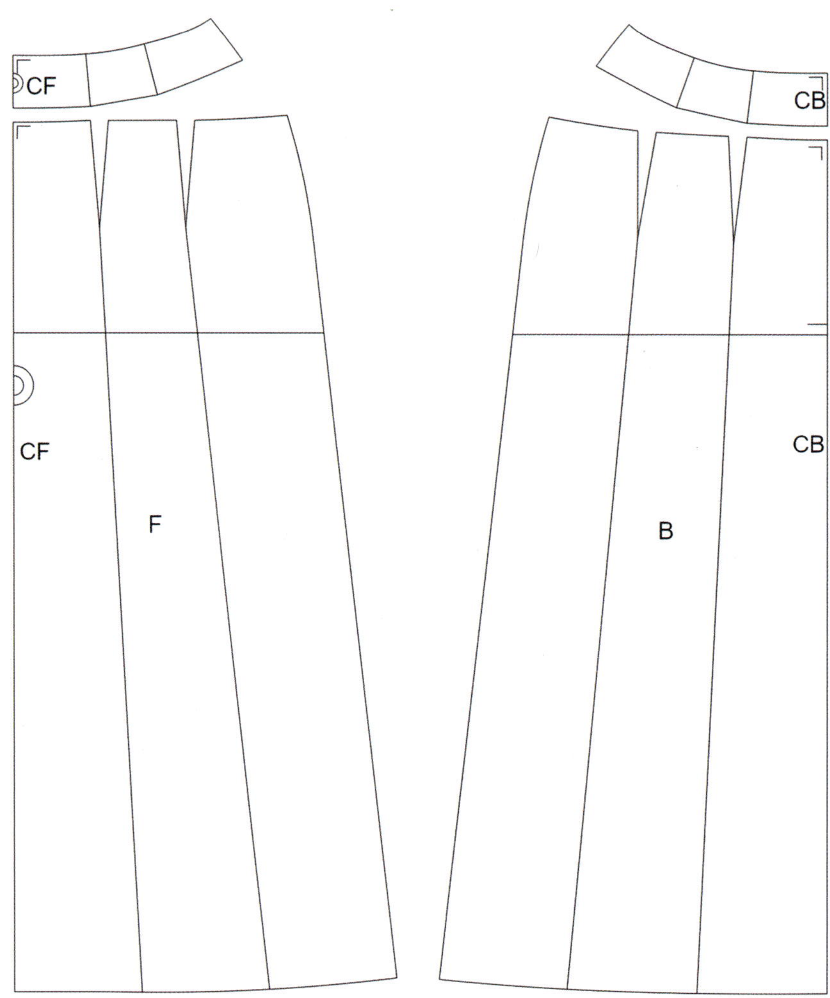

⑧ 벨트는 **이동×1(M)**로 옆선을 붙이고, **회전×1(R)**로 MP시킨다. 벨트의 앞중심(CF)은 **반전(F)×2**로 펼쳐 준다.

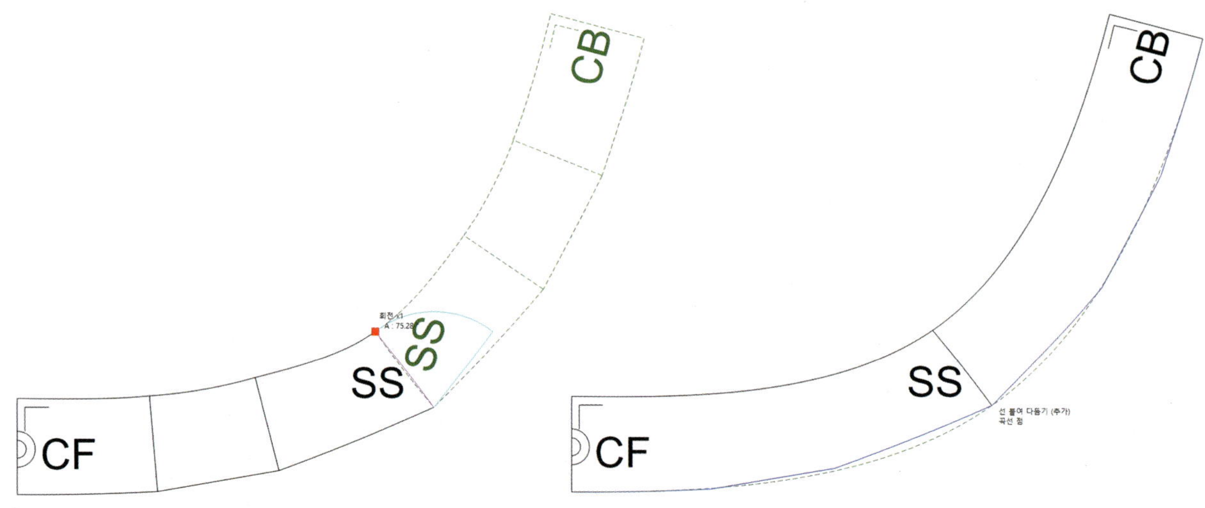

⑨ 스커트 밑단선은 등분점에서 **선자르기(C)** 후 다트를 **회전×1(R)**로 MP하면 플레어 분량이 벌어진다.

⑩ 밑단둘레를 **선그리기곡선(D)**으로 그리고 허리선과 밑단 등을 **선붙여다듬기(Z)**로 자연스러운 곡선 처리한다.

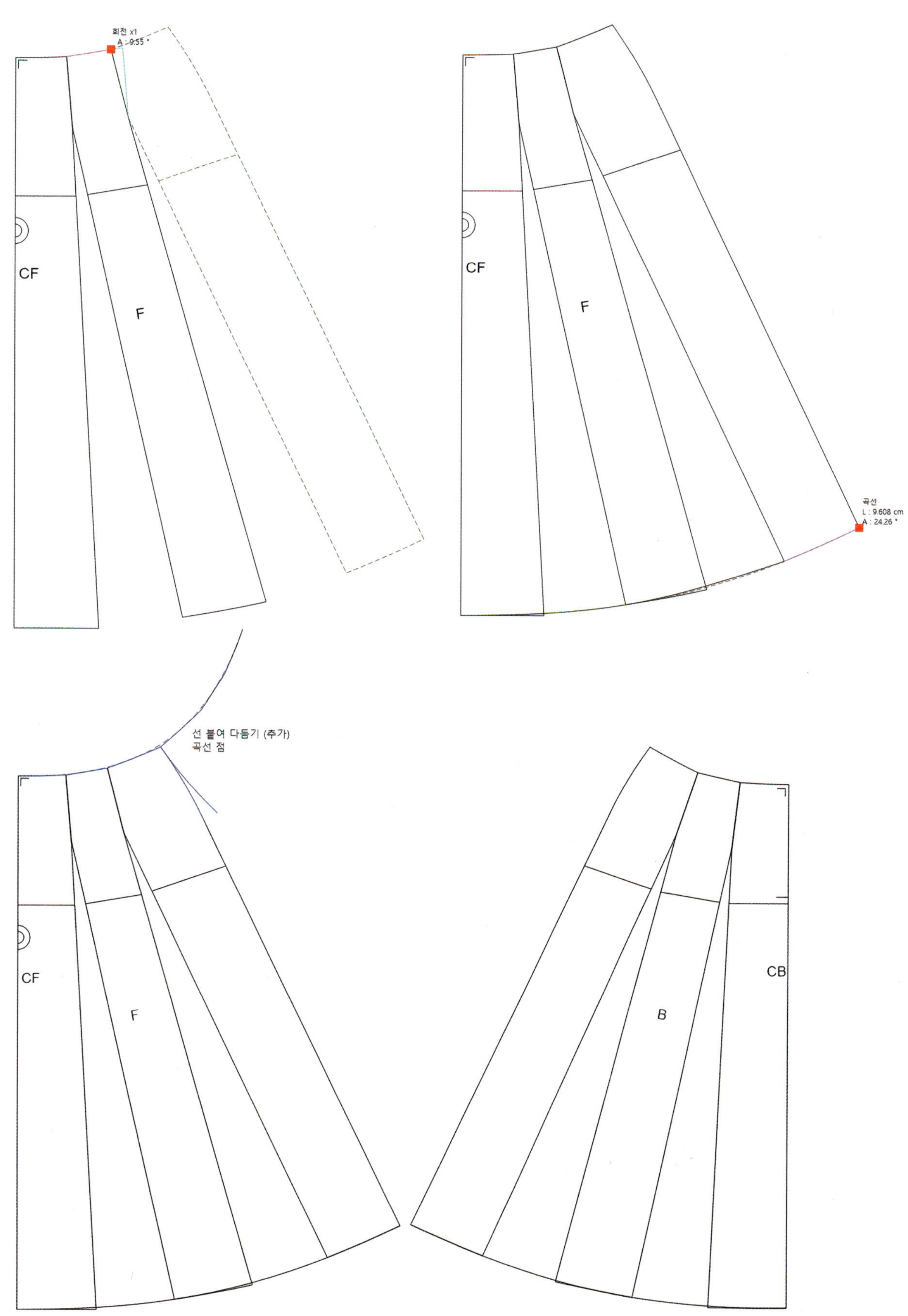

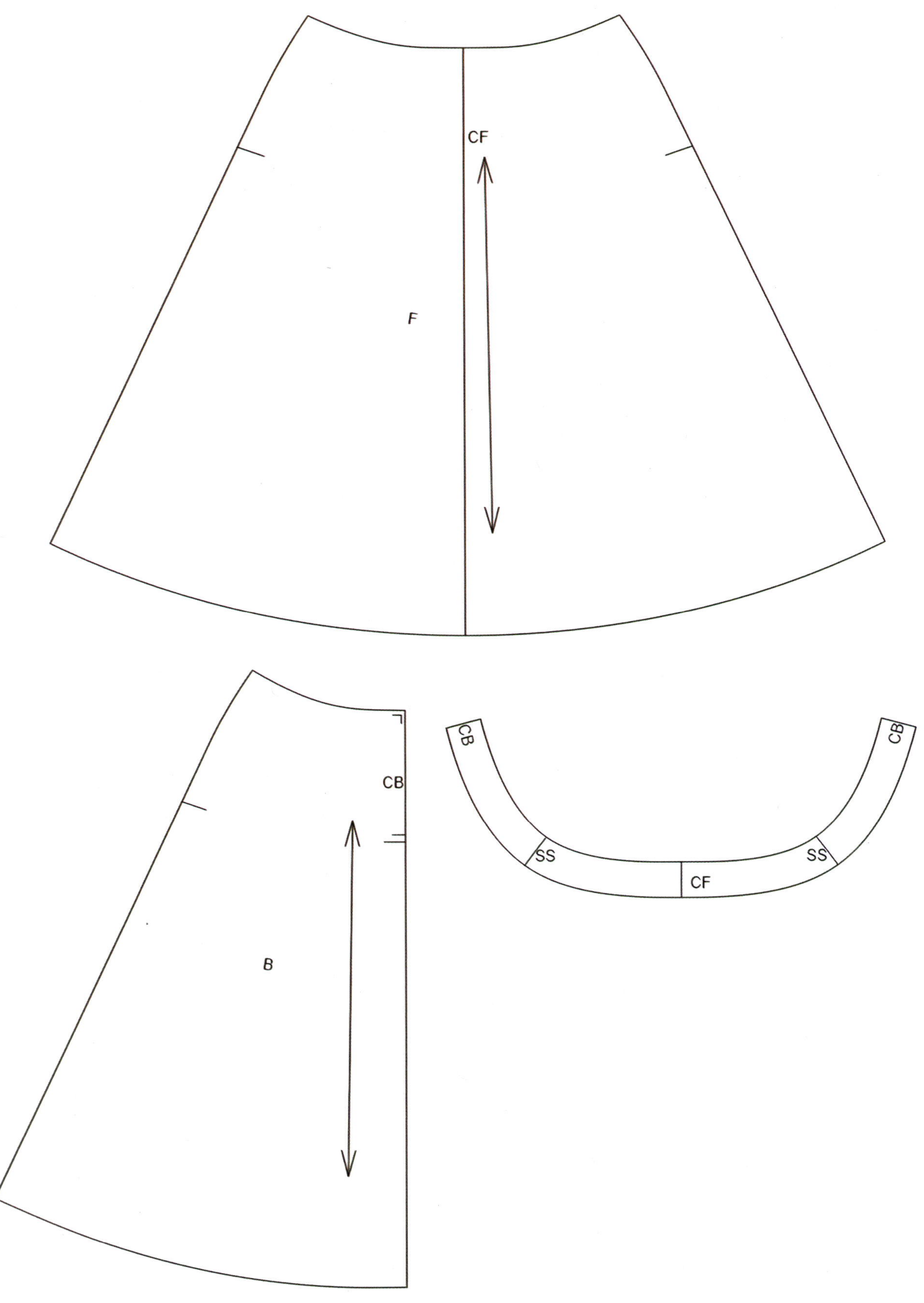
CF
F
CB
B
CB
SS
CF
SS
CB

6. 와이드 플레어 스커트와 곡선 벨트
（Wide Flared Skirt with Contoured Waistband）

Front   Side   Back

제품 완성 치수				(단위: cm, 오차: ±0.5cm)
허리둘레	엉덩이둘레	스커트길이	벨트너비	밑단둘레
62	180	66	3	485

사용 아이콘							
선 그리기	직각선	이동	Ctrl+V	Ctrl+C	선 붙여 다듬기	벌리기	반전

① 플레어 스커트 제도 후, 허리선의 3등분점과 밑단선의 3등분점을 **선그리기**(D)로 직선 연결한다.

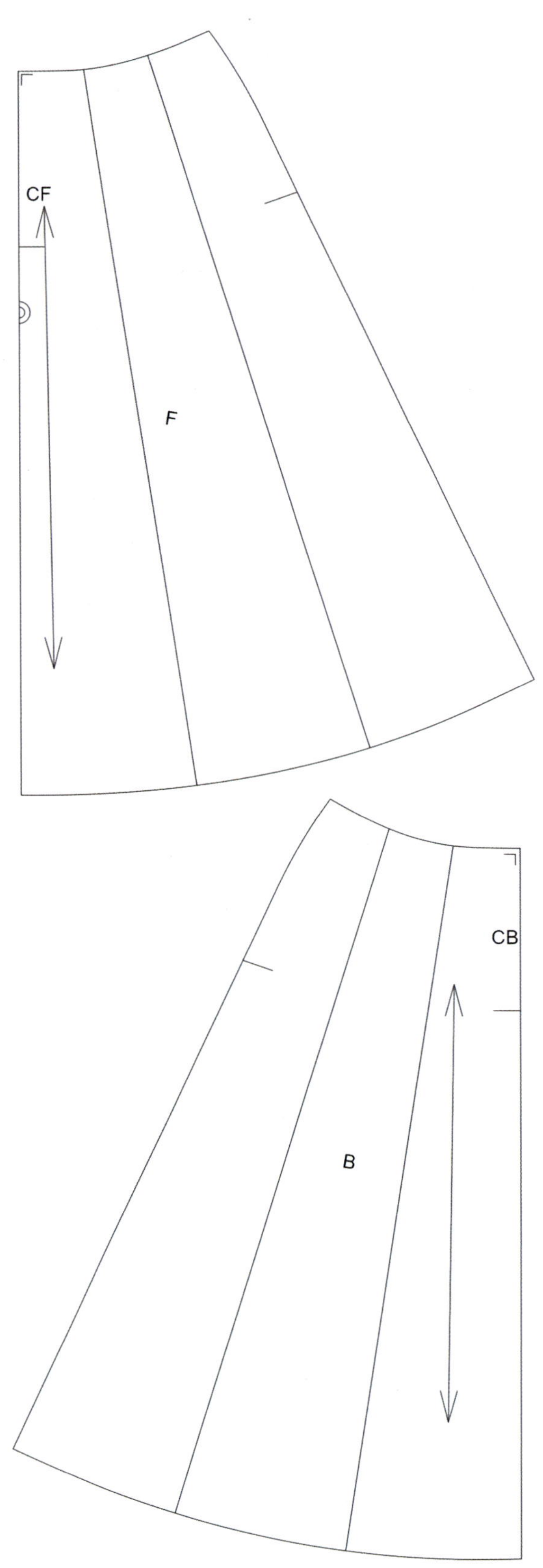

② 벨트는 플레어 스커트의 벨트를 그대로 **Ctrl+C**, **Ctrl+V**하여 사용한다. **이동×1(M)**과 **반전×1(F)**로 벨트를 한 장으로 한다. 옆지퍼로 앞중심(CF)과 뒤중심(CB)은 **반전(F)×2**로 펼쳐 준다.

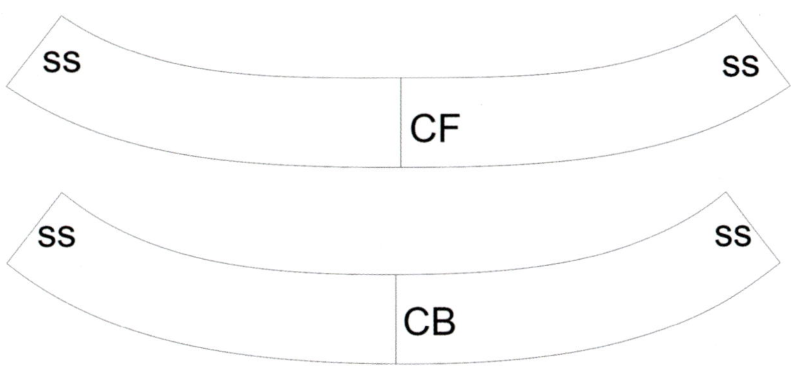

③ **기능 벌리기**로 위 허리선은 0㎝, 아래 밑단은 25㎝로 플레어를 벌려 준다.

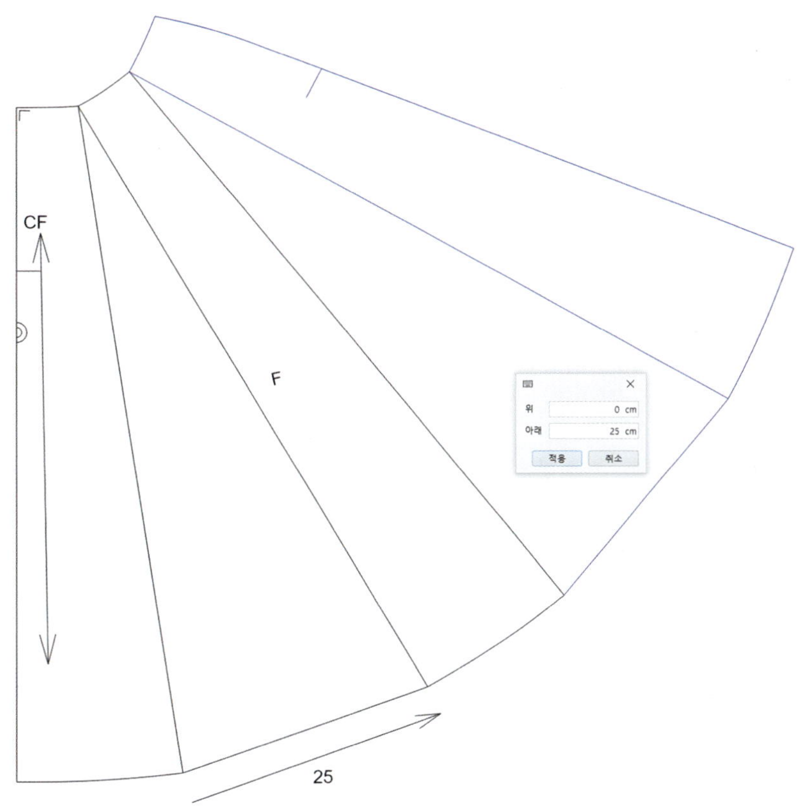

④ **선그리기**(D)로 A에서 **+Shift**를 누른 상태에서 앞중심(CF) 길이만큼 직선을 그리고 직각으로 1㎝ 기준선을 그린다.

⑤ 앞, 뒤판 모두 밑단둘레는 **선그리기곡선**(D)으로 그린다.

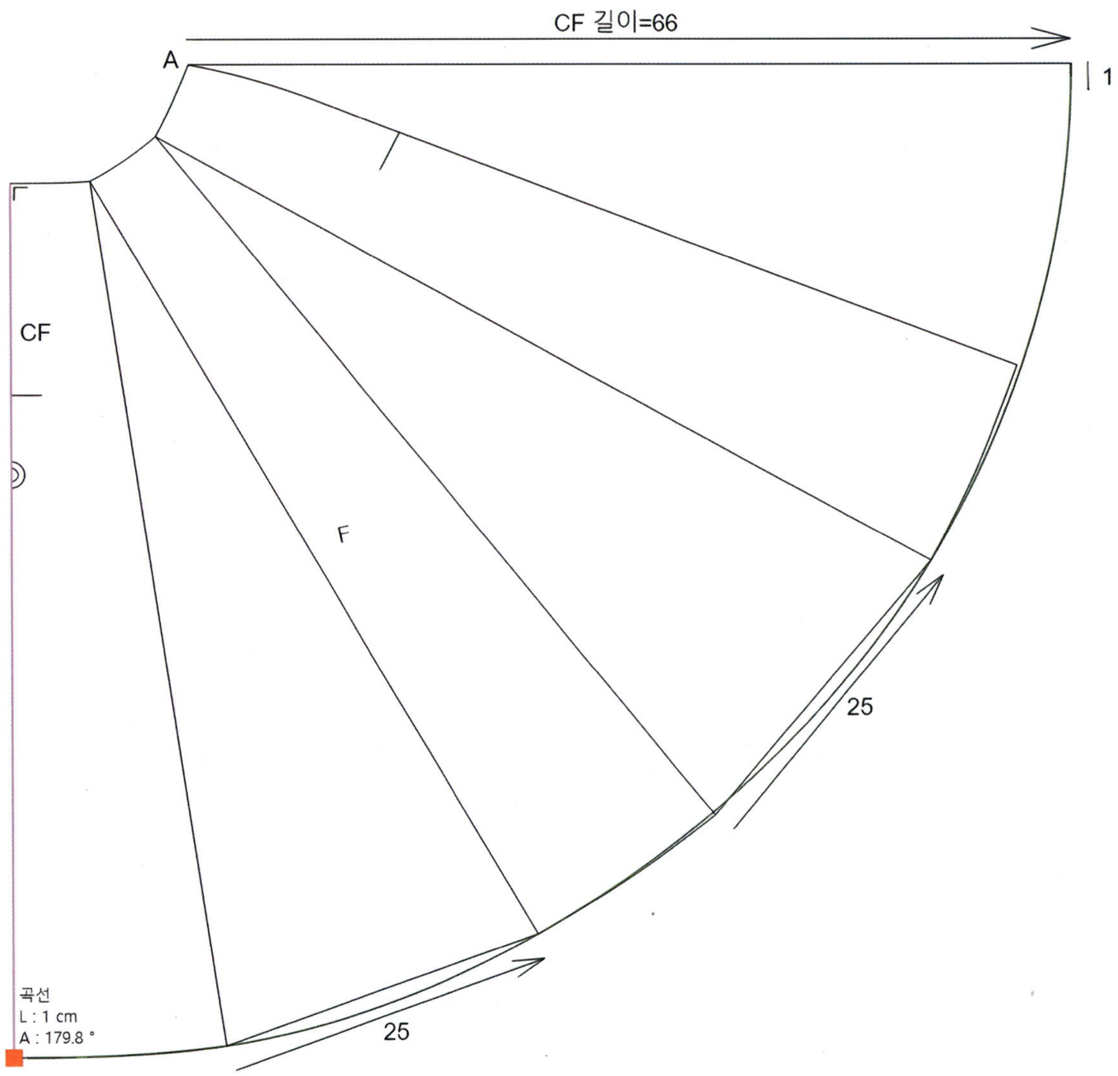

⑥ 허리선은 **선붙여다듬기**(Z)로 자연스러운 곡선 처리한다.

⑦ **반전×2**(F)로 앞판과 뒤판의 제도를 펼친다.

⑧ 엉덩이둘레가 넉넉한 디자인일 때는 지퍼길이를 허리부터 15㎝로 하고, 착용 시 왼쪽 옆지퍼로 한다.

2) 완성선

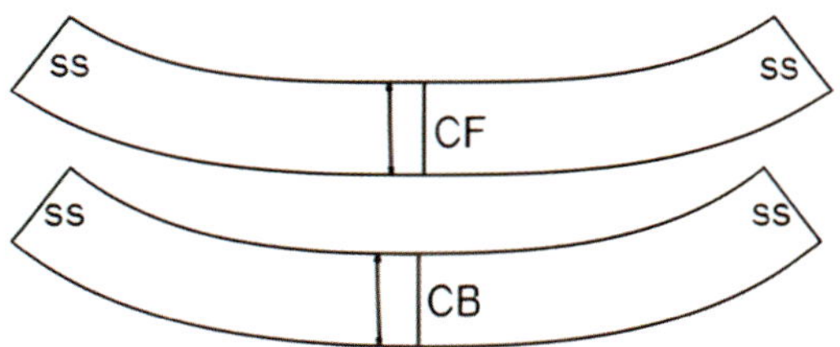

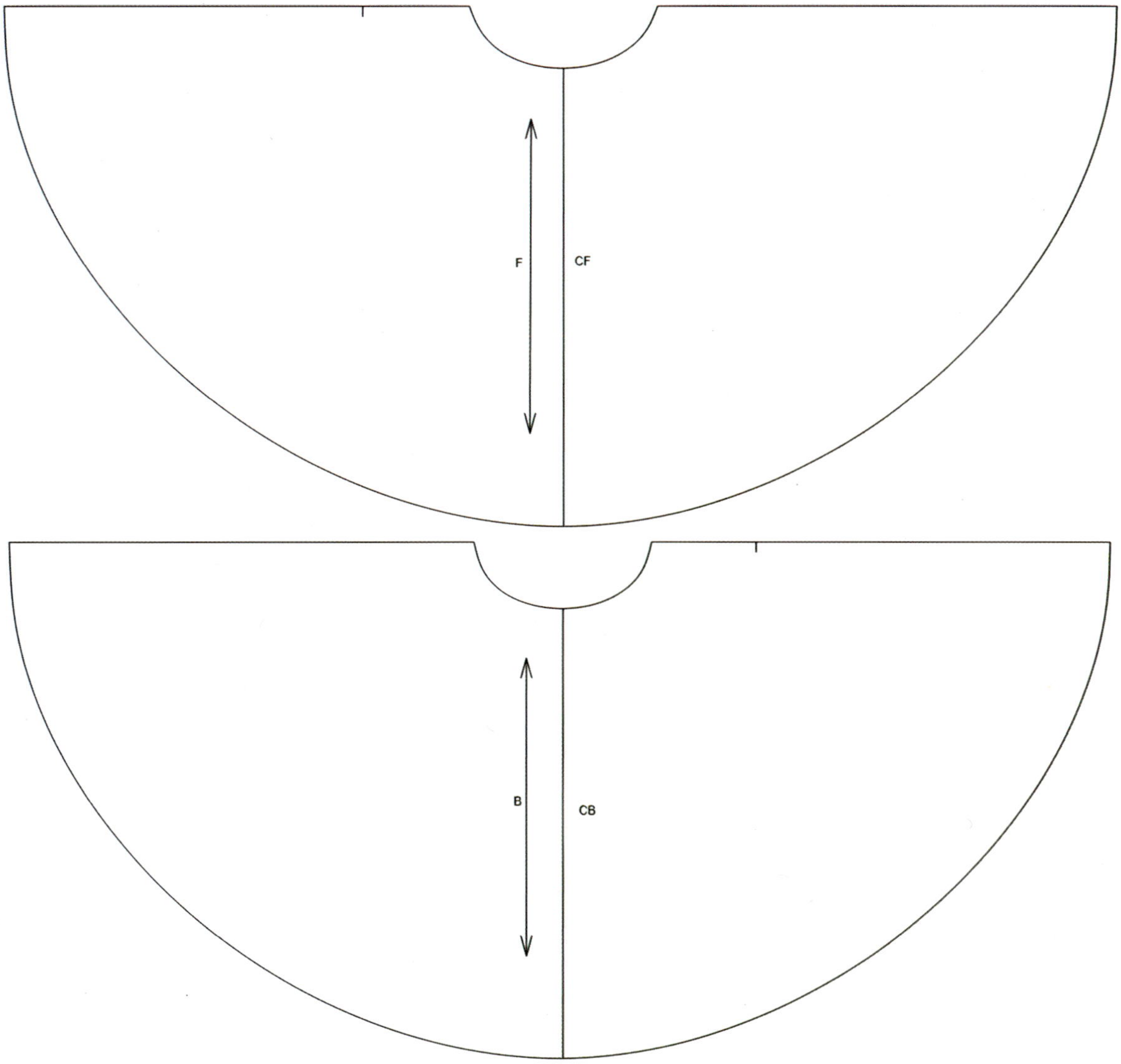

7. 6쪽 고어드 스커트(6-Gored Skirt)

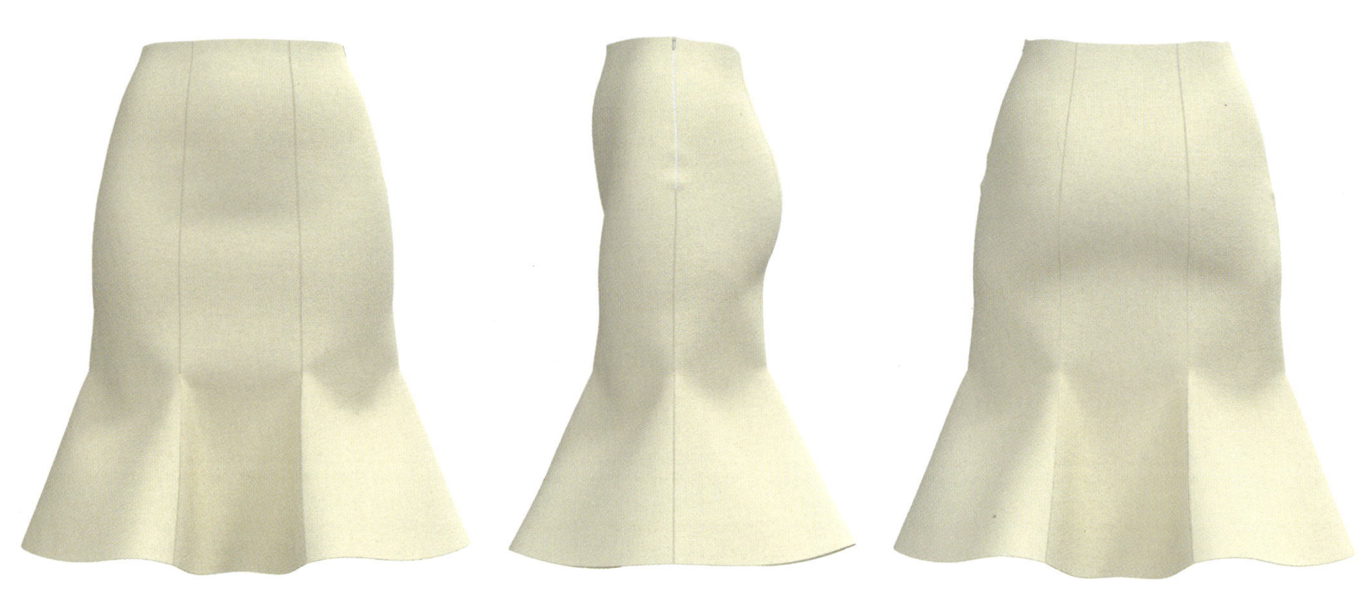

Front   Side   Back

제품 완성 치수				(단위: ㎝, 오차: ±0.5㎝)
허리둘레	엉덩이둘레	스커트길이	벨트너비	밑단둘레
60.5	92	64	벨트 없음	182

사용 아이콘									
선 그리기	직각선	선 자르기	다듬기	선 길이 조정	연장	평행	선 붙여 다듬기	이동	회전
반전									

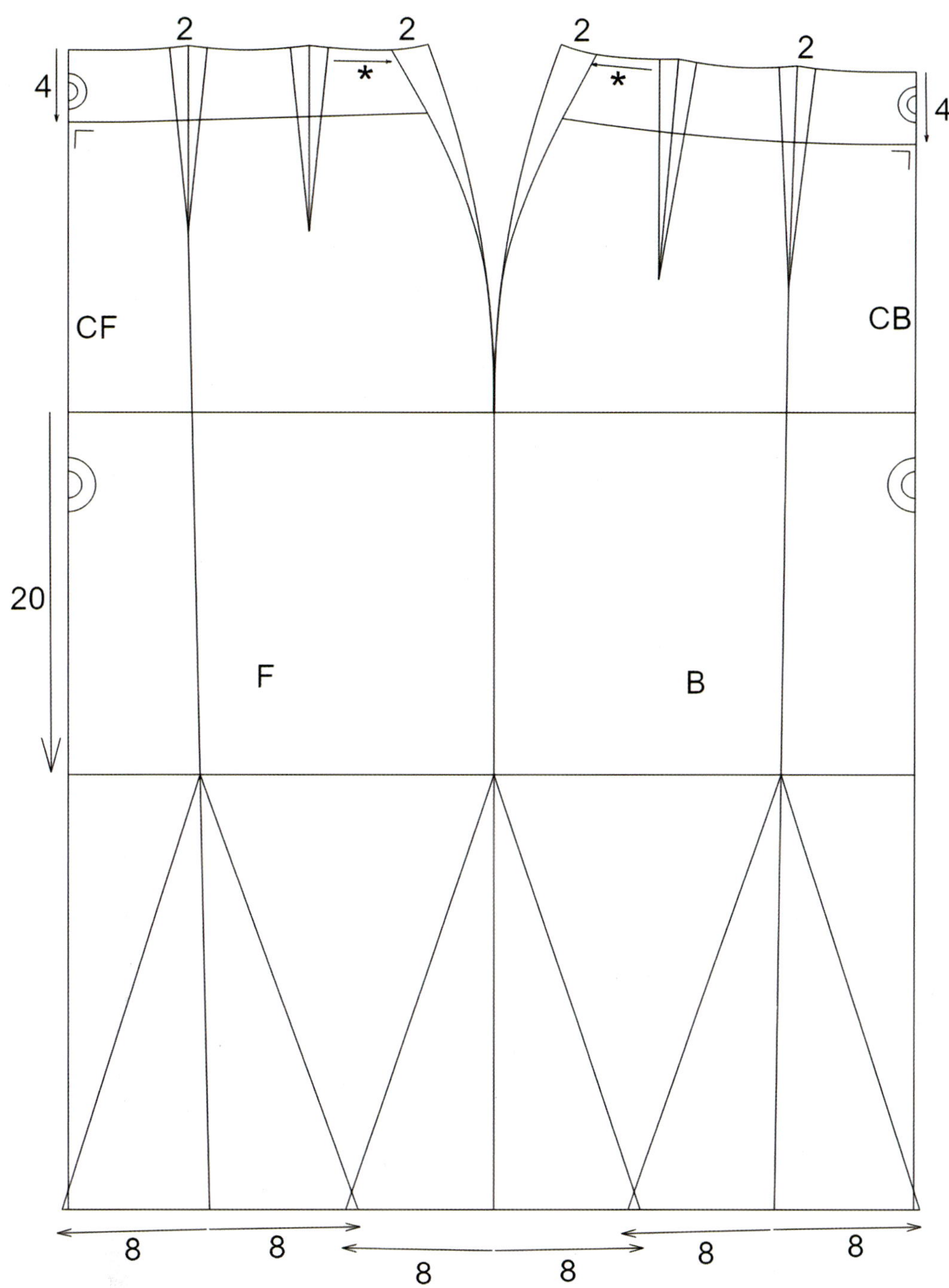

① 중심쪽 다트는 남겨 두고 옆선 쪽 다트는 없앤다. *=다트량 2㎝를 옆선에서 줄여 옆선을 **선그리기곡선(D)**으로 수정하여 그린다.

② 안단 벨트선은 **직각선(V)**으로 4㎝ 내려온 선에서 직각선을 0.3㎝ 그려 준 뒤 **선그리기곡선(D)**으로 그린다. 고어드 스커트의 허리둘레는 인체 허리둘레보다 작게 한다.

③ 다트의 중심선에서 **연장(E)**으로 밑단까지 직선을 긋고, **선자르기(C)**와 **선길이조정(Q)**으로 양쪽으로 8㎝씩

나간다. 엉덩이선에서 20㎝ 내려와 **직각선(V)**로 선을 그린다.

④ **이동×2(M)**로 겉감이 될 제도와 안감이 될 제도를 복사한다.

⑤ **선자르기(C)**, **연장(E)**, **다듬기(W)**를 이용하여 기준선은 삭제하고 길거나 짧은 선을 정리한다.

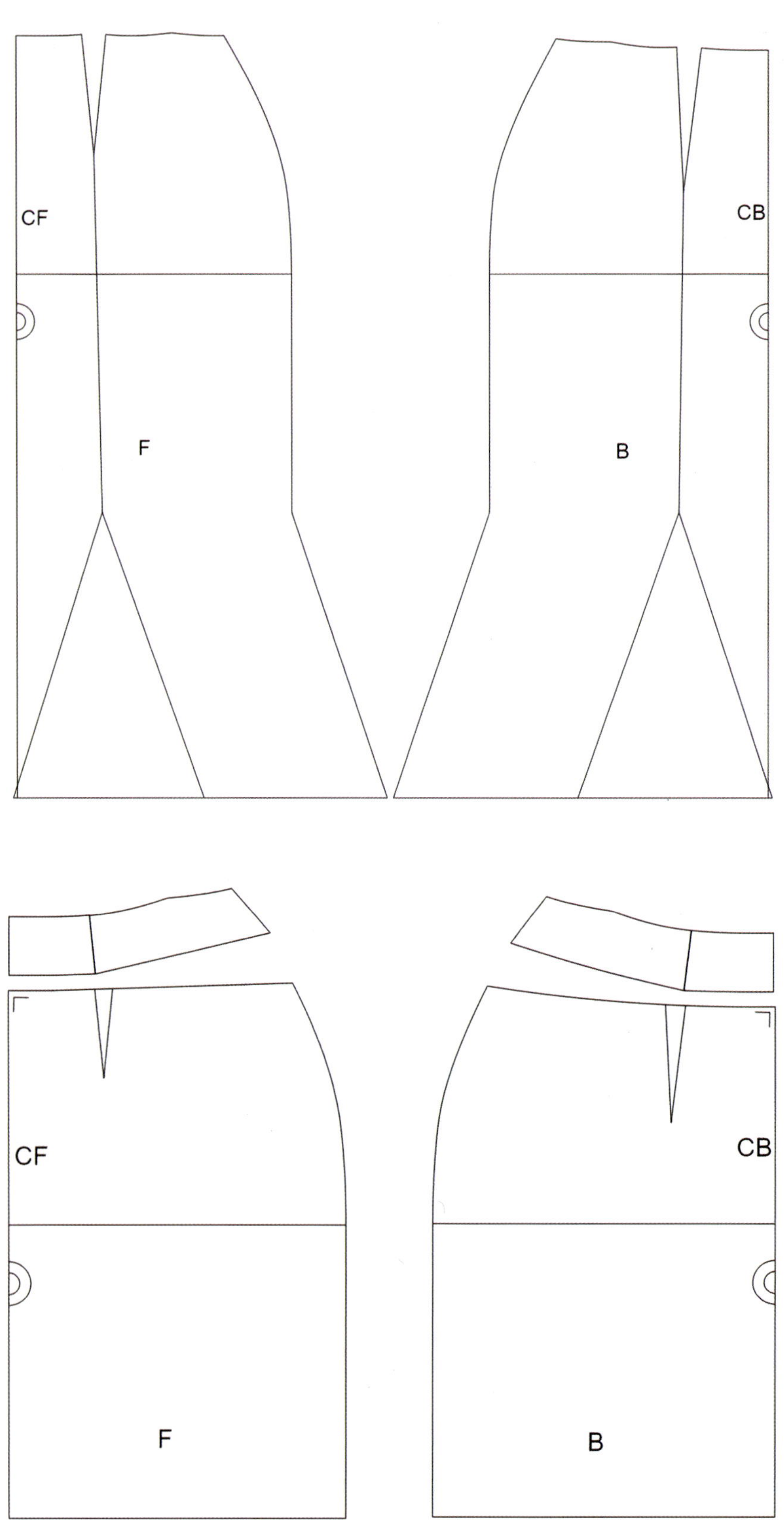

⑥ 겉감의 고어드선을 **이동×1(M)**로 분리하고 **다듬기(W)**와 **연장(E)**으로 선 정리한다.

⑦ 허리선, 각 옆선, 밑단둘레선은 **선붙여다듬기(Z)**로 자연스러운 곡선 처리한다.

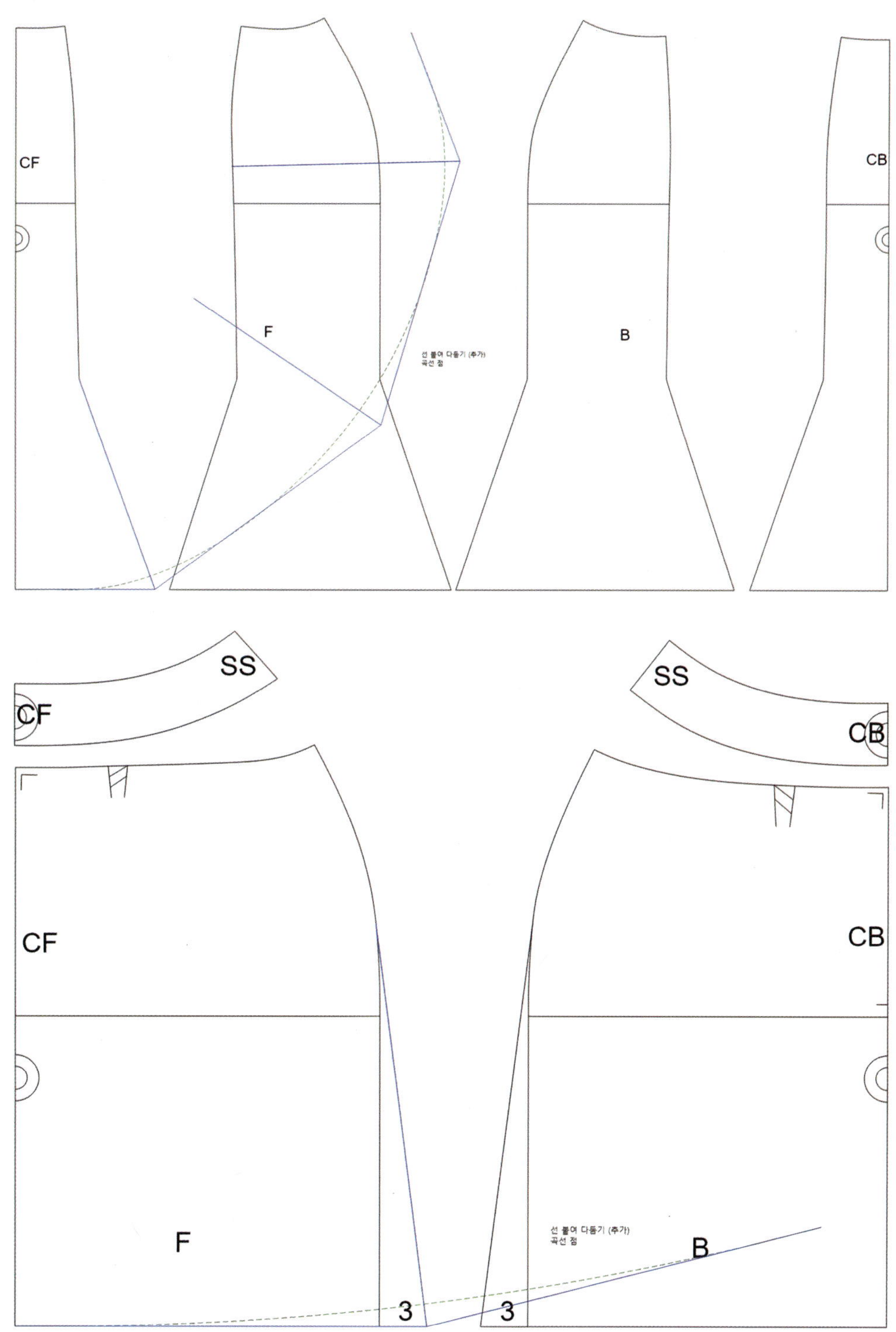

⑧ 안감은 스커트 길이를 엉덩이선에서 20㎝ 아래로 하고 고어드선은 없다.

⑨ 안감은 밑단선에서 **선길이조정(Q)**으로 3㎝씩 늘려 옆선을 A라인으로 한다.

⑩ 안감의 다트는 박지 않고 외주름(턱)으로 처리한다.

⑪ 안단, 옆선, 밑단둘레선은 **선붙여다듬기(Z)**를 통해 자연스러운 곡선 처리한다.

(1) 겉감

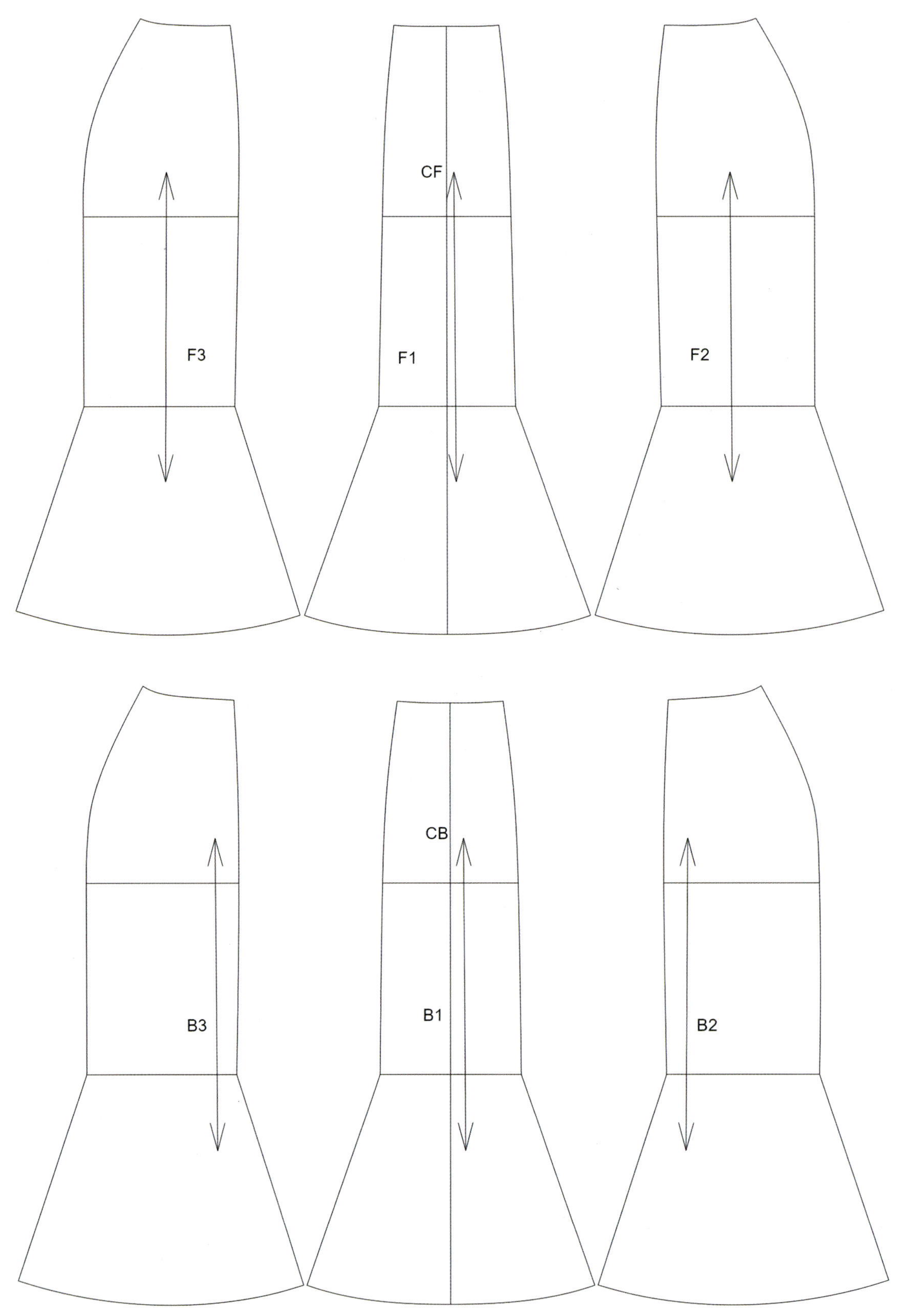

(2) 안감

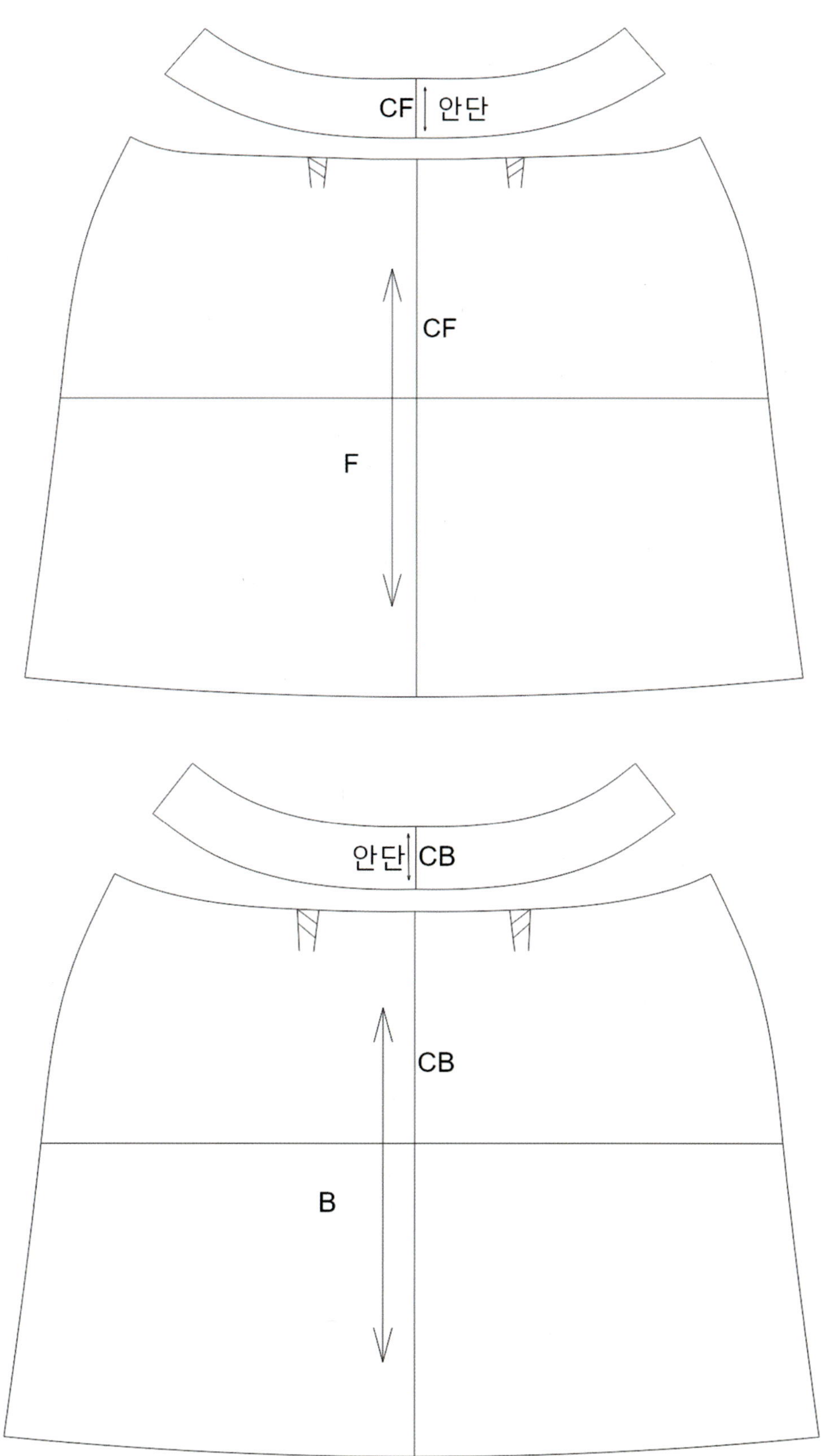

8. 8쪽 고어드 스커트(8-Gored Skirt)

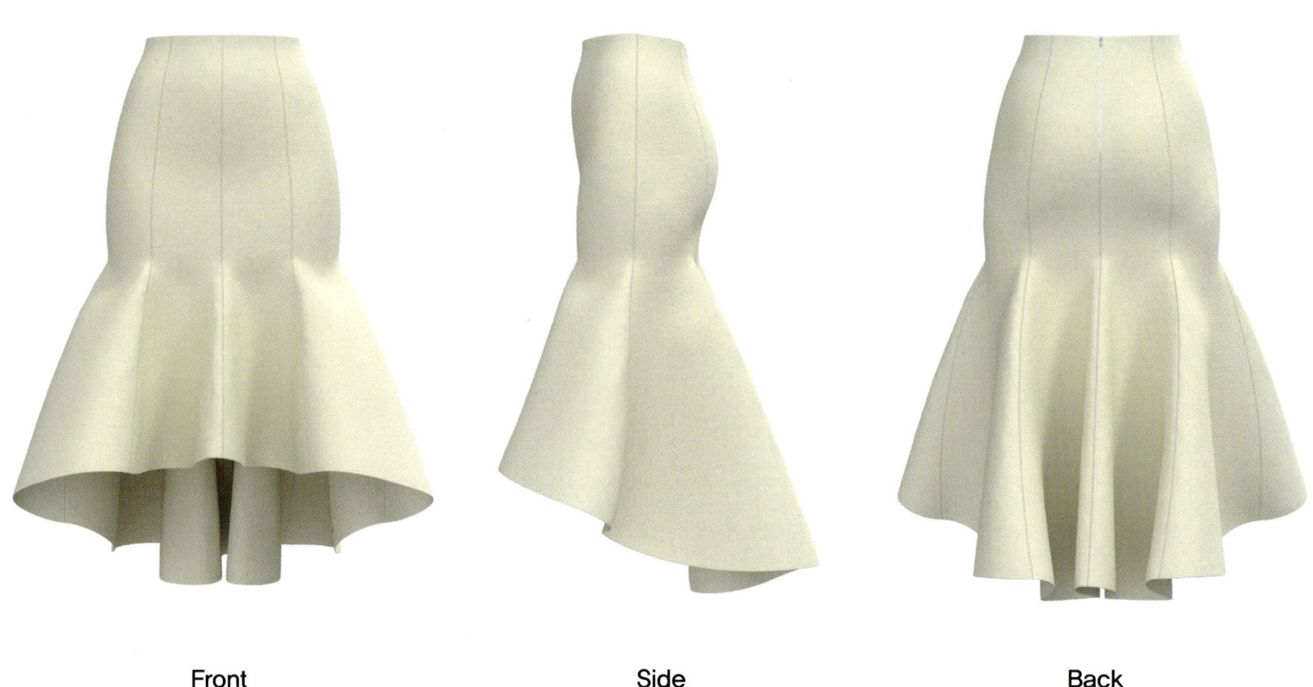

Front   Side   Back

제품 완성 치수				(단위: ㎝, 오차: ±0.5㎝)
허리둘레	엉덩이둘레	스커트길이	벨트너비	밑단둘레
60	92	66(앞), 85(뒤)	벨트 없음	322

사용 아이콘									
선 그리기	직각선	사각형	다듬기	선 길이 조정	연장	평행	선 붙여 다듬기	선 자르기	이동
회전	반전		생성						

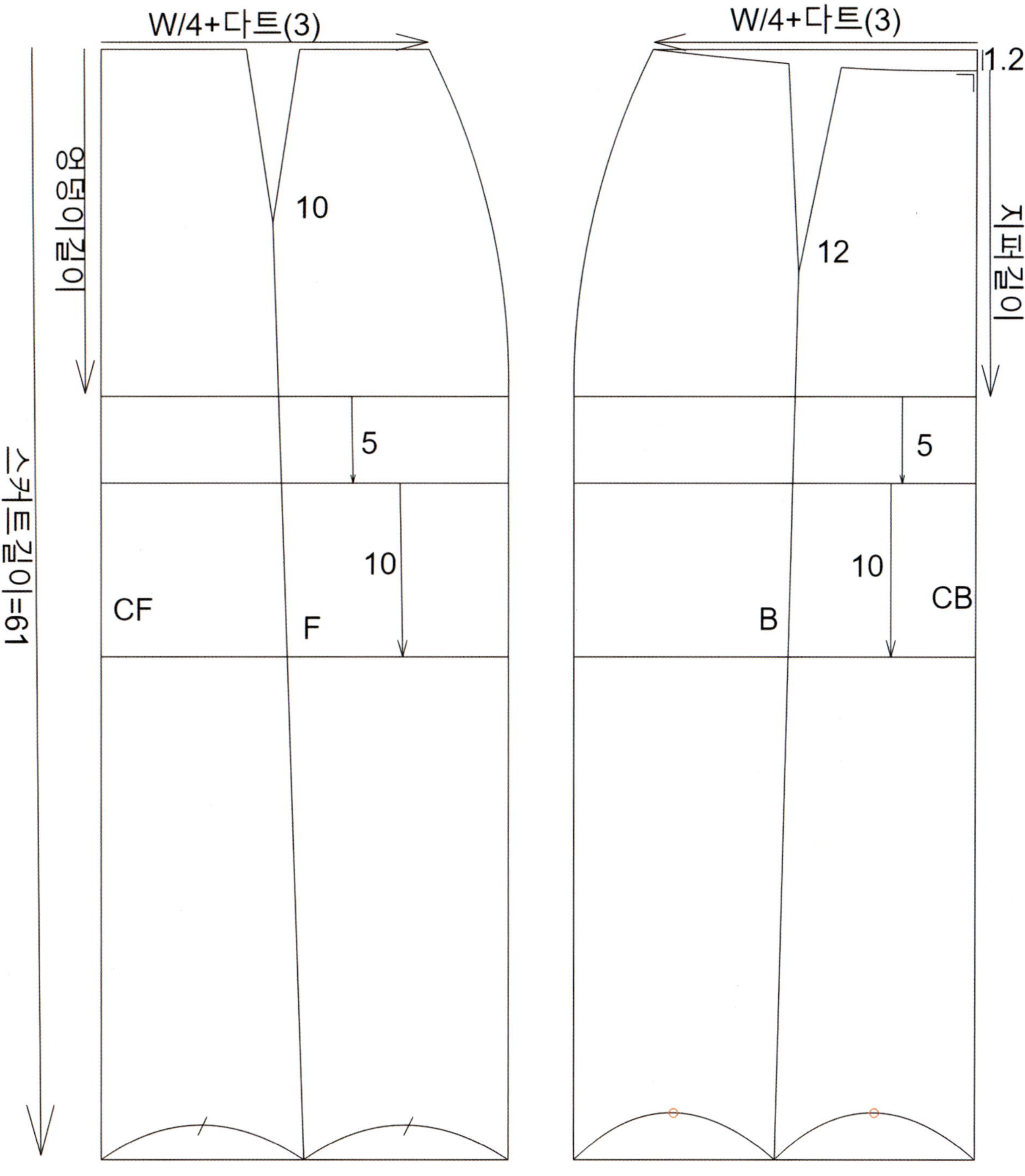

① 다트는 3㎝ 한 개로 **기능 생성**으로 그린다.

② 엉덩이선을 **평행**(P)으로 5㎝ 아래에 하나, 15㎝ 아래에 하나, 두 개의 선을 내려 그린다.

③ 다트 끝점에서 밑단 2등분점까지 **선그리기**(D)로 직선 연결한다.

④ 엉덩이둘레에 여유가 없는 타이트한 디자인으로 지퍼길이는 엉덩이선까지로 한다.

⑤ **이동×2**(M)로 겉감이 될 제도와 안감이 될 제도를 복사한다.

⑥ **선길이조정**(Q)으로 다트량을 줄이고 허리선을 줄인다. 인체보다 타이트하게 한다.

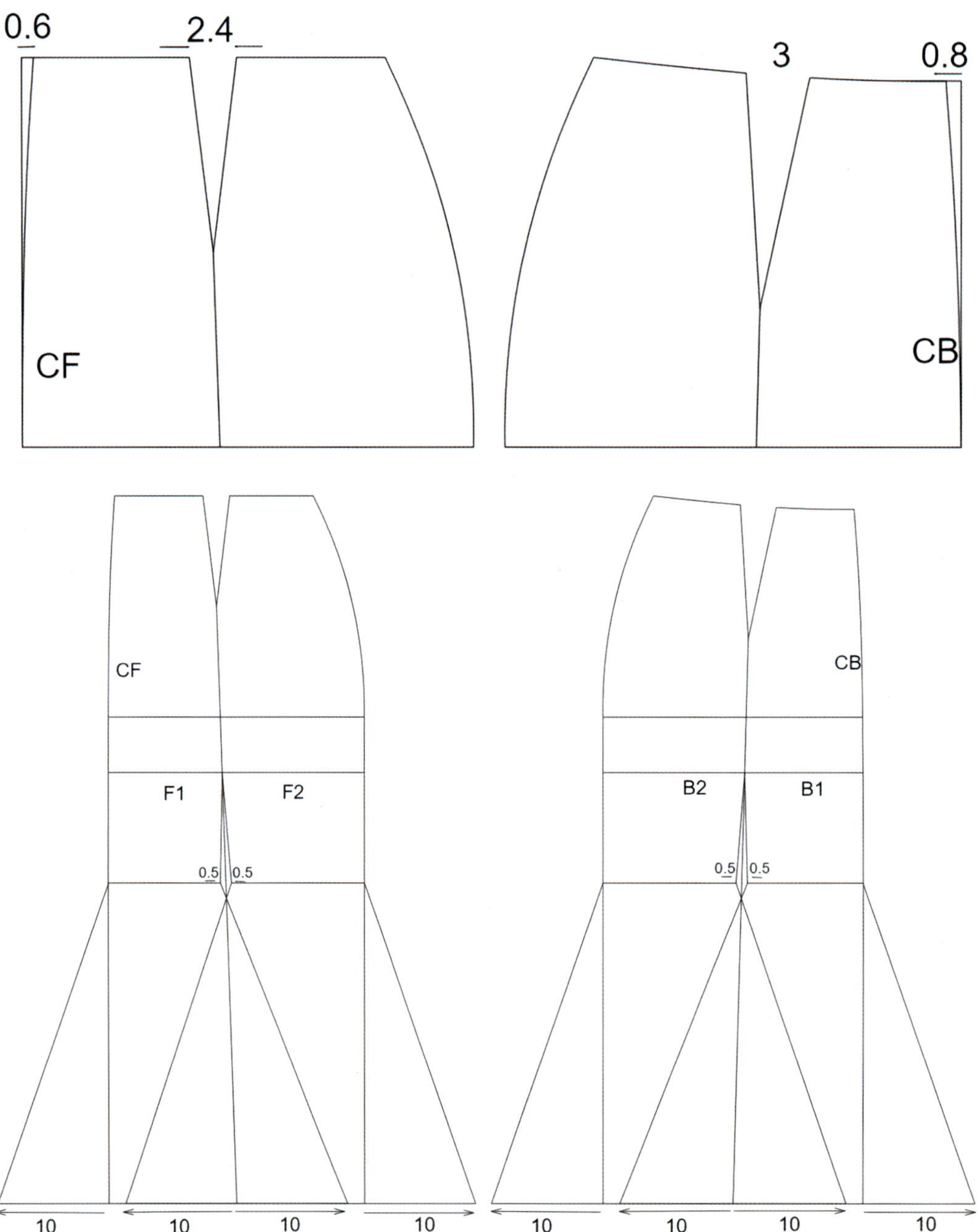

⑦ 고어드선이 벌어지는 허벅지 라인선은 각 0.5㎝씩 **선그리기**(D)로 줄여 주어 머메이드라인으로 인체의 굴곡
이 그대로 보이도록 제도한다.

⑧ 뒤중심에서 스커트 길이를 20㎝ **선길이조정**(Q)으로 늘려 준다. 앞중심길이는 늘리지 않은 채 뒤중심 길이와
자연스러운 밑단둘레선을 언밸런스 길이로 디자인한다.

⑨ 고어드선을 **이동**×1(M)로 분리하고 **다듬기**(W)와 **연장**(E)을 이용해 선을 정리한다.

⑩ 허리선, 각 옆선, 밑단둘레선은 **선붙여다듬기**(Z)로 자연스러운 곡선 처리한다.

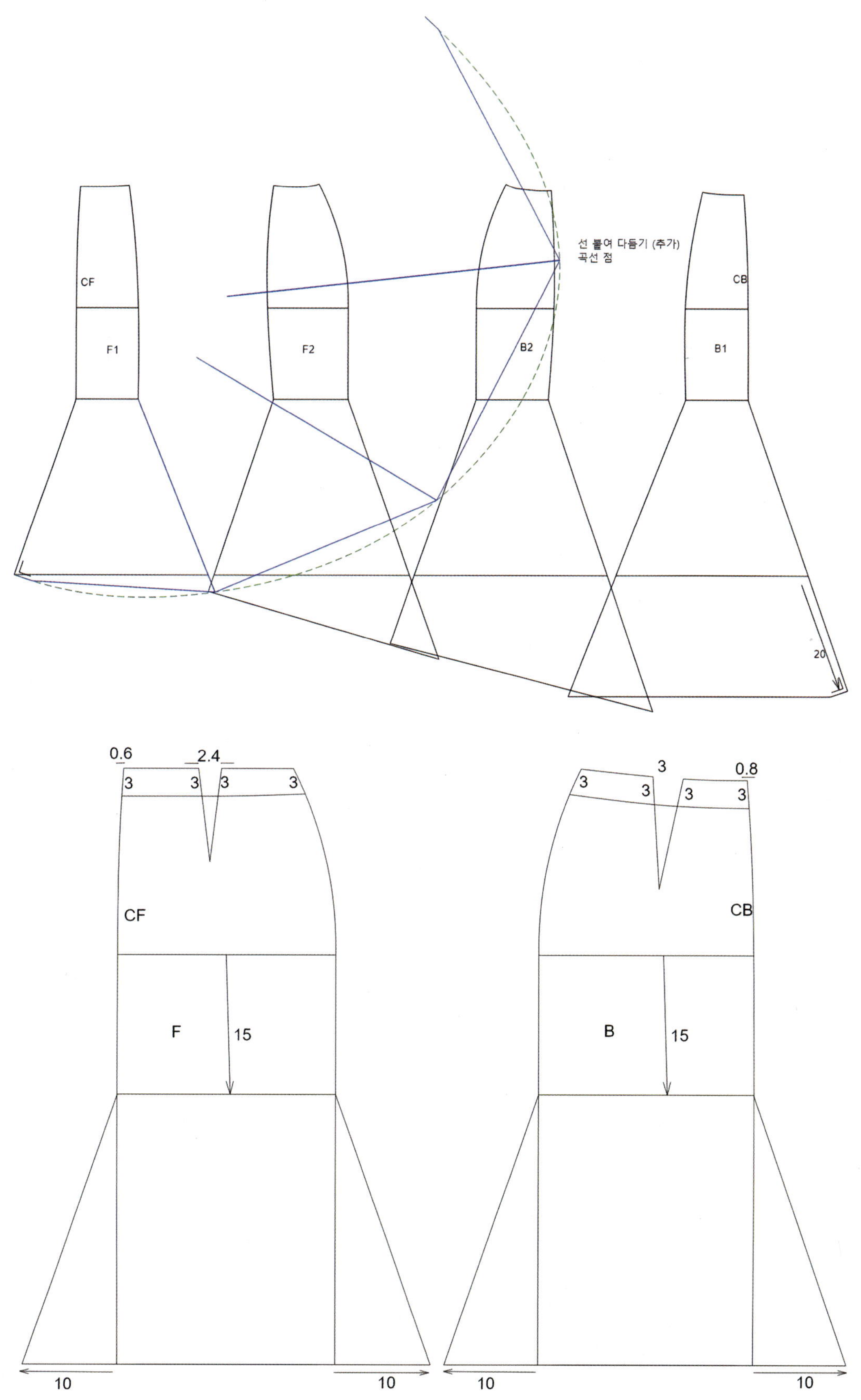

⑪ 안감은 엉덩이선에서 15㎝ 아래에서부터 고어드선이 있다.

2) 완성선

(1) 겉감

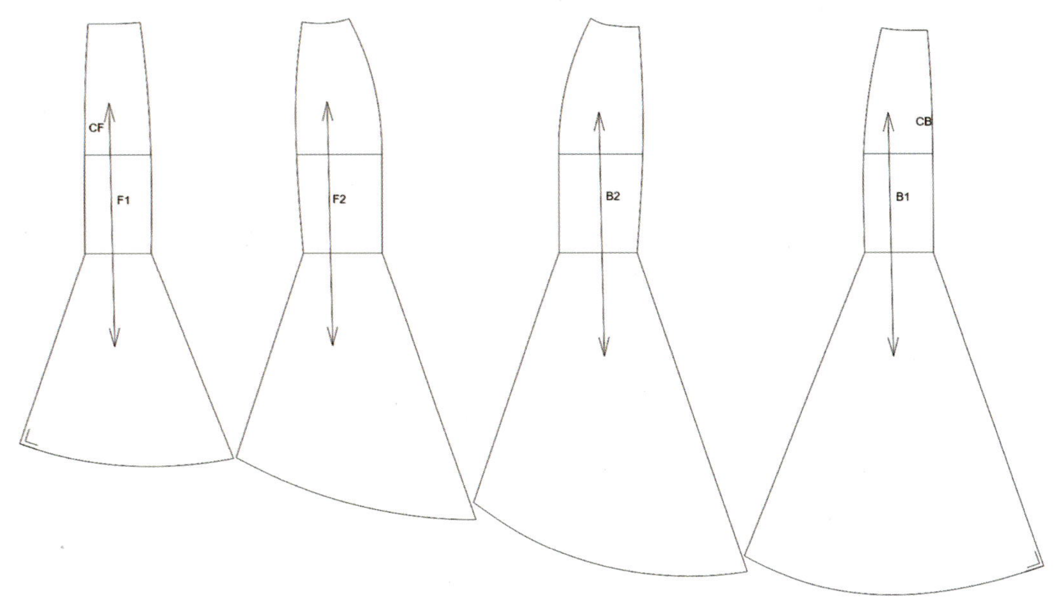

(2) 안감

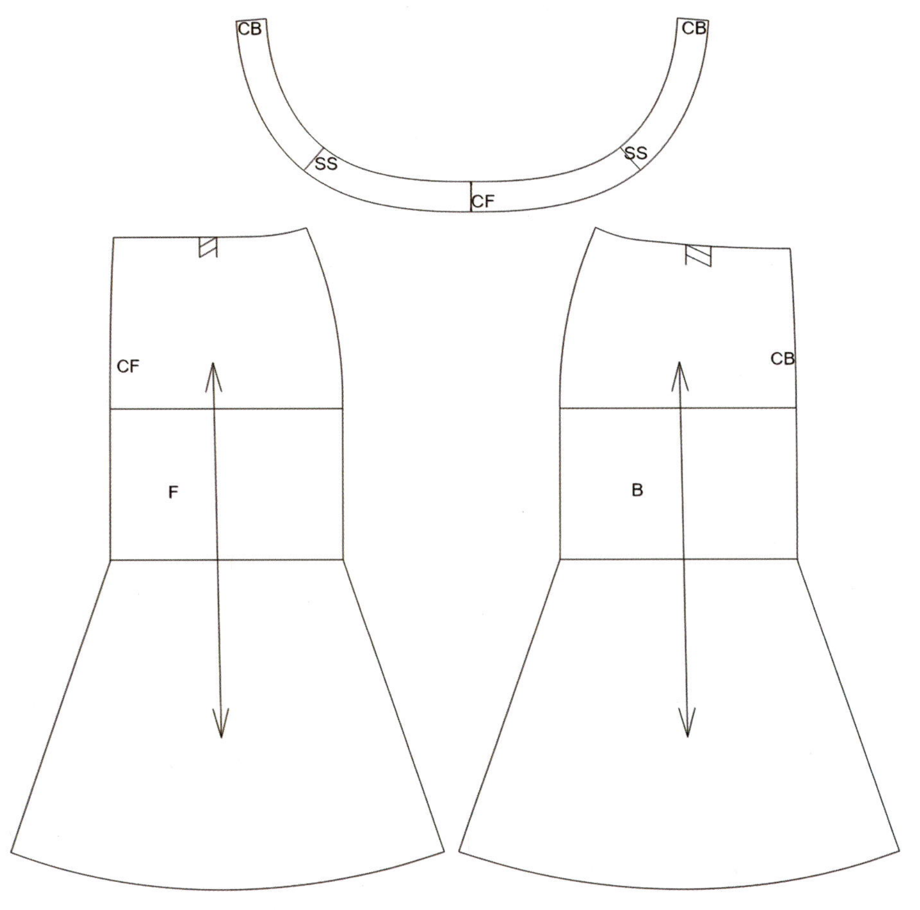

9. 외주름 스커트와 요크(Knife-Pleated Skirt with Yoke)

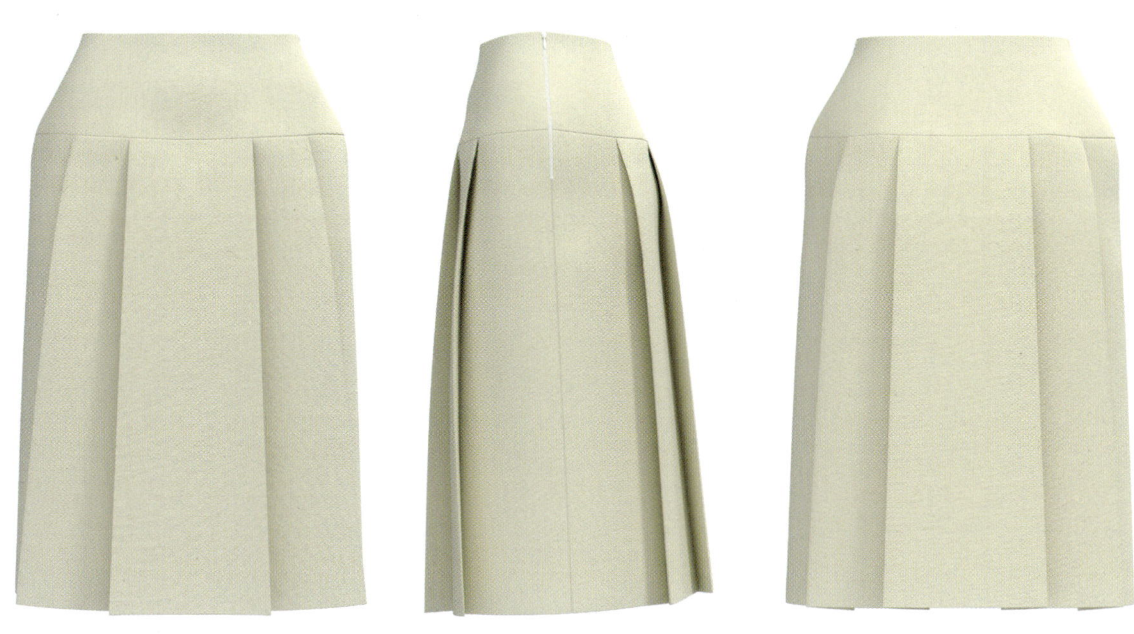

Front   Side   Back

제품 완성 치수				(단위: ㎝, 오차: ±0.5㎝)
허리둘레	엉덩이둘레	스커트길이	벨트너비	밑단둘레
62	92.5	64	벨트 없음	104

사용 아이콘

선 그리기	직각선	다듬기	선 길이 조정	연장	평행	선 붙여 다듬기	선 자르기	이동	회전

반전	3	외주름

1) 패턴 제도(스커트 원형 이용)

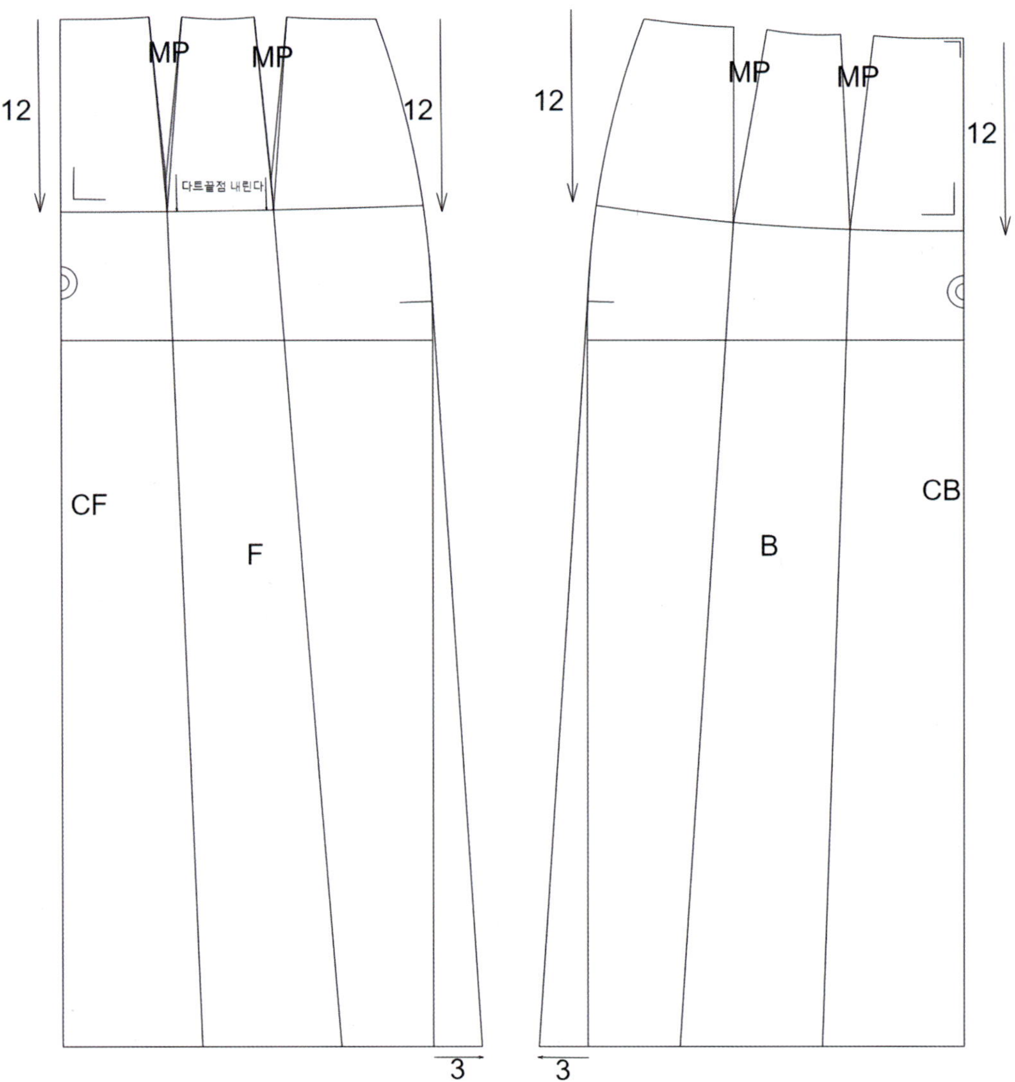

① 요크 길이는 앞중심(CF)과 뒤중심(CB)에서 각각 **직각선(V)**으로 12㎝ 내려와 0.3㎝인 가이드선 직각선을 그린다. 이 가이드선을 따라 **선그리기곡선(D)**으로 요크선을 그린다. 디자인에 따라 요크 길이와 모양은 변경할 수 있다.

② 앞판 다트의 끝점은 **이동×1(M)**로 요크선까지 늘린다.

③ 밑단선에서 **선길이조정(Q)**으로 3㎝ 늘린다. 외주름 스커트는 주름이 자연스럽게 벌어져 속주름이 보일 수 있도록 A라인 형태가 좋다.

④ 밑단 3㎝ 점에서 엉덩이 가장 튀어나온 점을 잇는 옆선을 **선그리기(D)**로 그린다.

⑤ 다트끝점과 밑단 3등분점을 잇는 직선을 **선그리기(D)**로 그린다.

⑥ 지퍼는 입었을 때 왼쪽 옆선 18㎝ 위치까지 한다.

⑦ 요크는 필요한 선은 **선자르기(C)** 후, **이동×1(M))**과 **회전×1(R)**로 다트를 MP하고 허리선과 요크선을 **선붙여다듬기(Z)**로 자연스러운 곡선 처리한다.

⑧ 겉감의 요크 아래 주름은 **기능 외주름**으로 위아래 모두 5㎝로 한다.

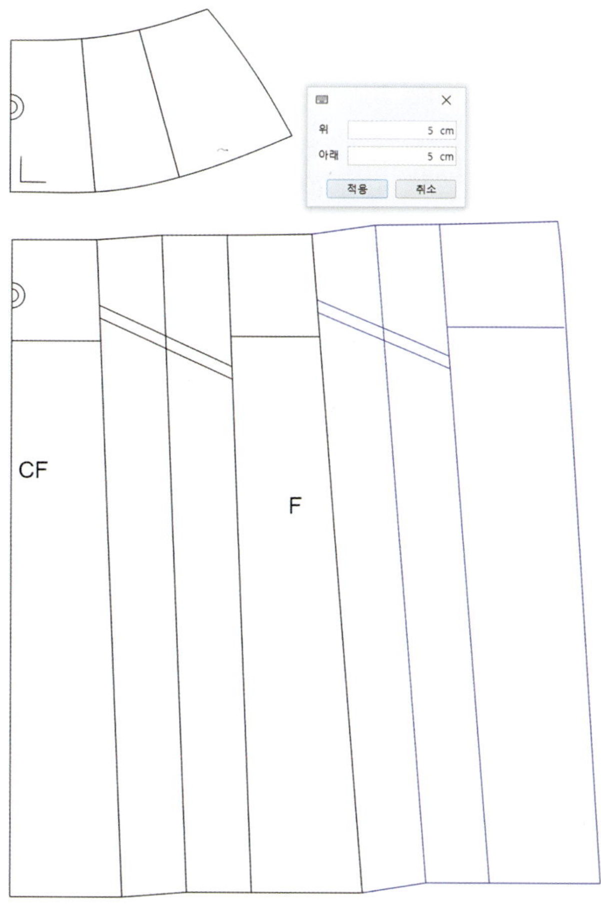

⑨ 안감의 요크 아래 스커트는 외주름 없이 하고 **평행(P)**으로 3㎝ 올려 짧게 한다.

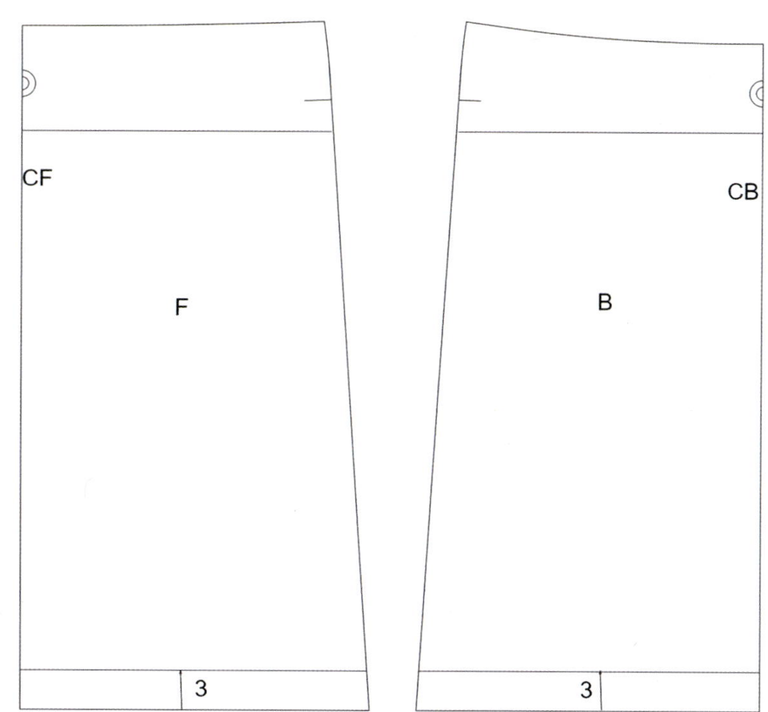

(1) 겉감

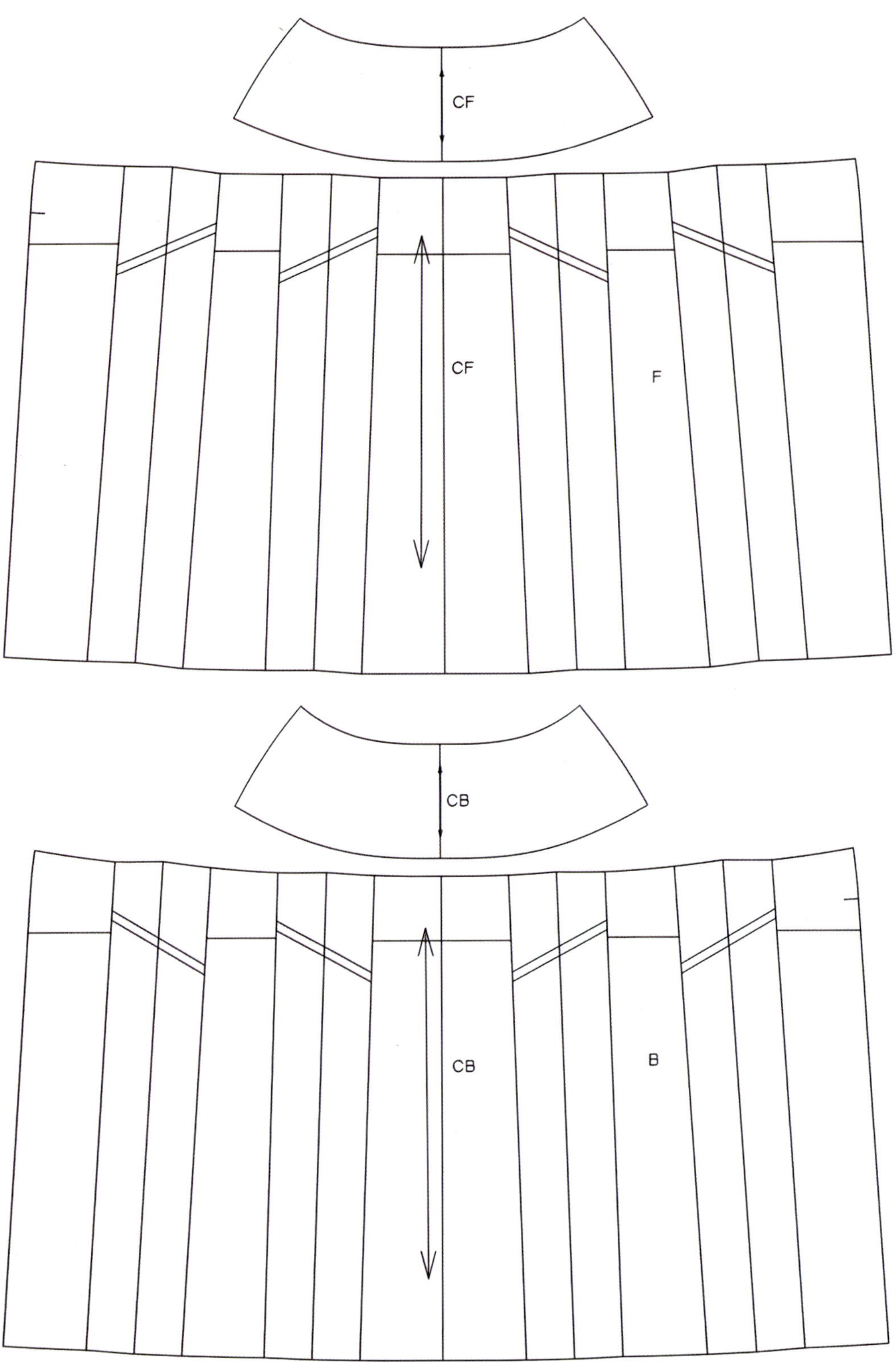

(2) 안감

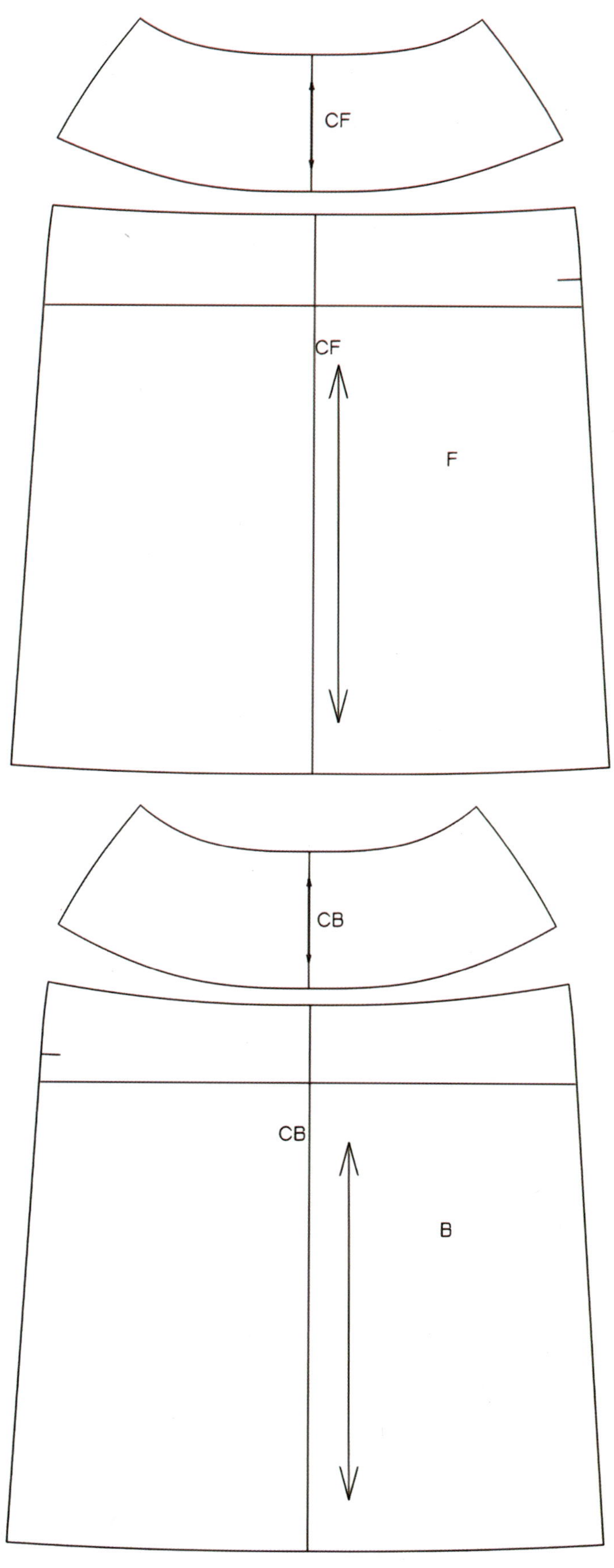

10. 맞주름 스커트와 요크(Box-Pleated Skirt with Yoke)

Front

Side

Back

제품 완성 치수				(단위: cm, 오차: ±0.5cm)
허리둘레	엉덩이둘레	스커트길이	벨트너비	밑단둘레
62	92	64	벨트 없음	92

사용 아이콘									
선 그리기	직각선	다듬기	선 길이 조정	연장	평행	선 붙여 다듬기	선 자르기	이동	회전
반전	2	맞주름							

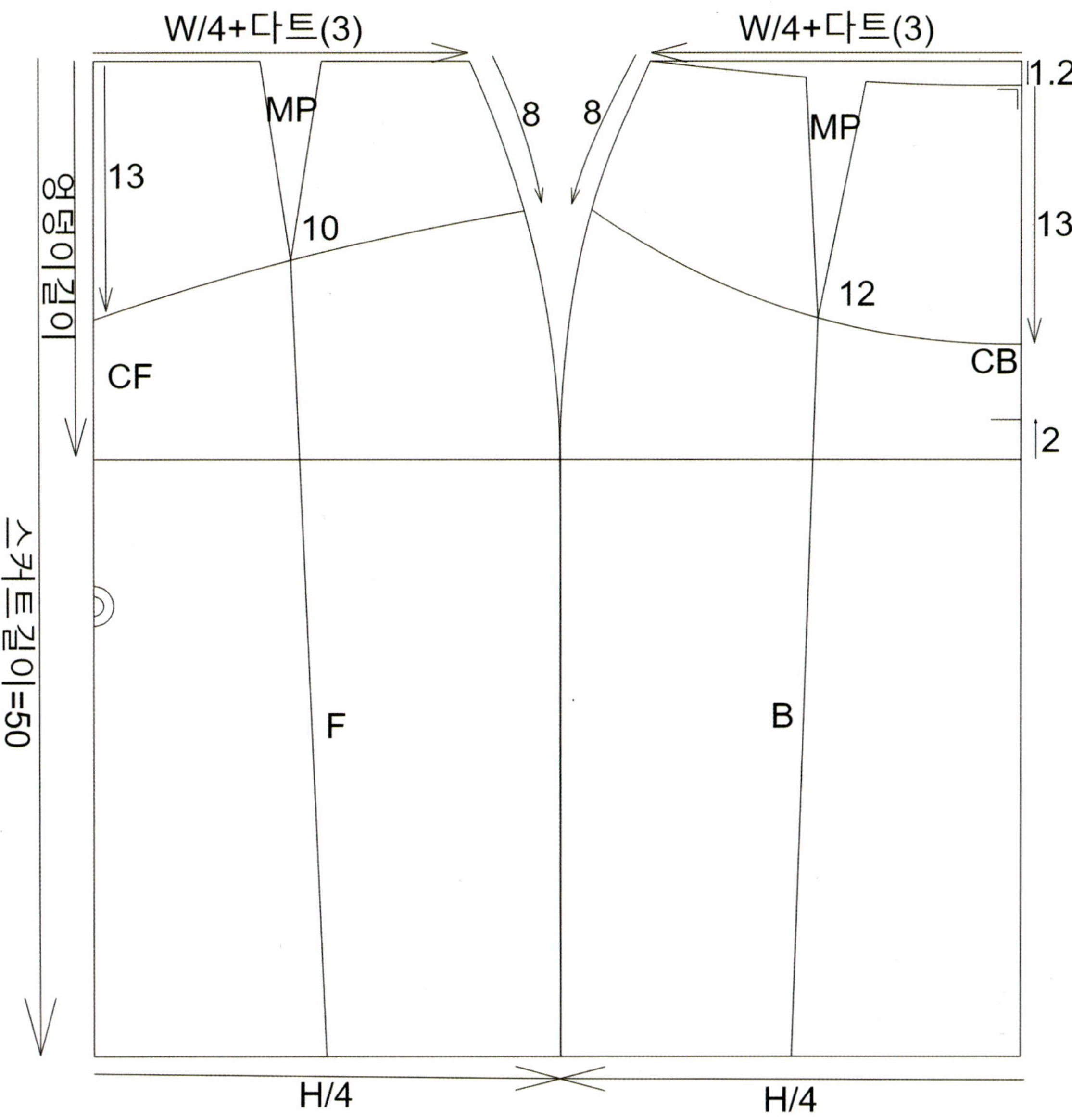

① 허리다트가 하나인 스커트 원형을 제도한다.

② **선그리기곡선(D)**으로 다트 끝점을 지나는 요크선을 그린다. 요크의 모양은 앞과 뒤의 디자인이 다르다.

③ 요크 아래 스커트는 다트끝점과 밑단의 2등분점을 잇는 직선을 **선그리기(D)**로 그린다.

④ **이동×2(M)**로 요크를 복사하고, 요크의 다트는 **이동×1(M)**과 **회전×1(R)**로 MP한다. 요크선은 **선붙여다듬기(Z)**로 자연스러운 곡선 처리한다.

⑤ 요크 아래 스커트는 **기능 맞주름**으로 위아래 8㎝로 입력하여 그린다.

⑥ **기능기호(O) 스티치**로 맞주름선에 엉덩이 기준선에서 4㎝ 위까지 스티치한다.

⑦ 뒤지퍼이고 **선자르기(C)**로 18㎝ 아래 선을 자르고 지퍼 끝 너치를 표시한다.

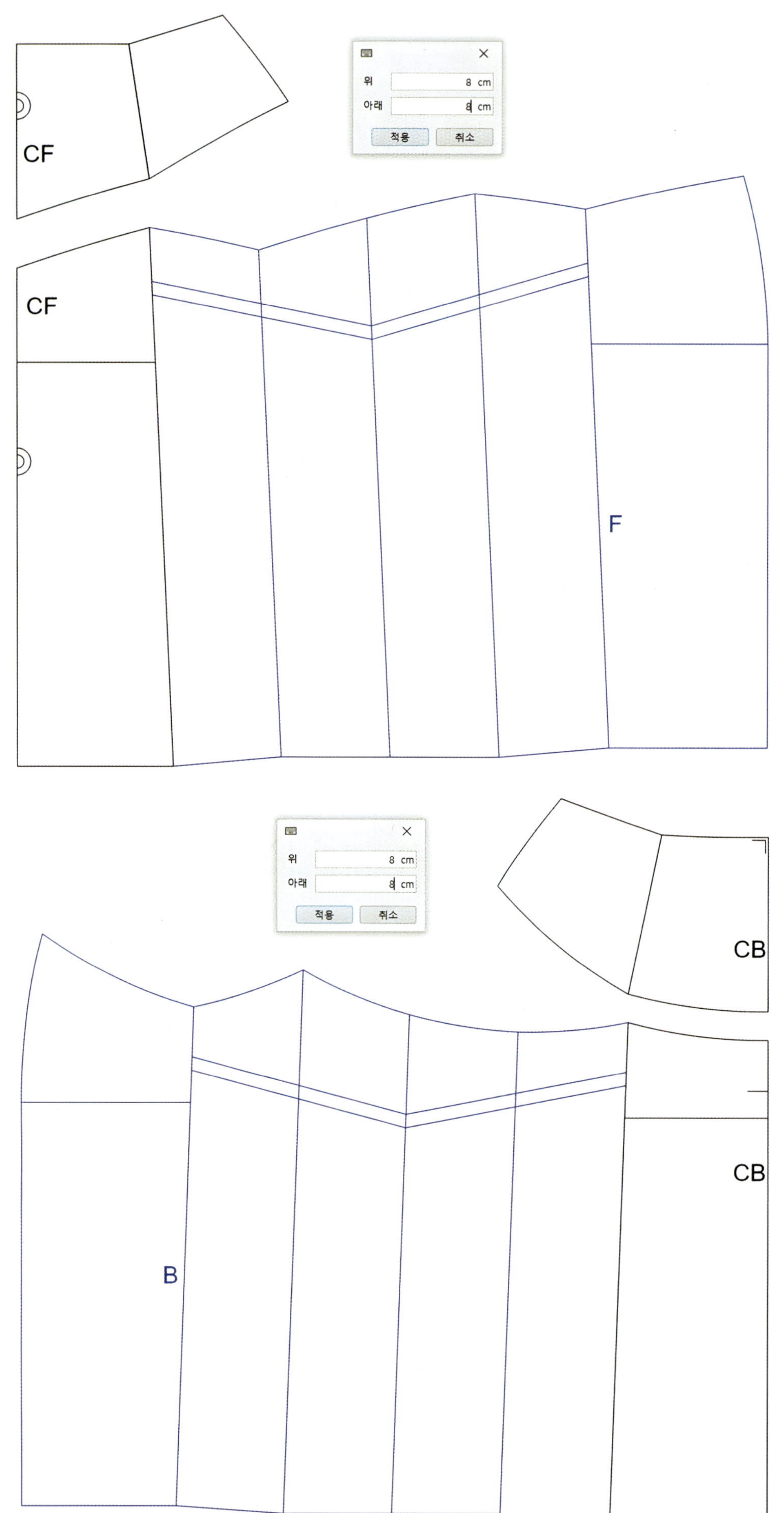CF
위 8 cm
아래 8 cm
적용 취소
CF
F
위 8 cm
아래 8 cm
적용 취소
CB
CB
B

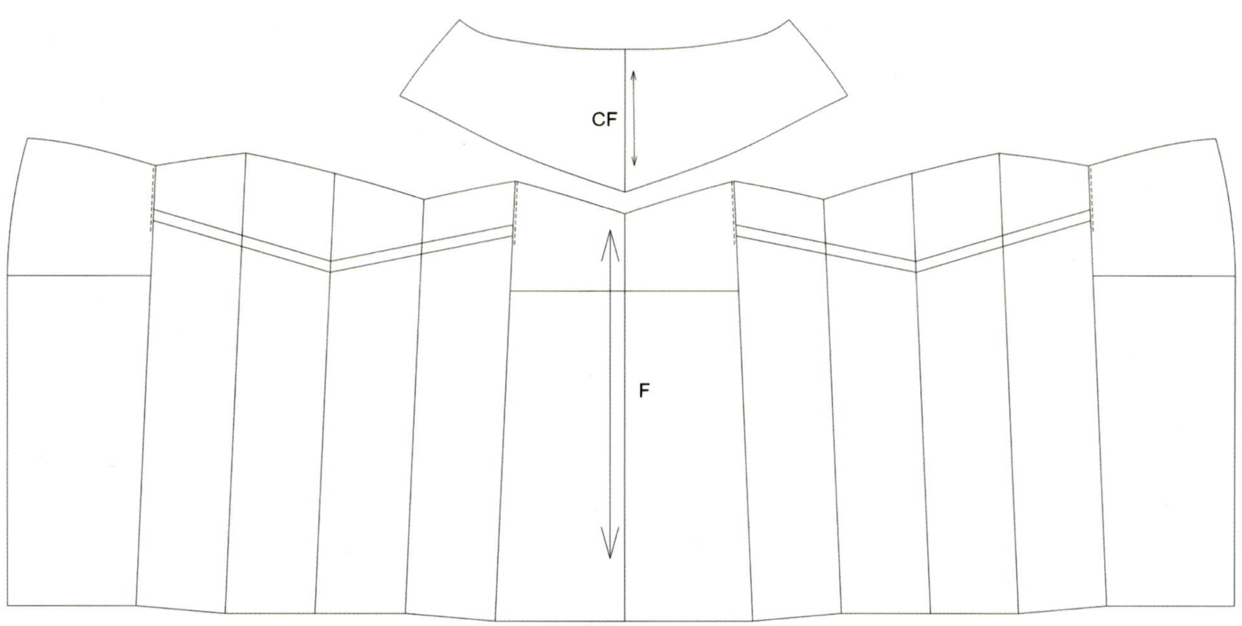
CF
F

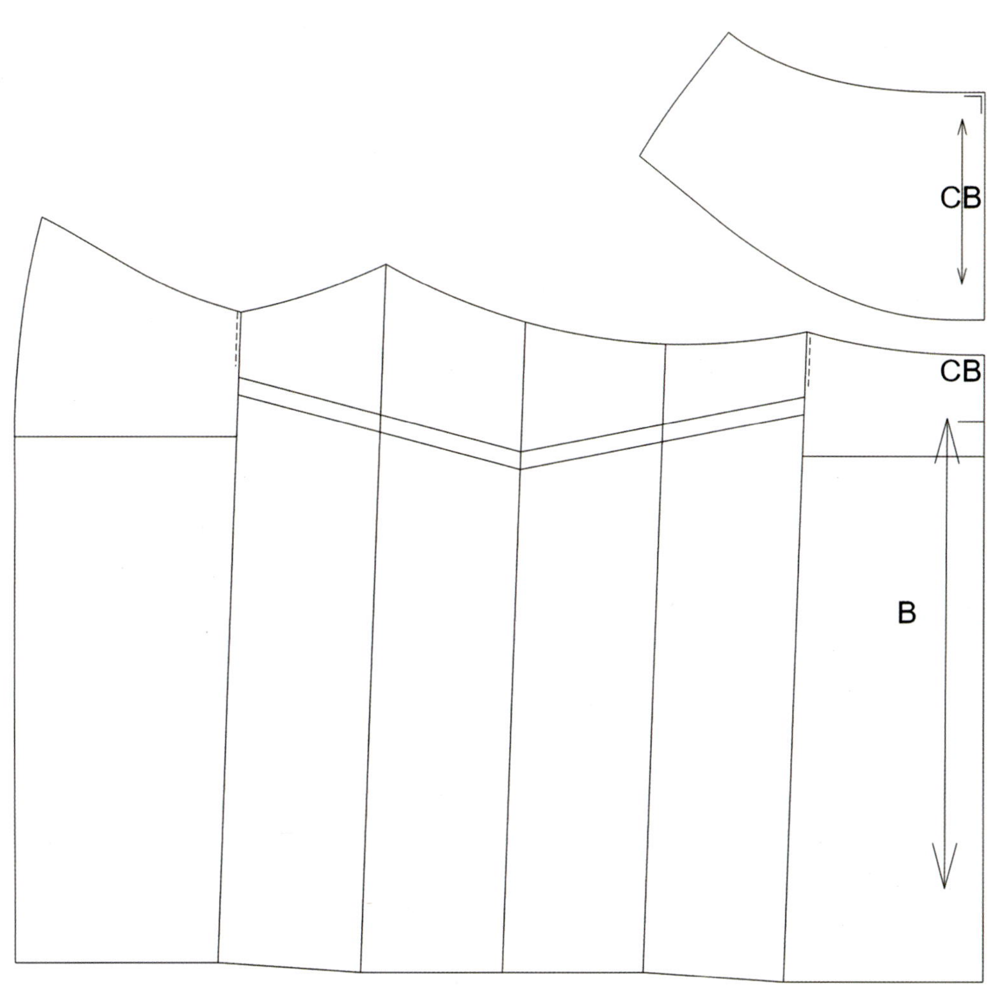
CB
CB
B

11. A-라인 개더 스커트(A-line Gathered Skirt)

Front

Side

Back

제품 완성 치수				(단위: ㎝, 오차: ±0.5㎝)
허리둘레	엉덩이둘레	스커트길이	벨트너비	밑단둘레
62		61	3	212

사용 아이콘

선 그리기	직각선	다듬기	선 길이 조정	연장	평행	선 붙여 다듬기	선 자르기	이동	회전
반전	벌리기								

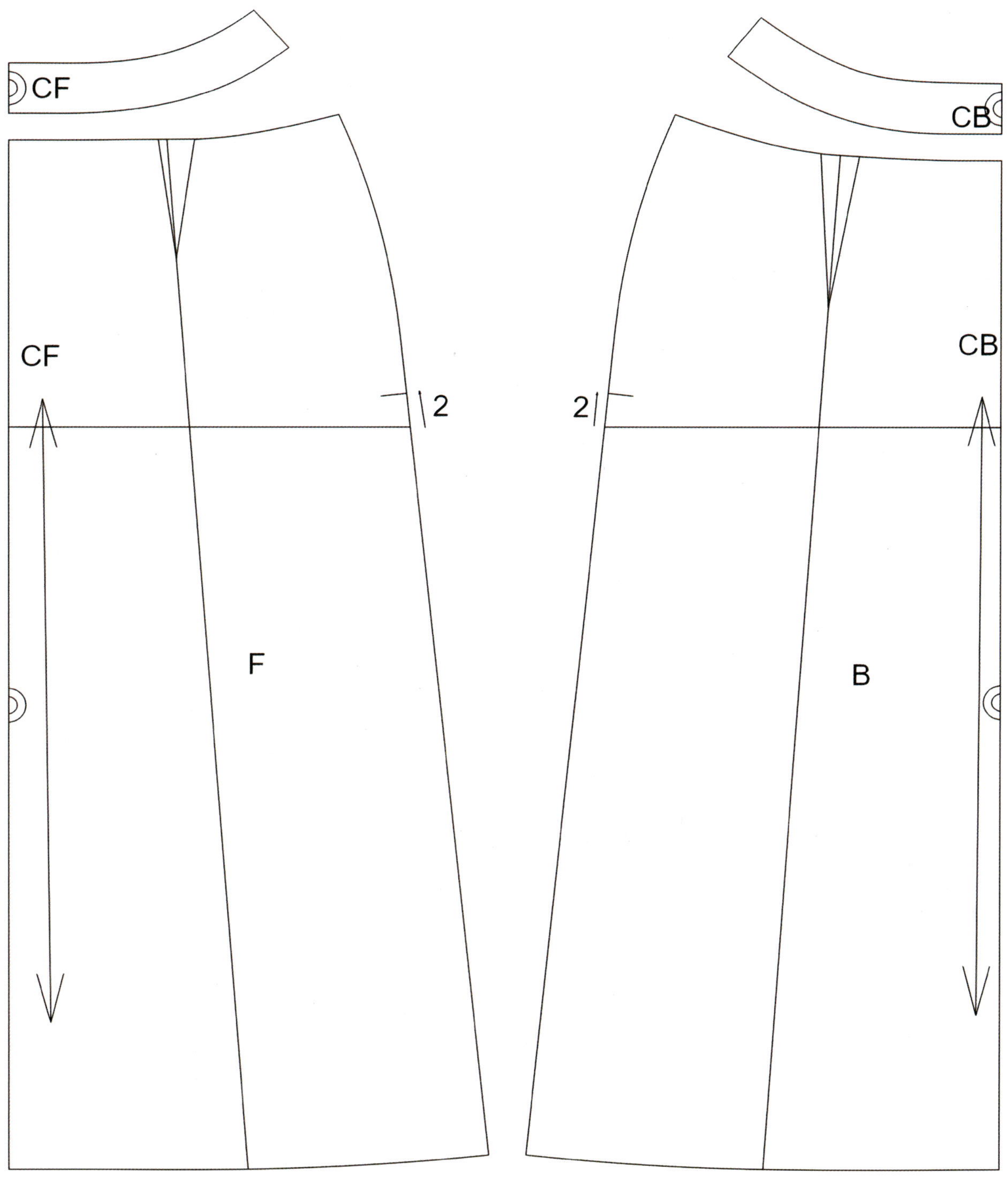

① 다트 끝점과 밑단의 2등분점을 **선그리기**(D)로 직선을 그린다.

② 지퍼는 입었을 때 왼쪽 옆선으로 엉덩이선에서 2㎝ 올림점까지 한다.

③ **기능 벌리기**로 위아래 모두 25㎝씩 벌리기 한다. 이때 다트선과 직선이 연결되어 있지 않다면 벌리기 아이
콘이 실행되지 않는다. 다트선을 **선그리기**(D)나 **수정**(A)으로 연결한 뒤, **벌리기**를 사용한다. 벌리는 분량은
디자인에 따른다.

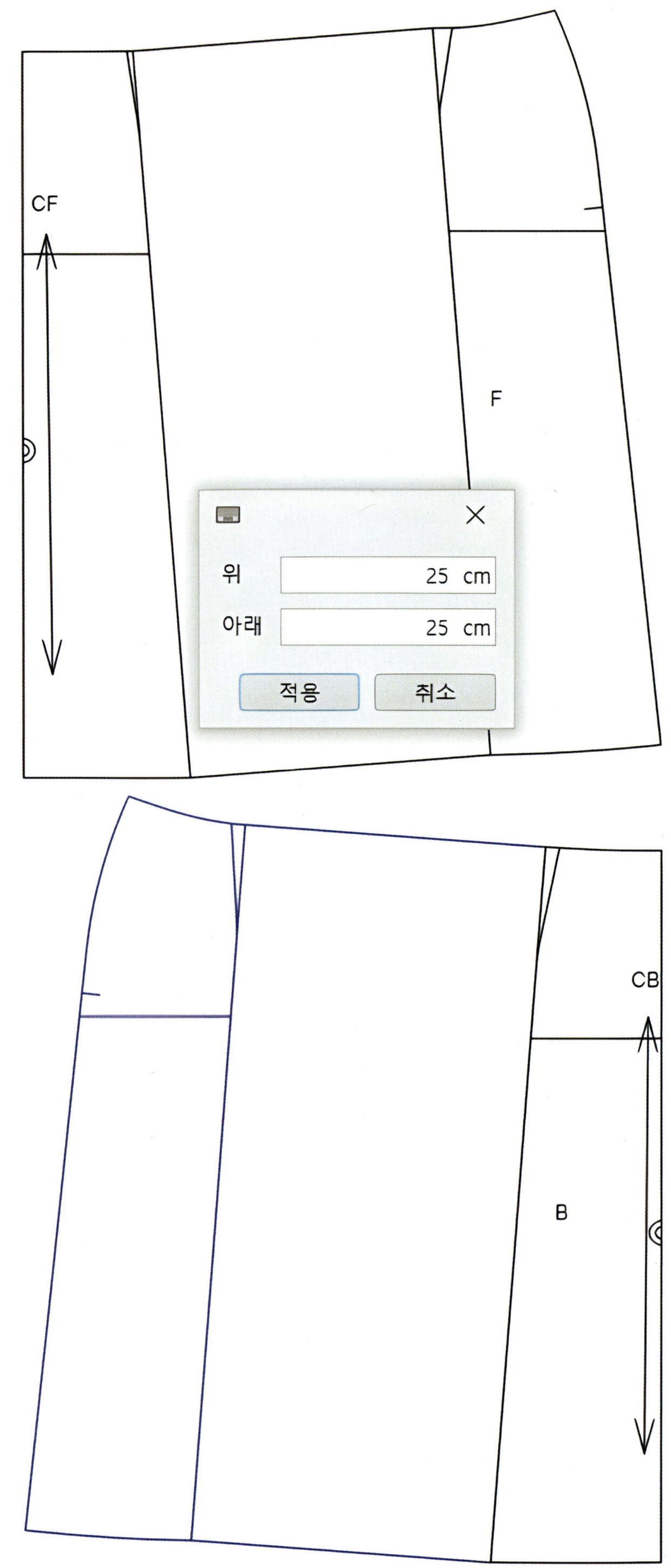

CF
F
위   25 cm
아래   25 cm
적용   취소
CB
B

④ 허리선 전체 분량을 주름으로 처리한 뒤, 곡선 벨트의 길이에 맞추어 박아 준다.

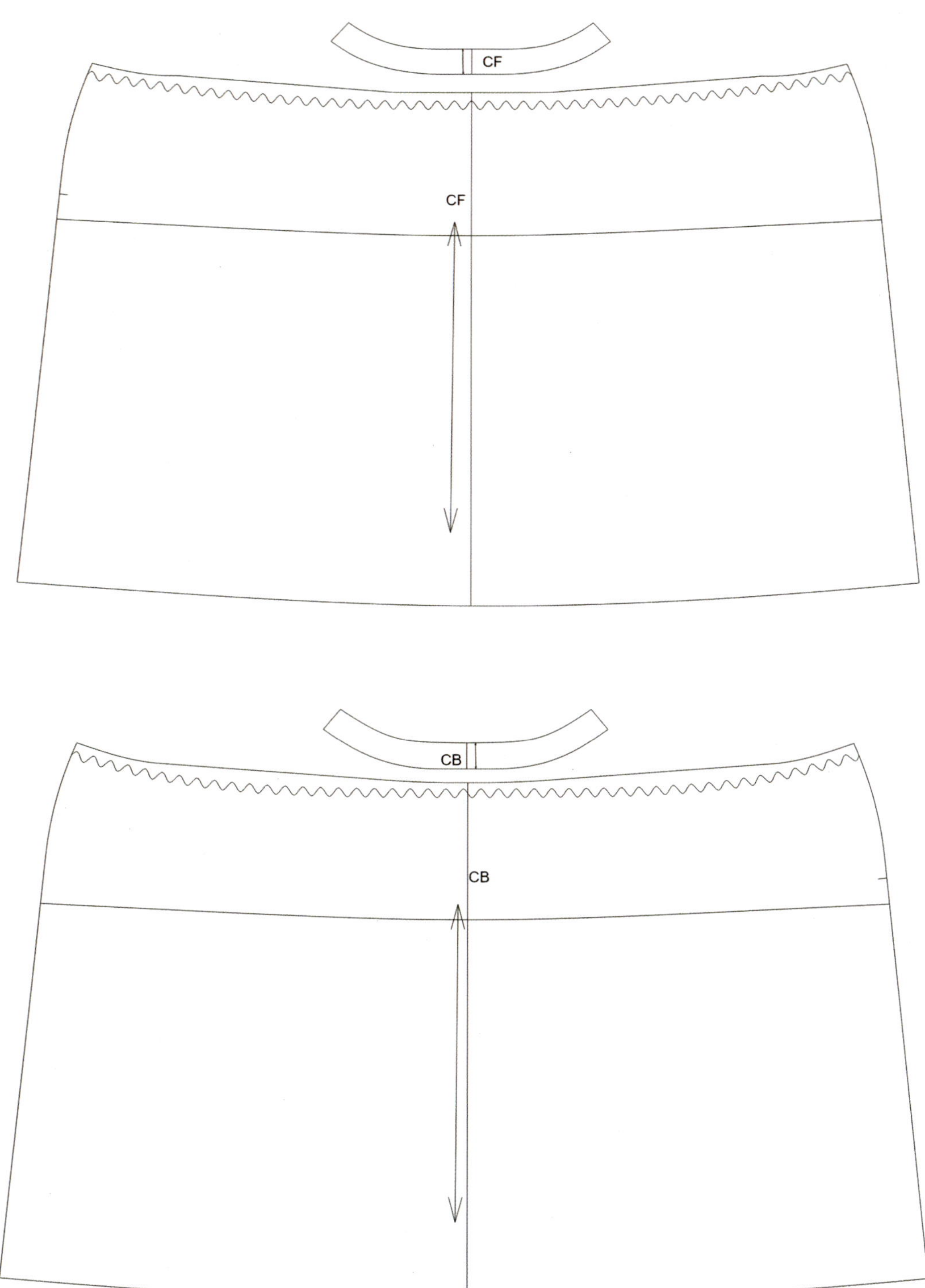

12. 골반 스커트(Low-Hip Skirt)

Front

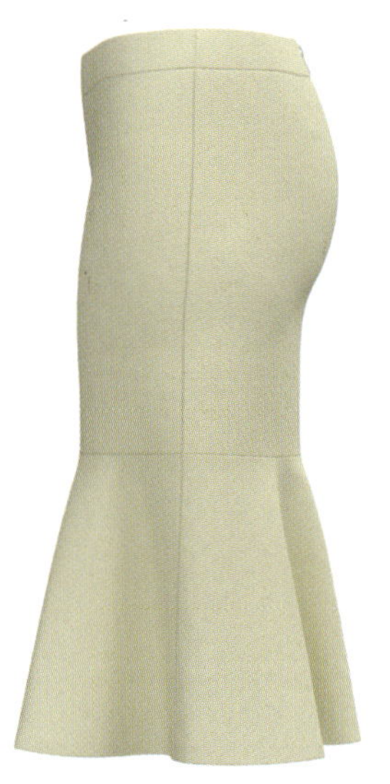

Side

Back

제품 완성 치수				(단위: ㎝, 오차: ±0.5㎝)
허리둘레	엉덩이둘레	스커트길이	벨트너비	밑단둘레
	92	58	3.5	172

사용 아이콘

선 그리기	직각선	다듬기	선 길이 조정	연장	평행	선 붙여 다듬기	생성	측정	회전

반전	벌리기	외주름	맞주름	다듬기	채우기

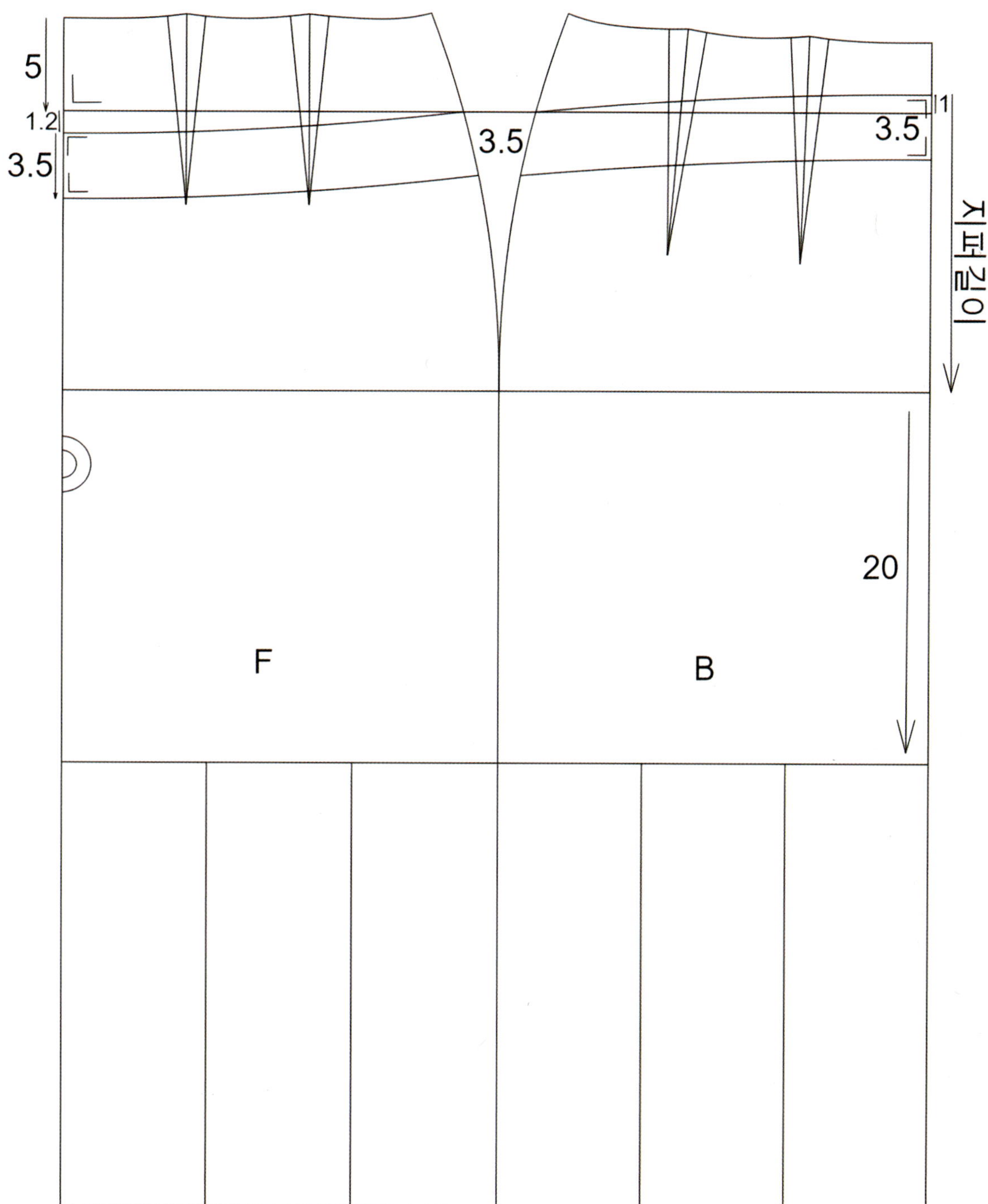

① 엉덩이선에서 **직각선**(V)나 **평행**(P)으로 20㎝ 내려 직선을 긋는다.

② 20㎝ 내린선의 3등분점과 밑단의 3등분점을 **선그리기**(D)로 긋는다. 이는 외주름, 맞주름이나 플레어가 된다.

③ 앞중심선에서 **직각선**(V)으로 5㎝ 내려 뒤판까지 선 긋고, 이 5㎝ 위 허리선은 삭제하여 제도에 사용하지 않는다.

④ 앞판(F)은 5㎝ 버린 후 **직각선(V)**으로 1.2㎝ 내려 0.3㎝의 직각선을 그려 놓고 **선그리기곡선(D)**으로 각 점을 지나는 허리선을 그린다. 벨트너비 3.5㎝로 하는 벨트선을 그린다.

⑤ 뒤판(B)은 5㎝ 버린 뒤중심에서 **직각선(V)**으로 1㎝ 올려 0.3㎝ 직각선을 그린 뒤, **선그리기곡선(D)**으로 각 점을 지나는 곡선의 허리선을 그린다. 벨트너비 3.5㎝로 벨트선을 그린다.

⑥ **선자르기(C)**로 벨트와 연결된 모든 선을 자르기 후 **이동×2(M)**로 벨트를 이동한 다음, 스커트에 남은 벨트 선들은 삭제한다.

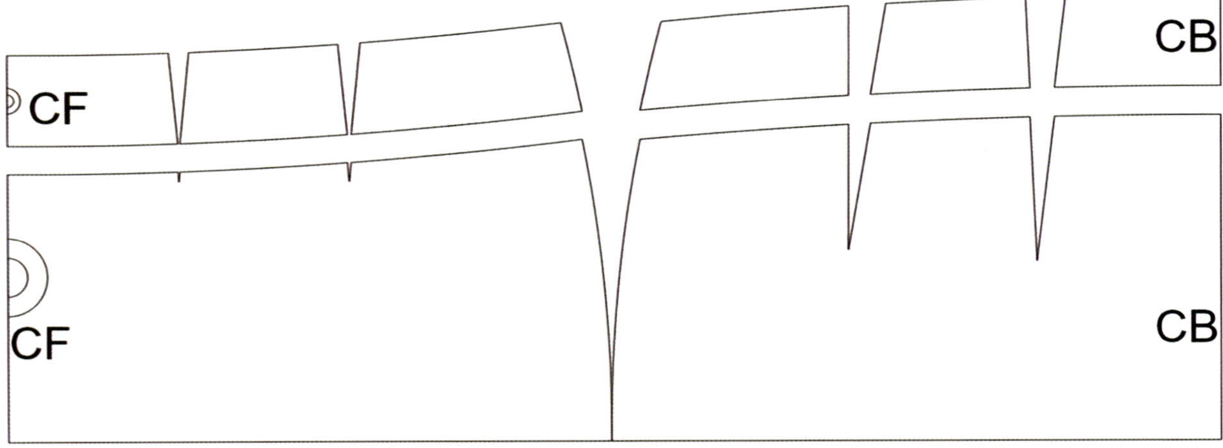

⑦ 벨트는 **이동×1(M)**과 **회전×1(R)**로 다트를 MP한 뒤 **선붙여다듬기(Z)**로 자연스러운 곡선을 그린다.

⑧ 앞판(F)의 남은 다트는 이즈 처리하고 뒤판(B)의 남은 두 다트를 **기능 생성**으로 하나의 다트로 만든다.

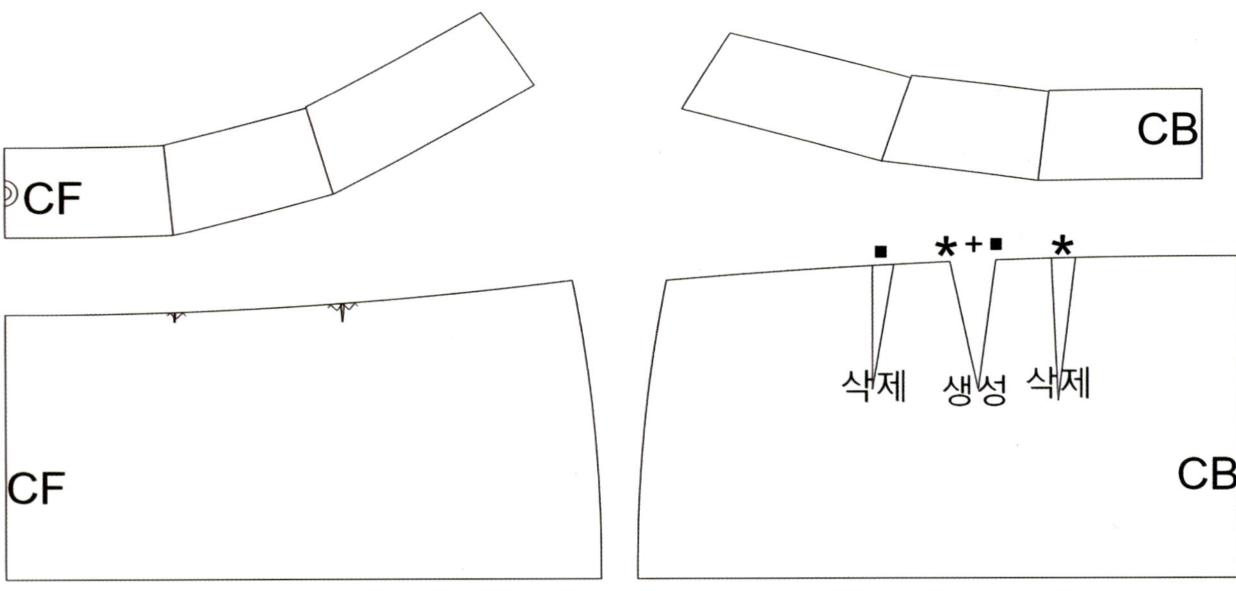

⑨ 주름이나 플레어가 될 스커트는 **이동×1(M)**로 윗 스커트와 분리한다.

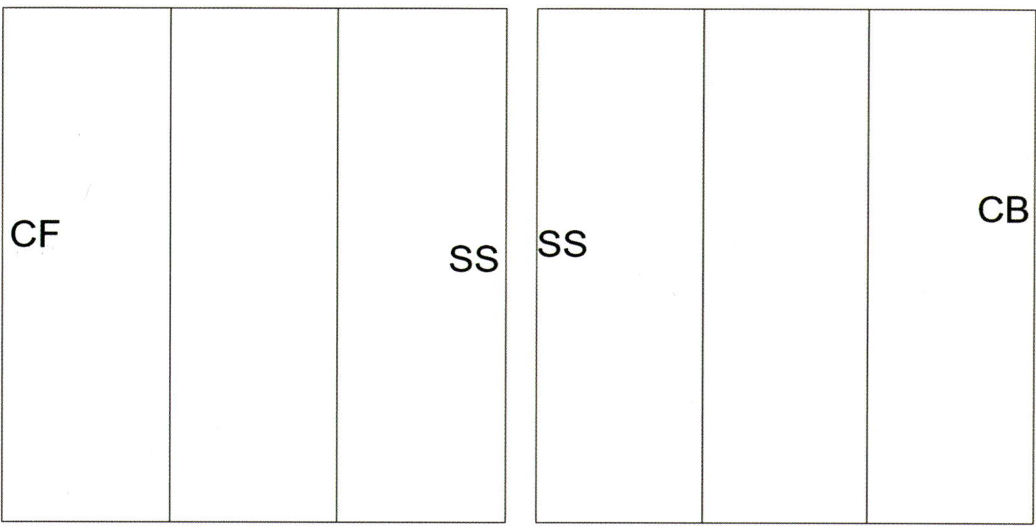

⑩ **기능 벌리기**로 아래에만 10㎝인 플레어를 만든다. 위아래는 각각 **선붙여다듬기**(Z)로 자연스러운 곡선 처리 한다.

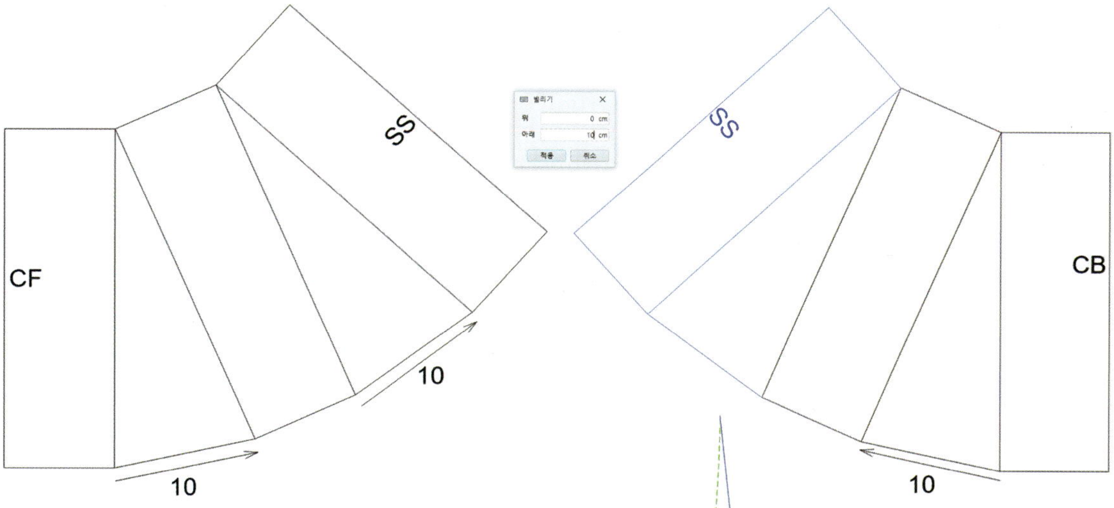

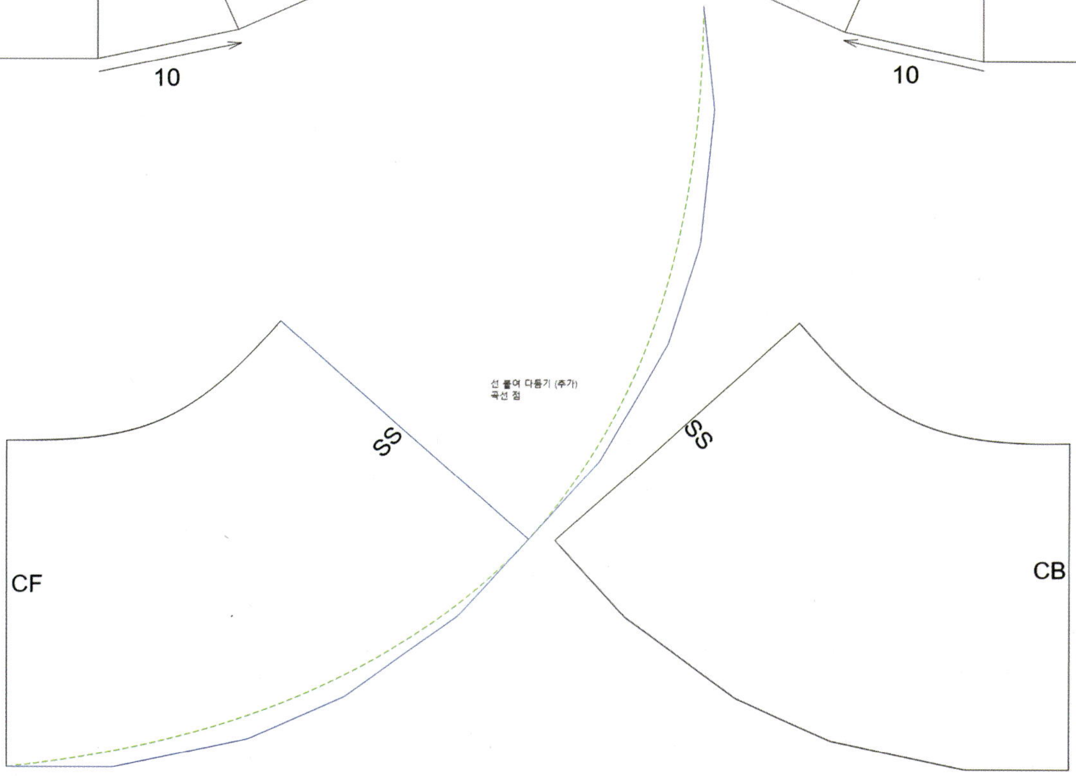

⑪ **기능 맞주름**도 가능하다.

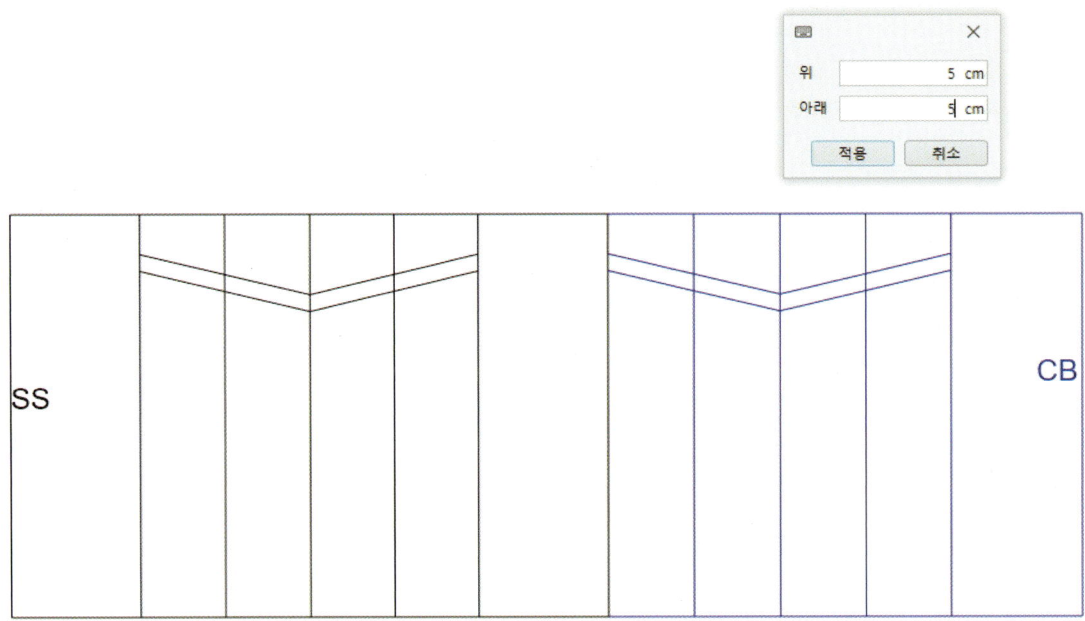

⑫ **기능 외주름**도 가능하다.

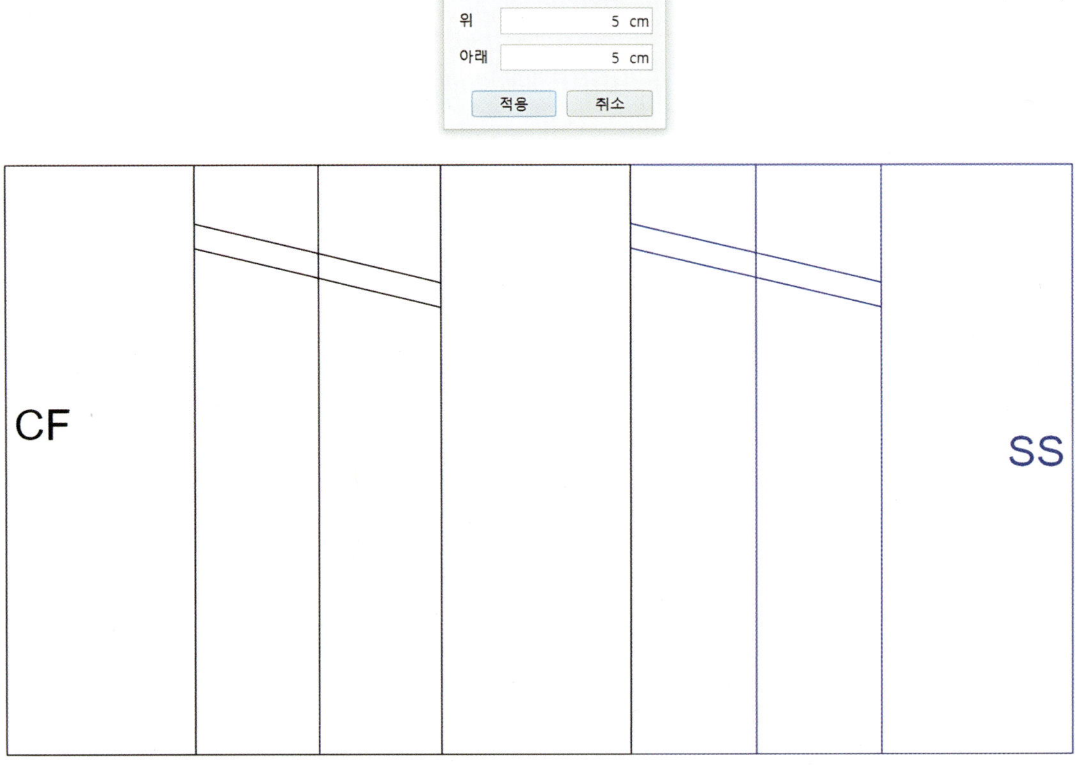

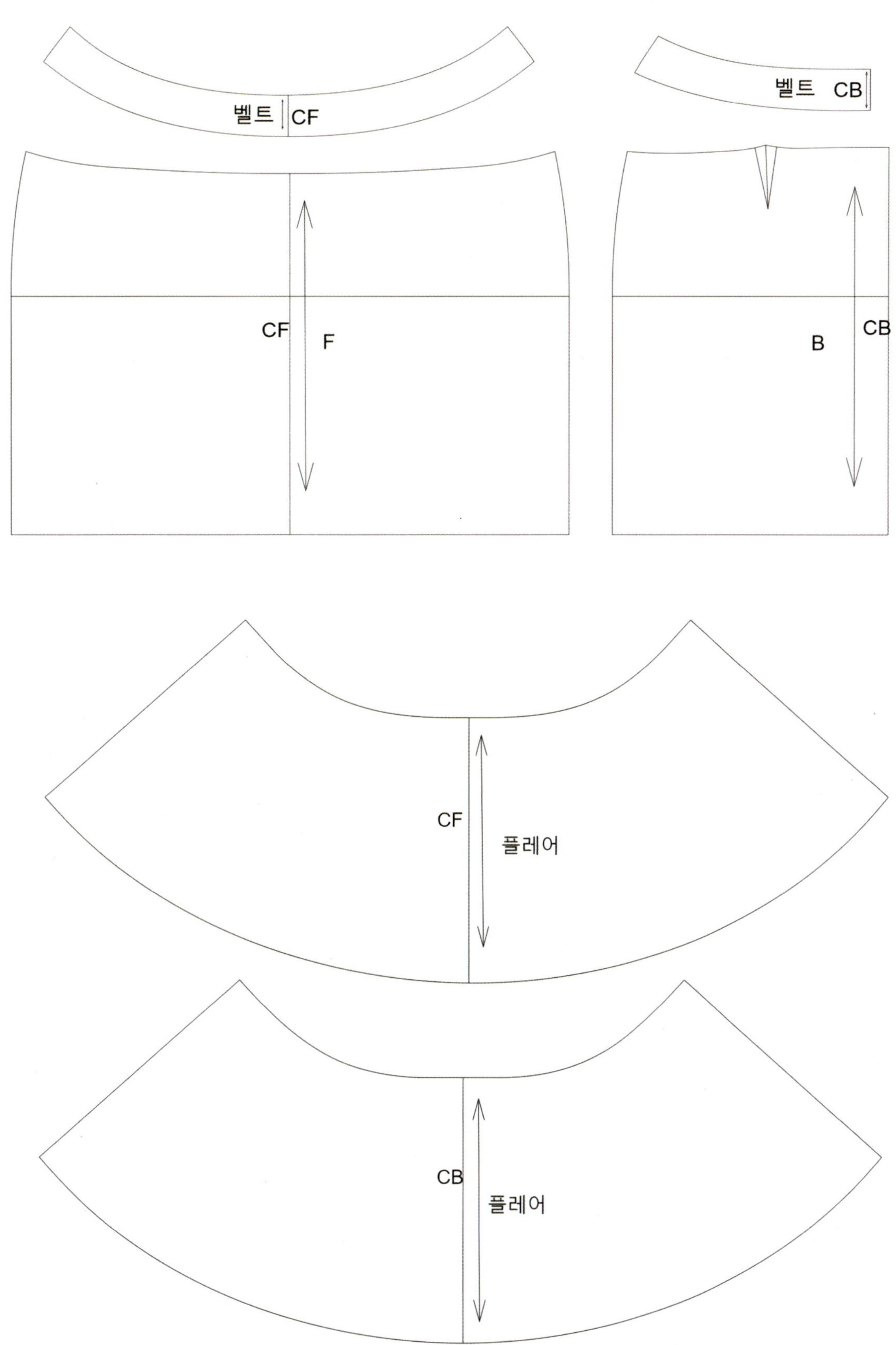
벨트 CF
벨트 CB
CF
F
B
CB
CF
플레어
CB
플레어

13. 큐롯 스커트(Culotte Skirt)

Front

Side

Back

제품 완성 치수			(단위: ㎝, 오차: ±0.5㎝)	
허리둘레	엉덩이둘레	스커트길이	벨트너비	밑단둘레
62	93.5	61	3	81

사용 아이콘									
선 그리기	직각선	다듬기	선 길이 조정	연장	평행	선 붙여 다듬기	선 자르기	측정	회전
이동	2	벌리기	외주름	맞주름					

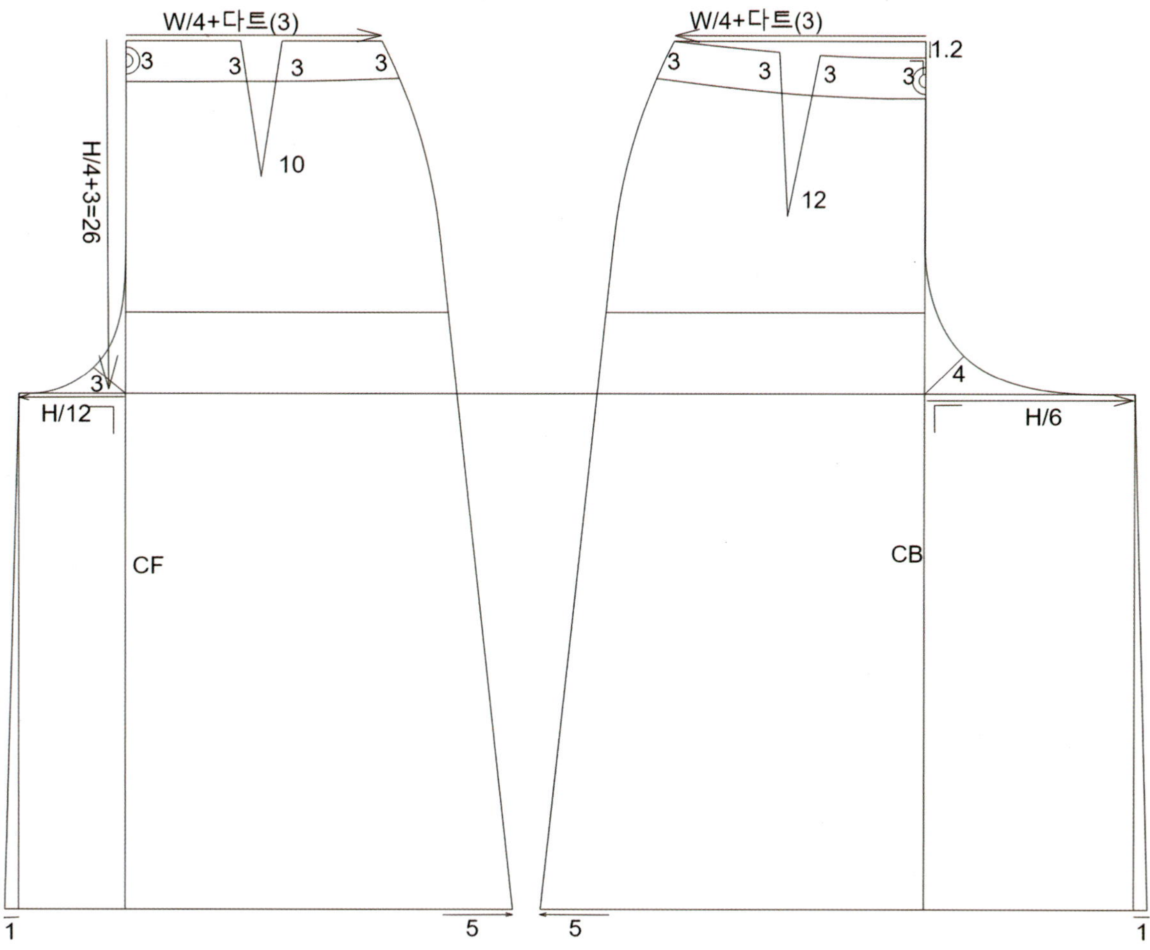

① 큐롯 스커트는 기본 A라인 디자인, 외주름 디자인, 맞주름 디자인, 플레어 디자인, 셔링 디자인 등 다양하게 제도가 가능하다.

② 밑위길이는 H/4+3㎝이고 앞샅폭은 H/12, 뒷샅폭은 H/6으로 하여 앞뒤 샅폭을 합하면 H/4가 된다.

③ 앞중심(CF)에서 **직각선(V)**으로 H/4+3을 내려와 H/12만큼 수직선을 그리고 **직각선(V)**으로 밑단까지 직선을 그린다. 뒤중심(CB)에서도 마찬가지로 H/6만큼 샅폭을 그린다. 밑단선에서 **선길이조정(Q)**으로 인심쪽 1㎝, 아웃심쪽 5㎝ 늘려 A라인 형태를 유지한다. 그 외 **연장(E)**, **다듬기(W)**를 자유롭게 사용하여 선을 정리한다.

④ **중간선**으로 다트 중간선을 그린 후 이 중간선에서 **연장(E)**으로 밑단선까지 직선을 그린다. 이를 기준으로 다양한 디자인의 큐롯 스커트를 제도한다.

⑤ 밑단둘레는 **선붙여다듬기(Z)**로 자연스러운 곡선 처리한다.

⑥ 외주름 큐롯 스커트는 **기능 외주름**으로 위 5㎝ 아래 5㎝의 외주름을 만든다.

⑦ 맞주름 큐롯 스커트는 **기능 맞주름**으로 위 5㎝ 아래 5㎝의 맞주름을 만든다.

⑧ 지퍼는 입었을 때 왼쪽 옆선에 18㎝까지 한다.

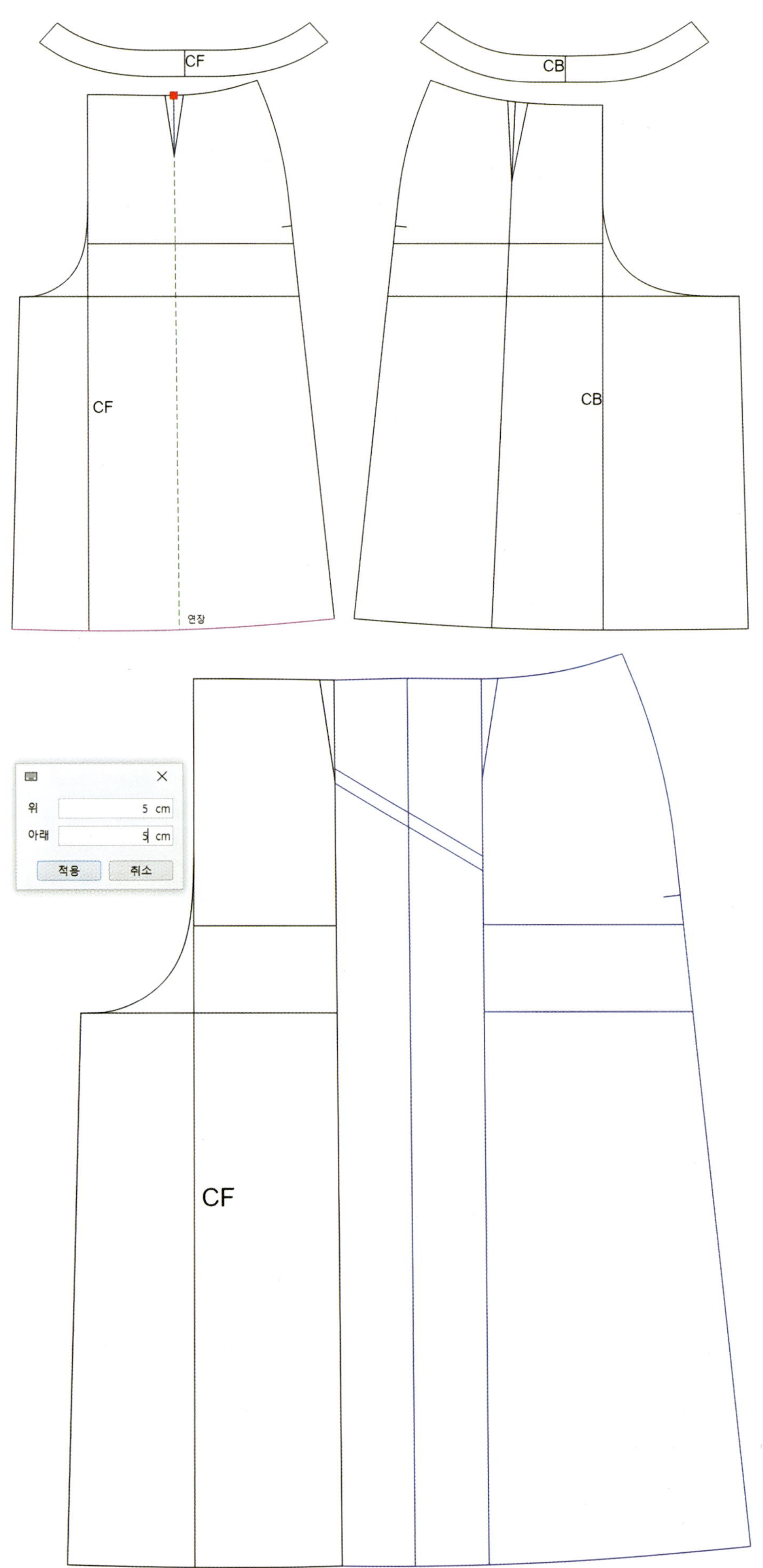

CF
CB
CF
CB
연장
위 5 cm
아래 5 cm
적용 취소
CF
CF
CB

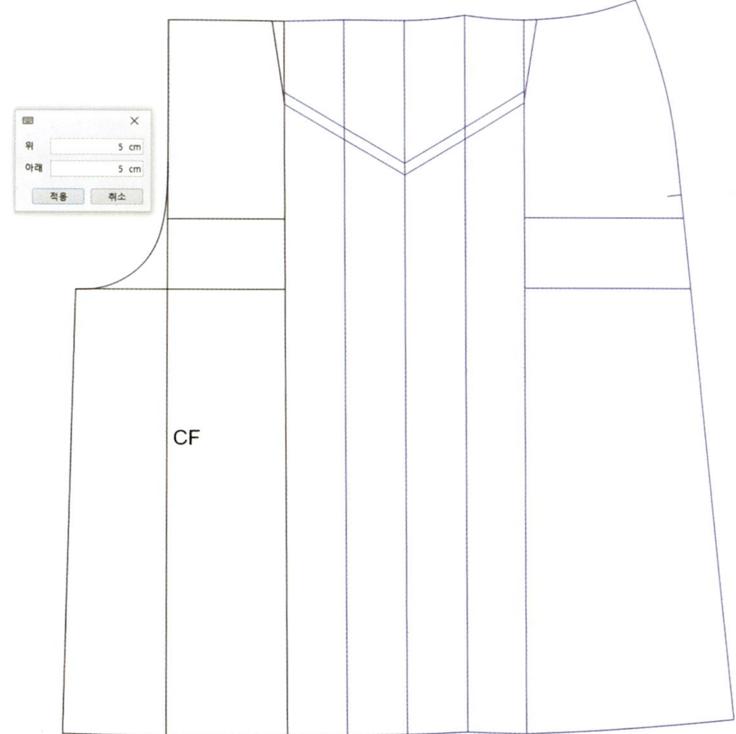

⑨ 플레어 큐롯 스커트는 **선자르기**(C)로 회전시킬 선들을 자른 후 **회전×1**(R)로 다트를 MP하여 밑단선을 벌린다. **선붙여다듬기**(Z)로 허리선을 자연스러운 곡선으로 처리하고 밑단선은 **선그리기곡선**(D)으로 그린다.

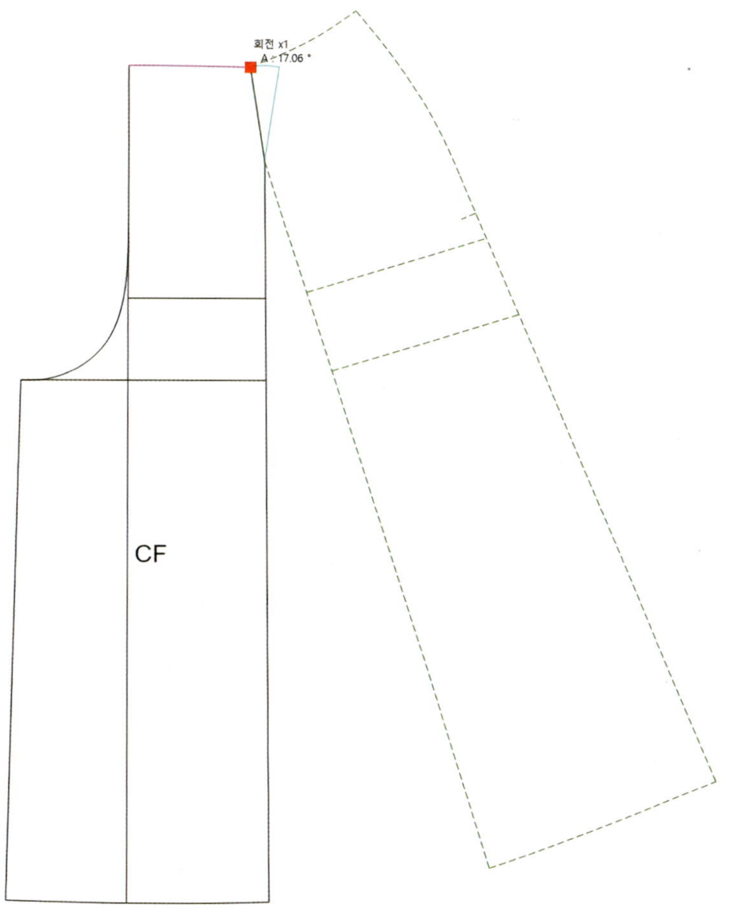

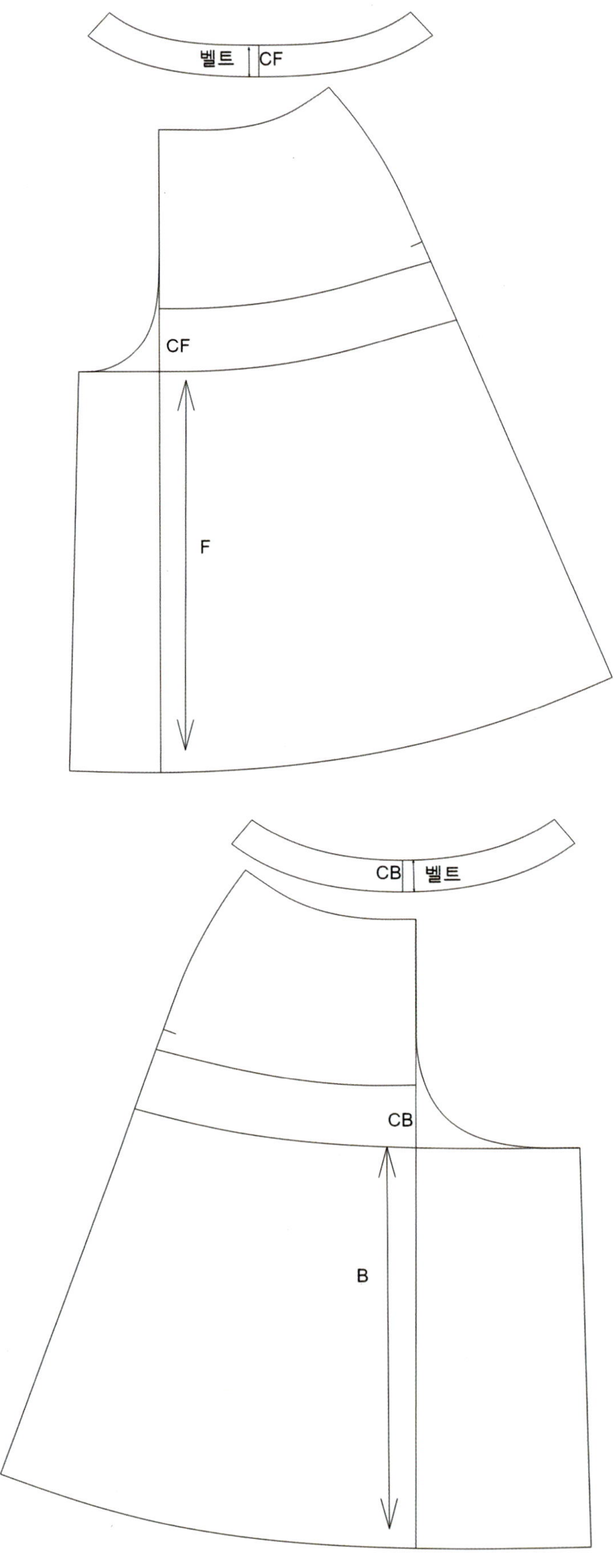
벨트
CF
CF
F
CB
벨트
CB
B

14. 비대칭 랩 스커트(Asymmetric Wrap Skirt)

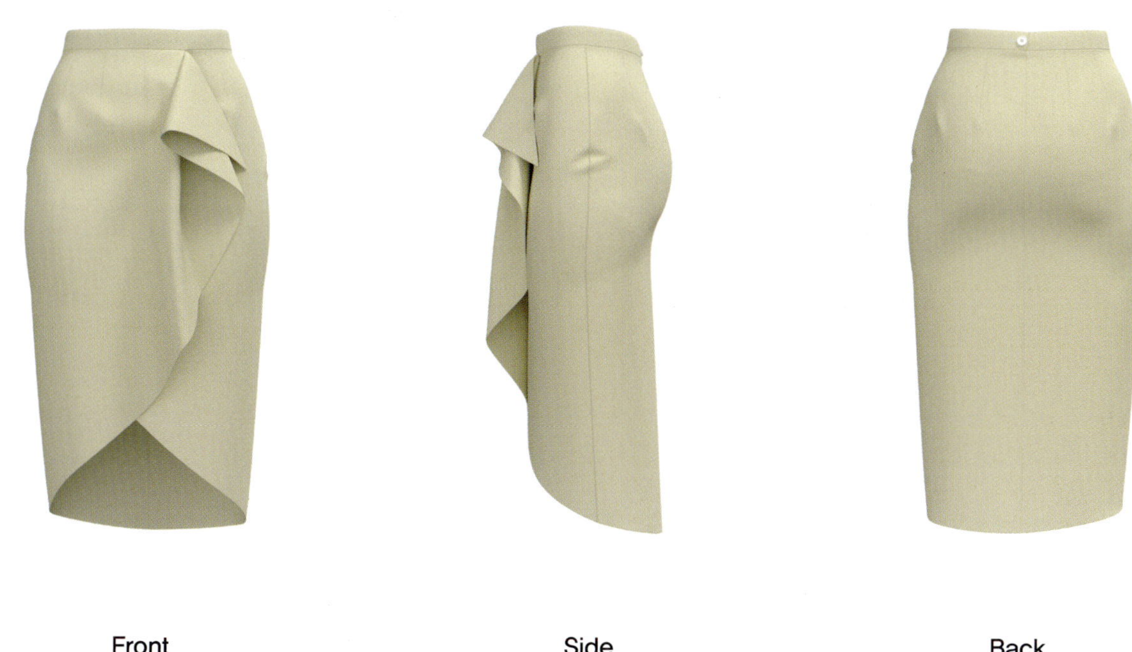

Front   Side   Back

제품 완성 치수				(단위: ㎝, 오차: ±0.5㎝)
허리둘레	엉덩이둘레	스커트길이	벨트너비	밑단둘레
62	92	73	3	

사용 아이콘									
선 그리기	직각선	다듬기	선 길이 조정	연장	평행	선 붙여 다듬기	선 자르기	측정	회전
이동	반전	설정	수정						

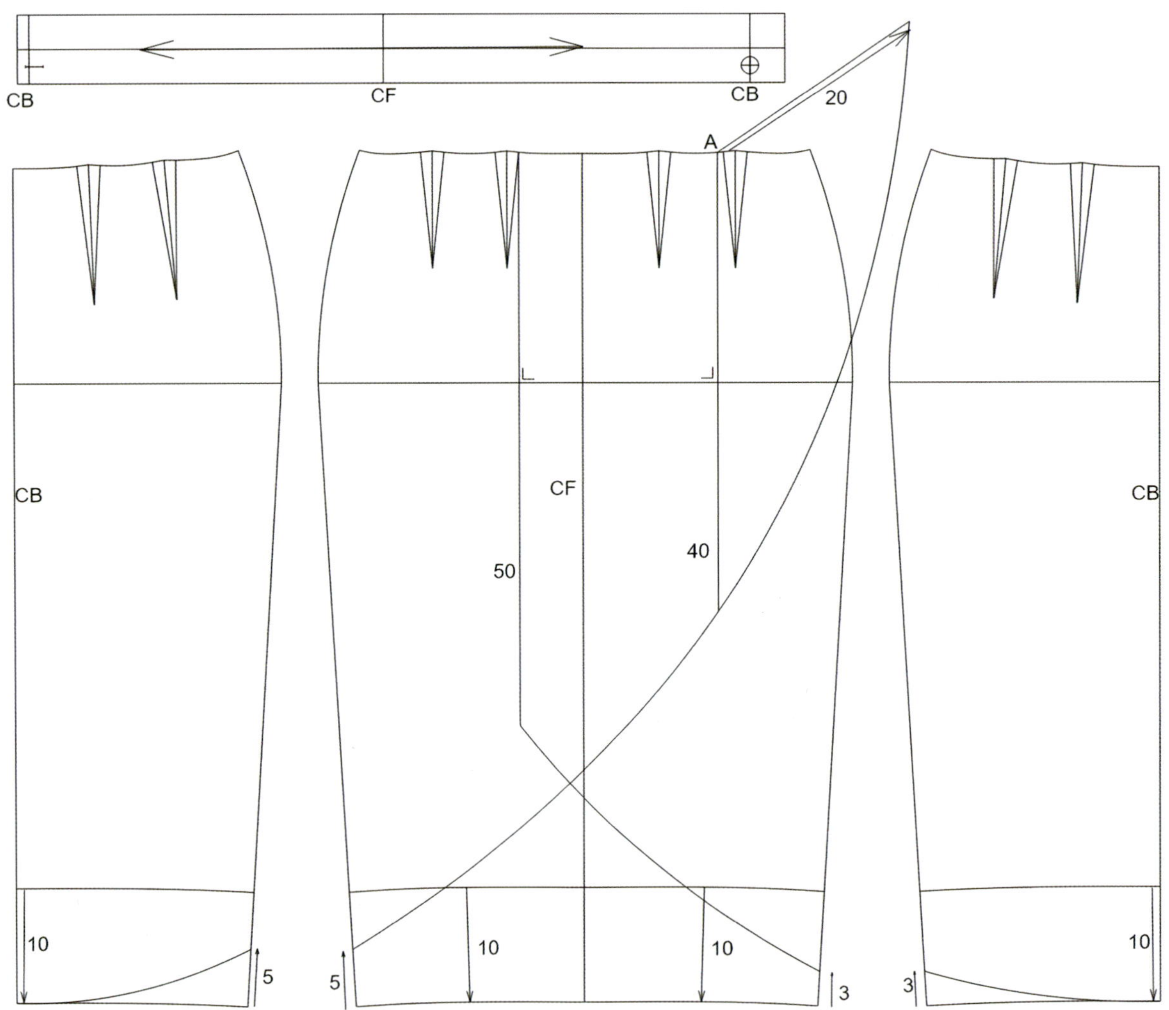

① 비대칭 스커트는 타이트 스커트의 앞판(F) 뒤판(B)의 오른쪽 왼쪽이 모두 있는 상태에서 제도한다. 이는 **반전×2(F)**를 사용한다.

② 밑단선을 **선길이조정(Q)**이나 **평행(P)**으로 각각 10㎝ 내린다. 옆선은 밑단까지 **연장(E)**하여 그린다.

③ 앞중심(CF)의 허리선에서 **선그리기(D)** +Shift로 오른쪽 길이는 50㎝, 왼쪽은 40㎝의 직선을 그린다. 비대칭 정도는 디자인에 따른다.

④ 앞판(F)의 A에서 **선그리기(D)**로 20㎝ 직선을 그리는데, 각도는 디자인에 따른다.

⑤ 앞중심(CF)의 왼쪽은 20㎝ 점과 40㎝ 점과 밑단에서 5㎝ 올라온 점을 **선그리기곡선(D)**으로 그린다. 앞중심(CF)의 오른쪽은 50㎝ 점과 밑단에서 3㎝ 올라온 점을 **선그리기곡선(D)**으로 그린다.

⑥ 뒤판(B)의 왼쪽은 밑단과 옆선에서 5㎝ 올라온 점을 **선그리기곡선(D)**으로 그린다. 뒤판(B)의 오른쪽은 밑단과 옆선에서 3㎝ 올라온 점을 **선그리기곡선(D)**으로 그린다.

⑦ 밑단선은 **선붙여다듬기(Z)**로 자연스럽게 하고 **다듬기(W)**로 필요 없는 선은 삭제한다. A 위치의 다트 2개는 박지 않고 같은 분량의 외주름(턱)으로 처리한다.

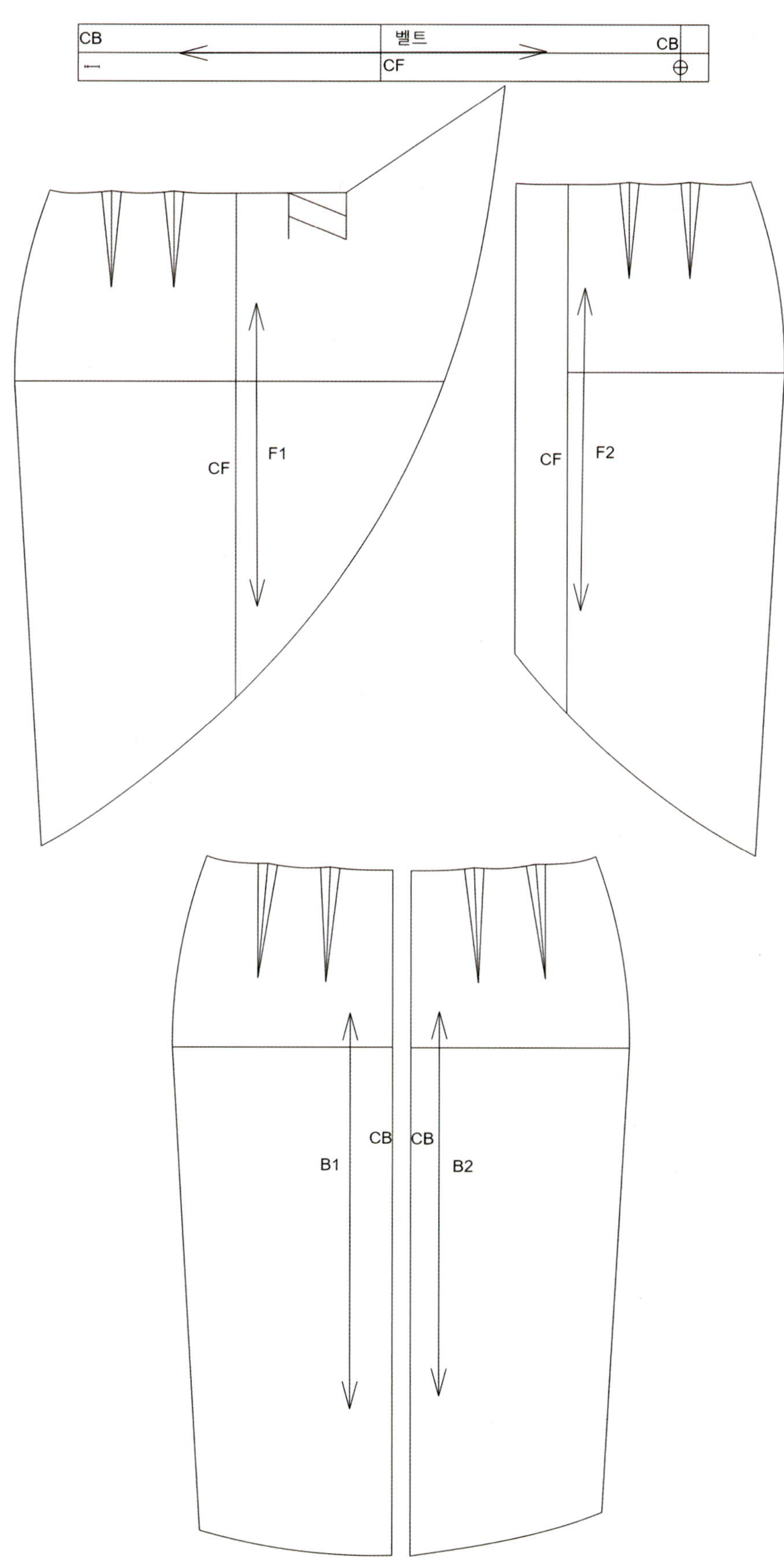
CB
벨트
CB
CF
CF
F1
CF
F2
CB
CB
B1
B2

15. 비대칭 셔링 스커트(Asymmetric Shirred Skirt)

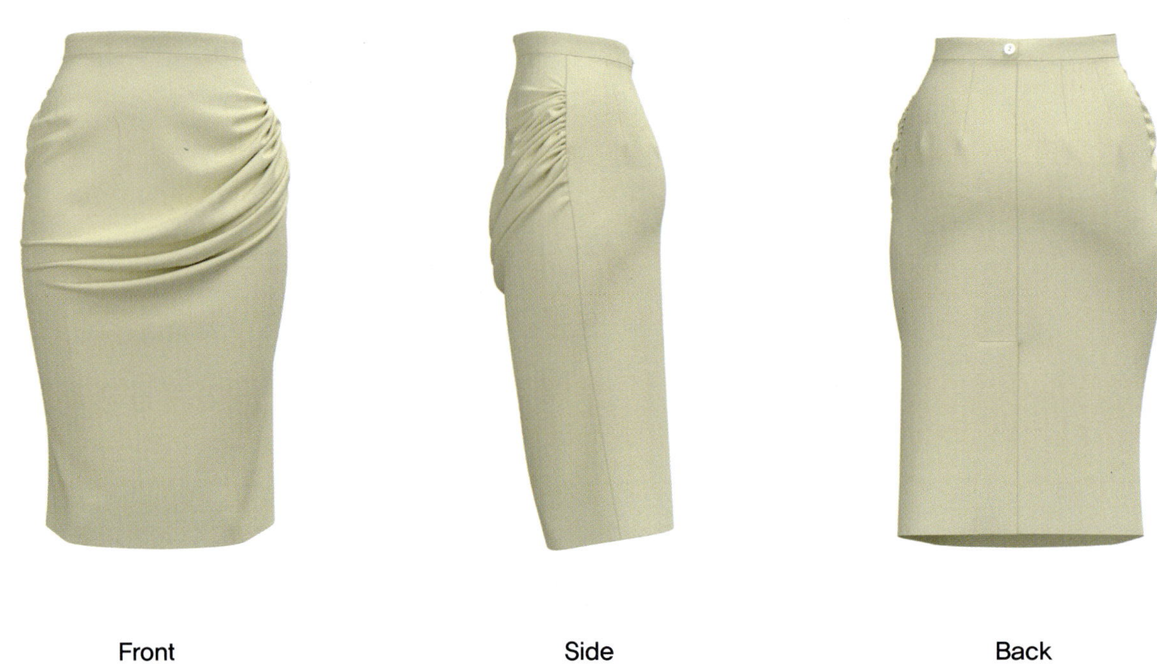

Front   Side   Back

제품 완성 치수				(단위: cm, 오차: ±0.5cm)
허리둘레	엉덩이둘레	스커트길이	벨트너비	밑단둘레
62	92	64	3	82

사용 아이콘

선 그리기	직각선	다듬기	선 길이 조정	연장	평행	선 붙여 다듬기	선 자르기	측정	회전

이동	반전	벌리기

1) 패턴 제도(타이트 스커트 이용)

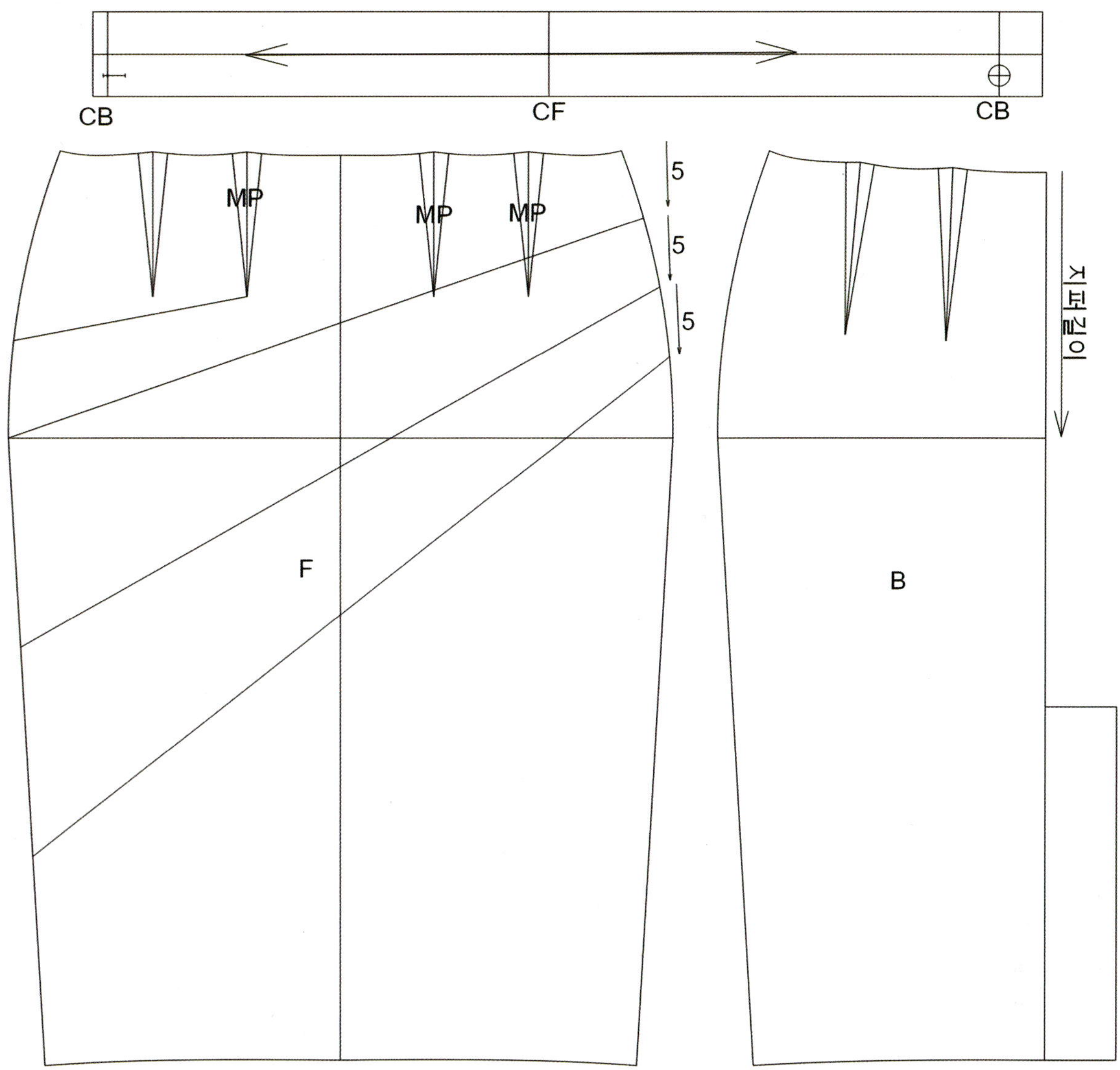

① 비대칭 디자인일 경우 패턴의 골선을 한 장으로 펼쳐 놓은 상태로 패턴 제도한다.

② 타이트 스커트 패턴을 그대로 사용한다. **선그리기**(D)로 오른쪽 옆선에서 5㎝씩 내려 왼쪽 옆선에 닿는 사선을 그린다. 이는 벌려서 주름이 된다.

③ **기능 벌리기**로 위만 10㎝씩 벌려 준다.

④ 박아줄 다트는 남기고 디자인에 없는 다트는 **회전×1**(R)으로 MP하면 옆선이 벌어진다. 이는 셔링이나 턱주름으로 처리한다.

⑤ **선붙여다듬기**(Z)로 각이 진 선들은 자연스러운 곡선 처리한다.

⑥ 뒤판과 벨트는 타이트 스커트의 제도를 그대로 사용한다.

⑦ 엉덩이둘레에 여유가 없는 디자인으로 지퍼길이는 엉덩이선까지 한다.

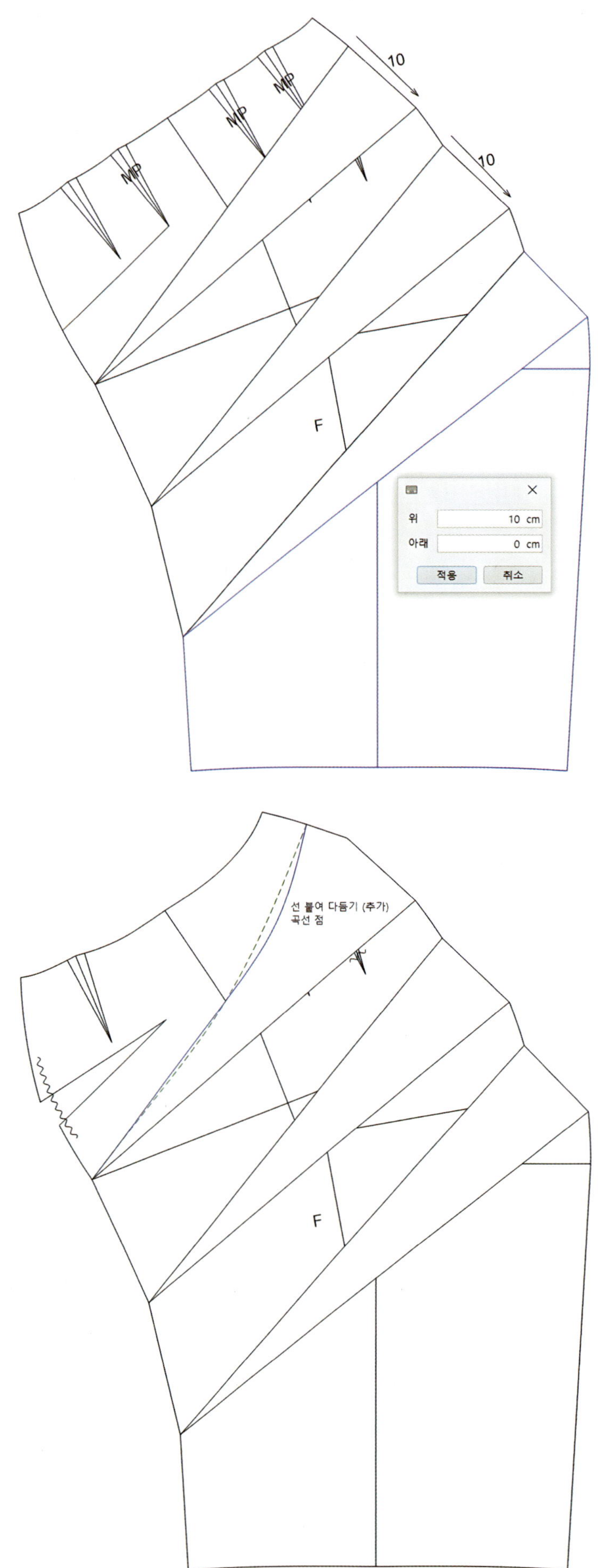

MP
MP
MP
MP
10
10
F
위   10 cm
아래   0 cm
적용   취소
선 붙여 다듬기 (추가)
곡선 점
F

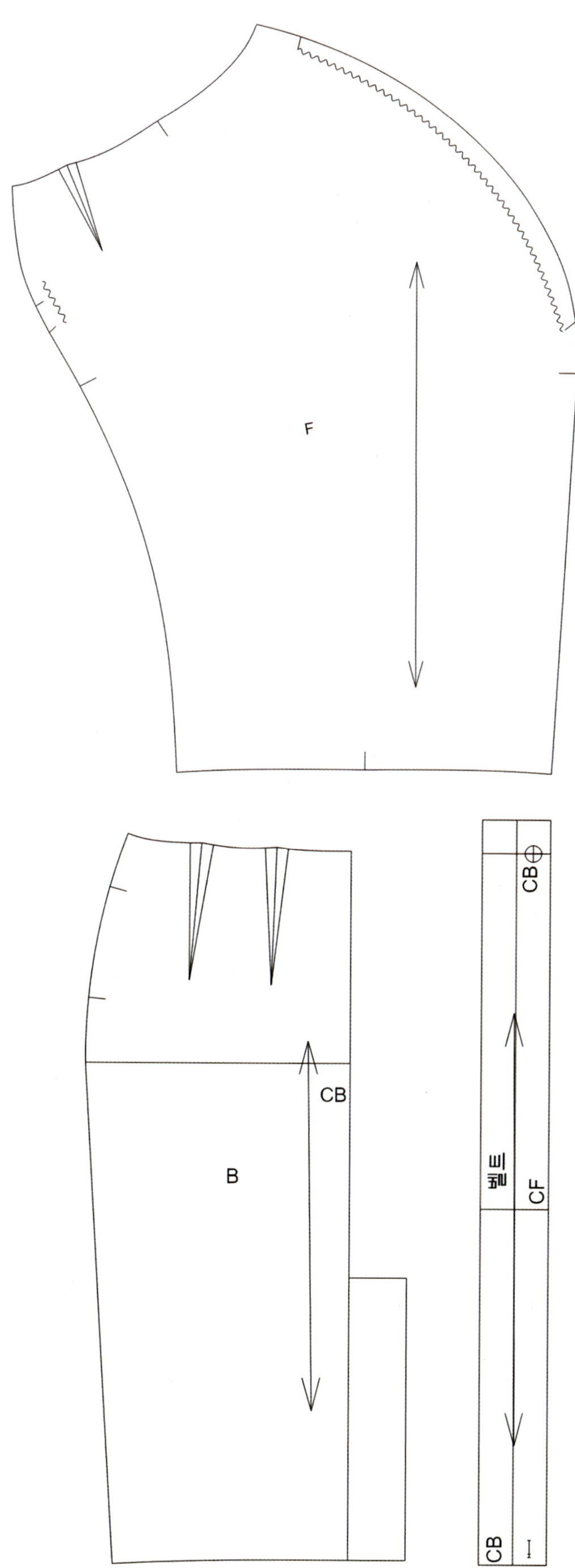

F
CB
B
CB
CF
CB
벨트

16. 벌룬 스커트(Balloon Skirt)

Front   Side   Back

제품 완성 치수			(단위: cm, 오차: ±0.5cm)	
허리둘레	엉덩이둘레	스커트길이	벨트너비	밑단둘레
62		66	3	
사용 아이콘				

선 그리기	직각선	다듬기	선 길이 조정	연장	평행	선 붙여 다듬기	선 자르기	측정	회전

이동	3	반전	벌리기

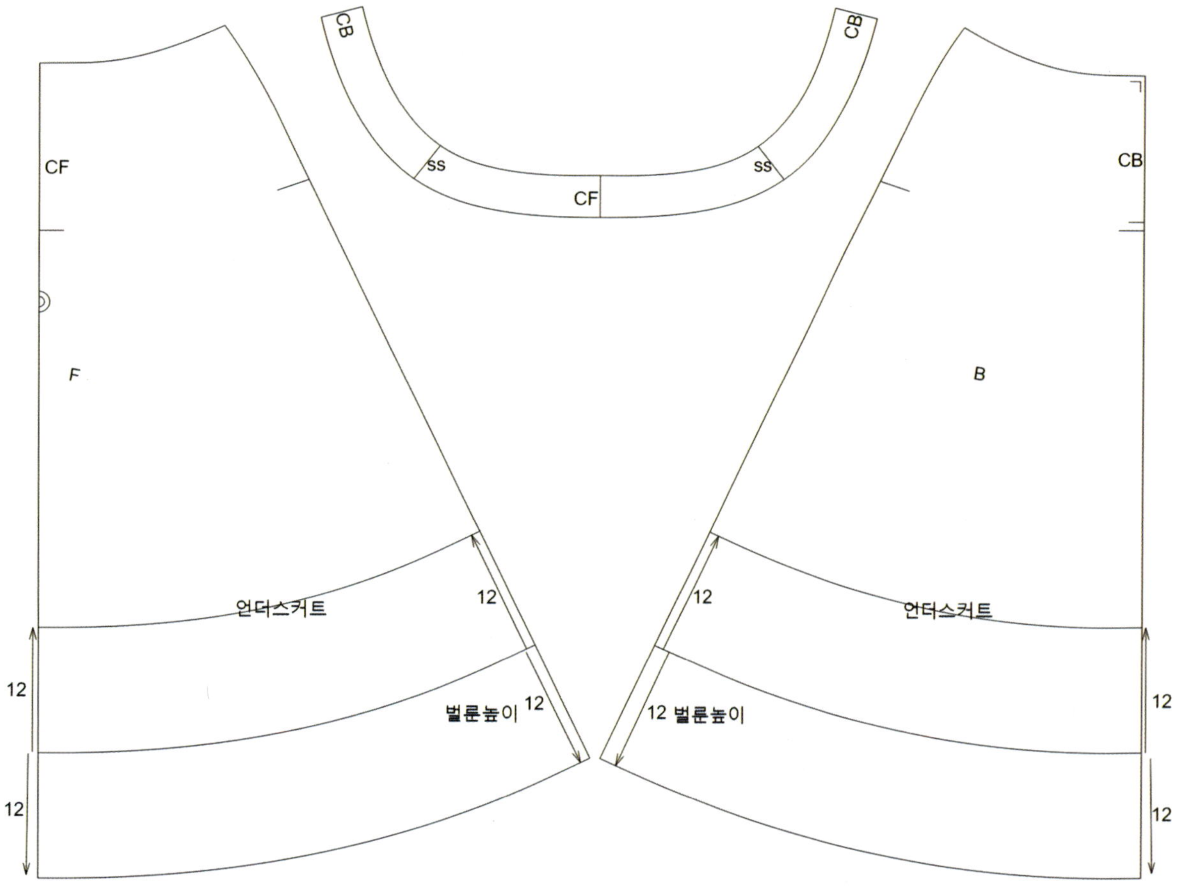

① 플레어 스커트 패턴을 그대로 사용하되, 뒤지퍼이므로 벨트는 앞중심(CF)이 펼쳐지고 옆선(SS)을 **이동×1(M)**과 **회전×1(R)**로 붙인다.

② 밑단선을 **선길이조정(Q)**이나 **평행(P)**으로 12㎝ 아래로 길게 한다. 이는 겉감의 벌룬 높이가 된다.

③ 밑단선을 **선길이조정(Q)**이나 **평행(P)**으로 12㎝ 위로 짧게 둔다. 이는 언더 스커트의 밑단선이 된다.

④ 각 옆선과 중심선은 **다듬기(W)**와 **연장(E)**으로 떨어져 있는 선들을 결합한다.

⑤ **이동×2(M)**로 언더 스커트를 겉감과 분리하고, **다듬기(W)**를 사용하여 필요 없는 선들은 삭제하여 완성선만 남긴다.

⑥ **선그리기(D)**로 허리선의 3등분 점과 밑단선의 3등분 점을 직선 연결한다.

⑦ **기능 벌리기**로 위 10㎝, 아래 10㎝씩 벌려 준다. 이 개더량은 디자인에 따른다.

⑧ 스커트 허리는 벨트 길이에 맞추어 셔링이 생기고, 스커트 밑단은 언더 스커트의 밑단선 길이에 맞추어 셔링이 생긴다.

⑨ 겉감 스커트와 언더 스커트의 앞판(F)은 **반전×2(F)**로 펼친다.

⑩ 밑단선 등 **선붙여다듬기(Z)**로 자연스러운 곡선 처리한다.

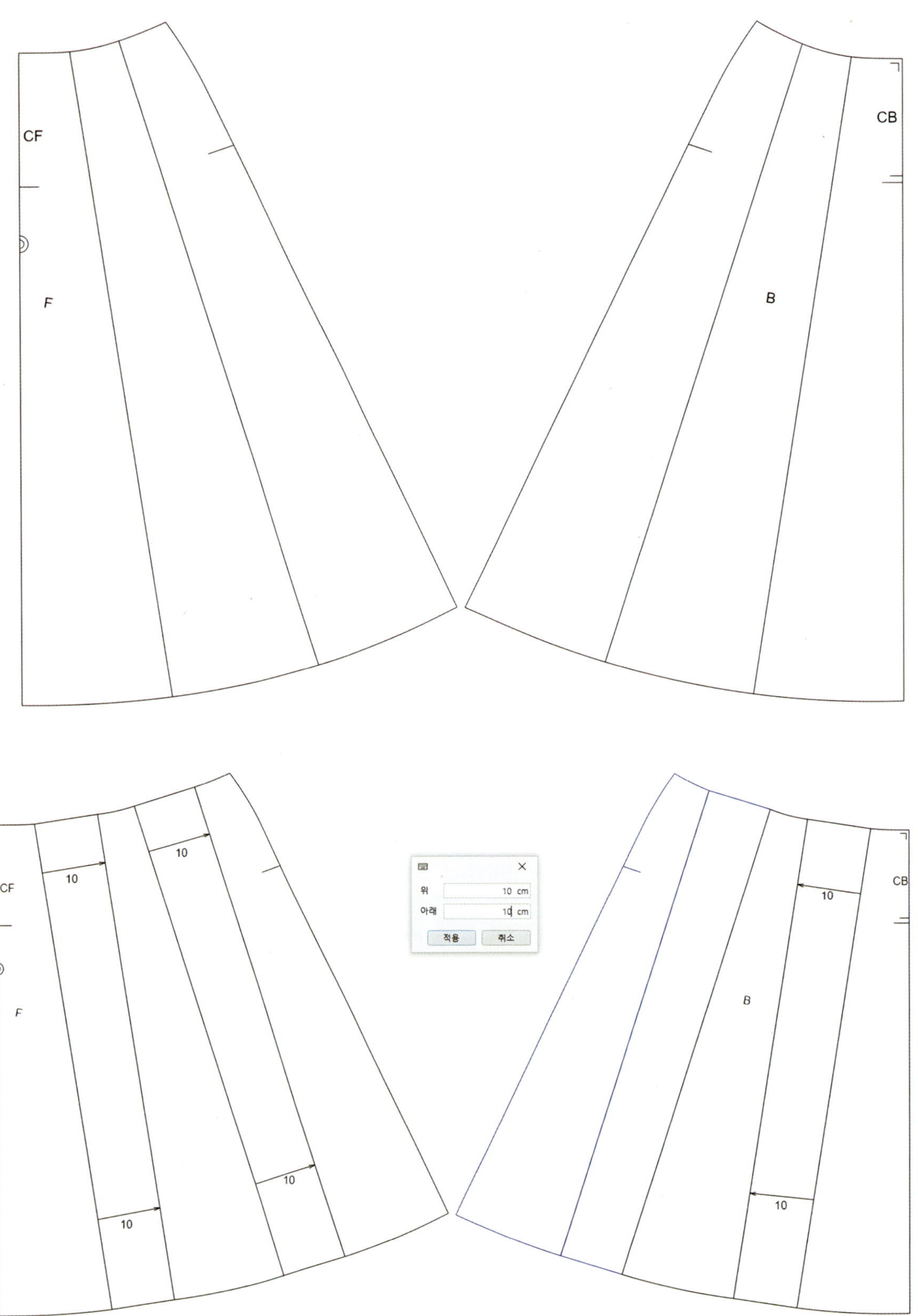

CF
F
CB
B
CF
F
CB
B
10
10
10
10
10
10
10
10
위   10 cm
아래 10 cm
적용   취소

2) 완성선

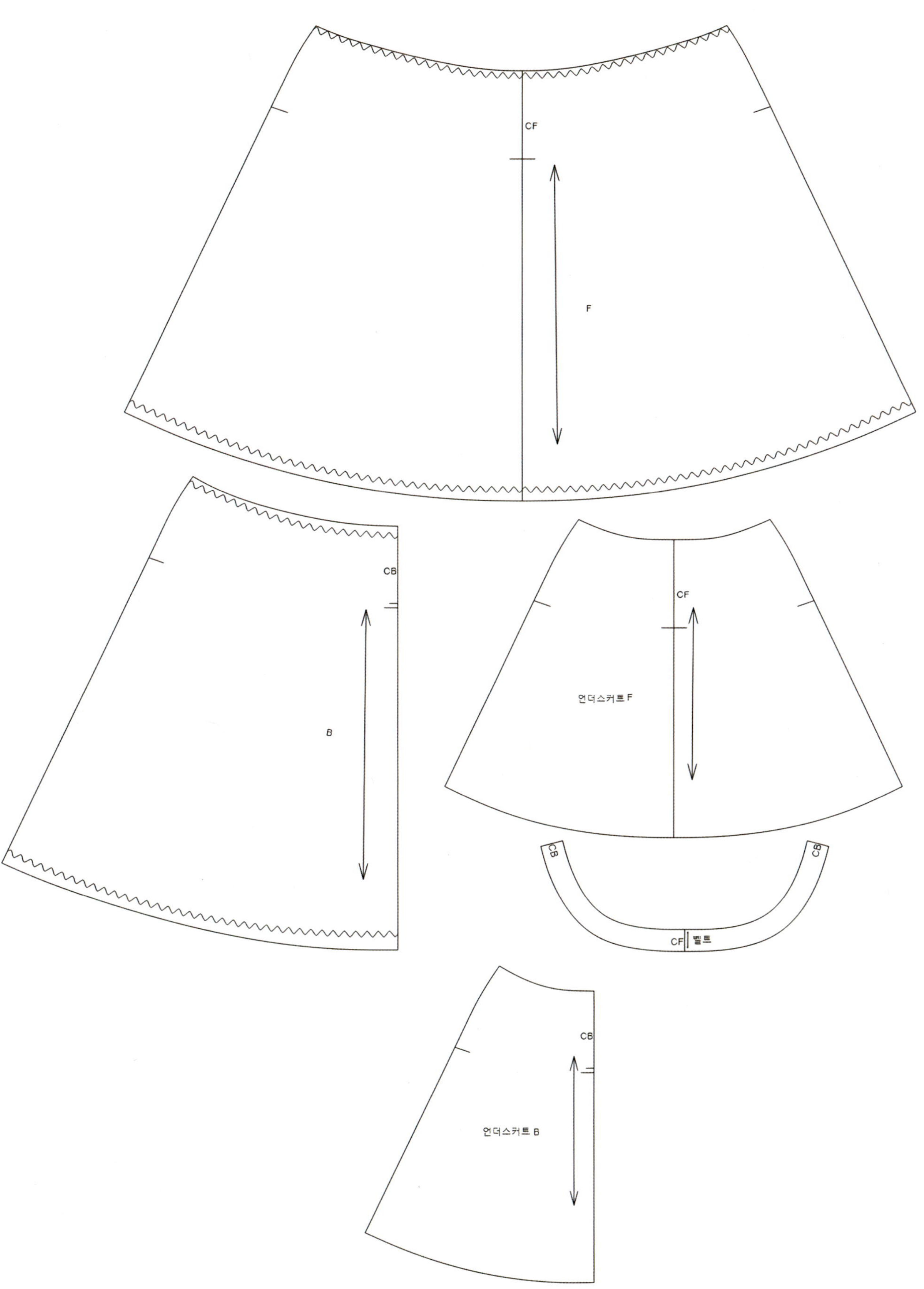

17. 티어드 스커트(Tiered Skirt)

Front   Side   Back

제품 완성 치수				(단위: ㎝, 오차: ±0.5㎝)
허리둘레	엉덩이둘레	스커트길이	벨트너비	밑단둘레
60	93	61	3	112

사용 아이콘									
선 그리기	직각선	다듬기	사각형	연장	선 길이 조정	선 붙여 다듬기	선 자르기	회전	이동
반전									

1) 패턴 제도(A라인 스커트 이용)

(1) 언더 스커트 제도

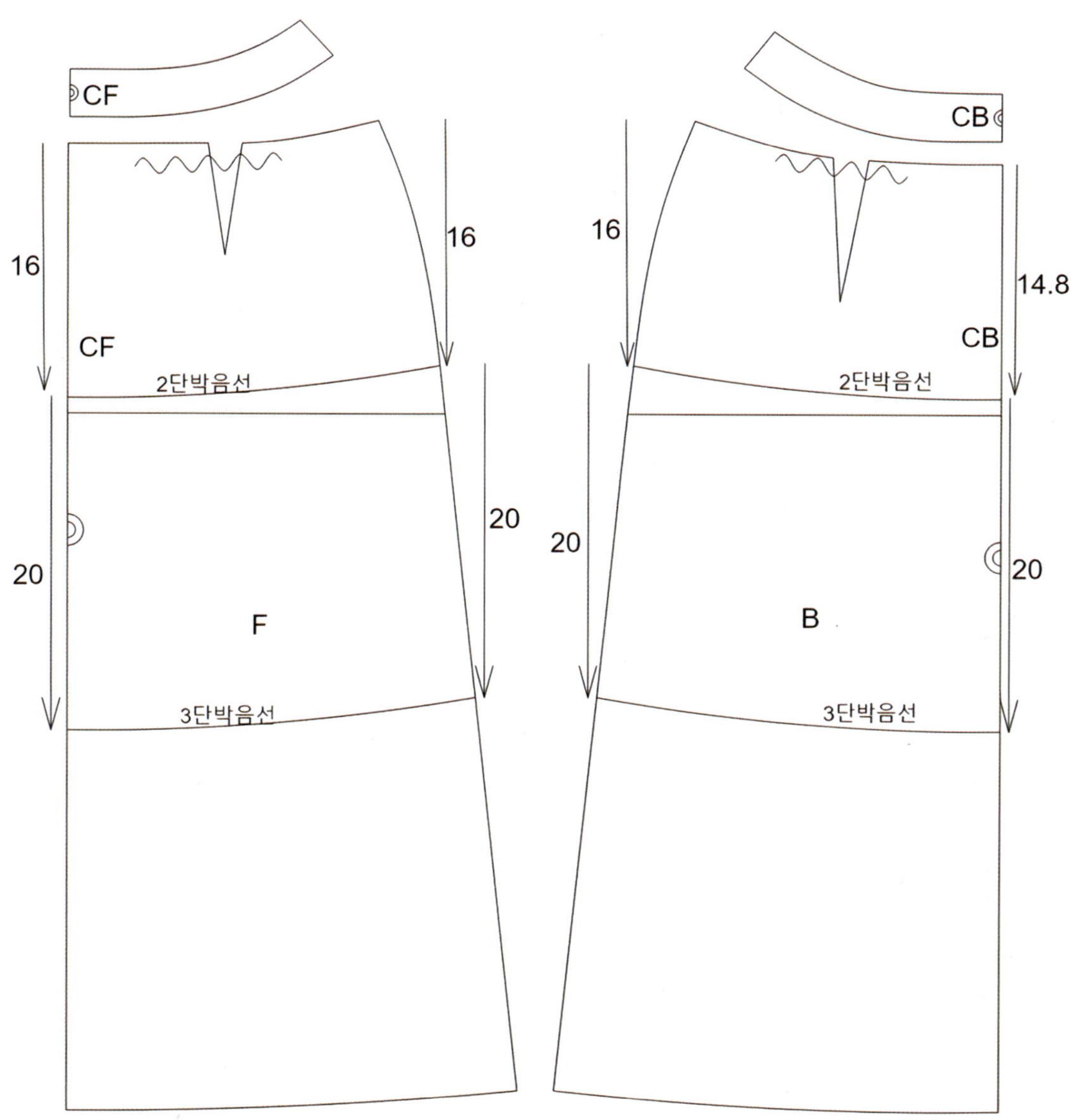

① A라인 스커트의 패턴을 그대로 사용한다.

② 앞중심(CF)에서 **직각선(V)**으로 16㎝ 내려온 점과 다시 20㎝ 내려온 점에 0.3㎝의 직각선을 그린다.
   뒤중심(CB)에서도 **직각선(V)**으로 14.8㎝ 내려온 점과 다시 20㎝ 내려온 점에 0.3㎝의 직각선을 그린다.

③ **선그리기(D)**로 16㎝ 점, 20㎝ 점, 14.8㎝ 점의 각 점을 지나는 곡선을 그린다. 이는 안감 스커트에 겉감의
   티어드 단선을 표시한 것이다.

④ 1단 박음선은 허리둘레선이 되고, 허리 다트는 박지 않고 셔링 처리한다.

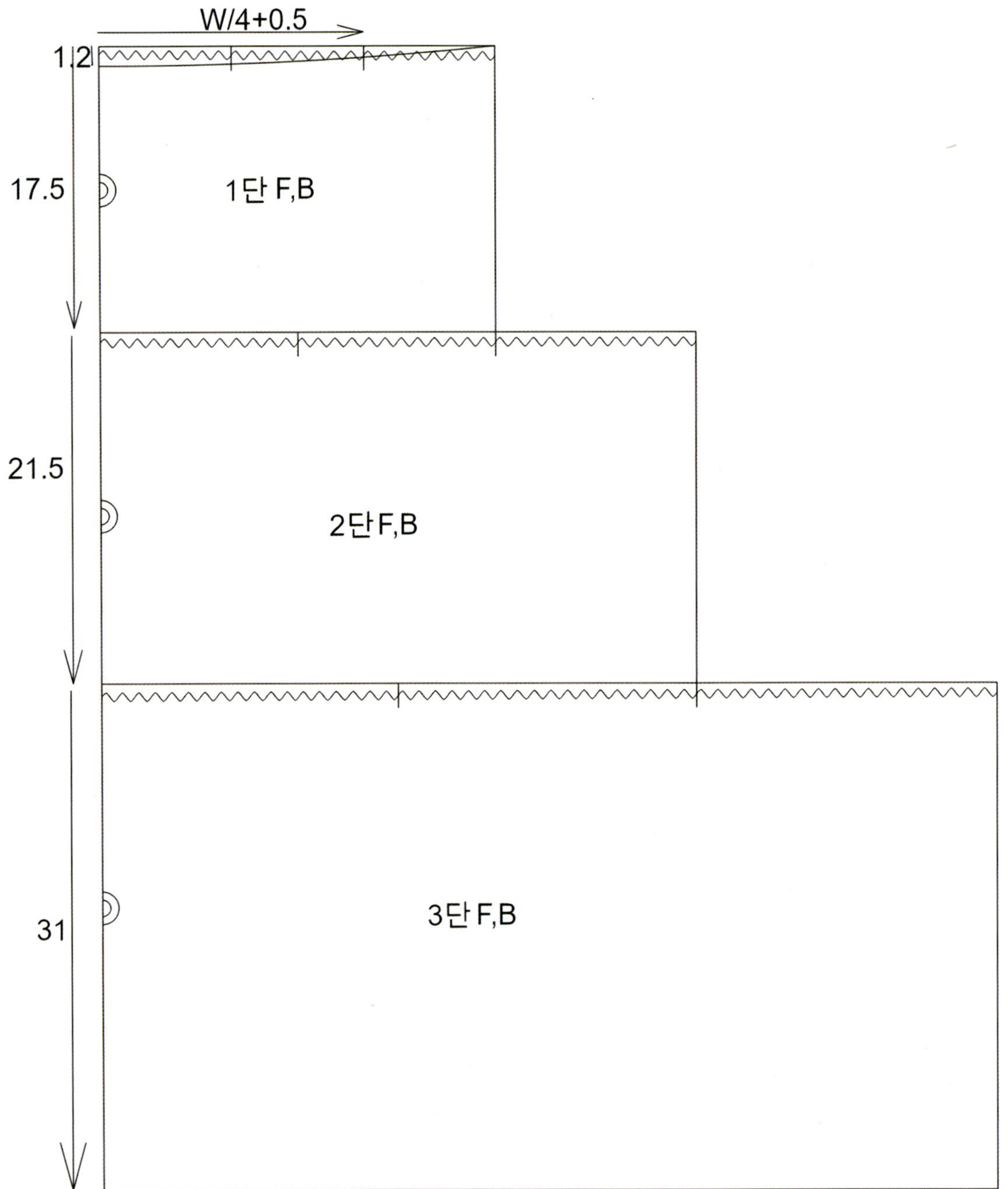

⑤ **사각형(Y)**으로 1단은 가로길이 24㎝, 세로길이 17.5㎝의 사각형을 그린다. 2단은 가로길이 36㎝, 세로길이 21.5㎝의 사각형을 그린다. 3단은 가로길이 54㎝, 세로길이 31㎝의 사각형을 그린다. 티어드단의 길이는 안감의 티어드 박음선보다 1.5㎝~3㎝ 길게 제도한다. 티어드단의 셔링을 얼마나 잡느냐에 따라 셔링폭은 변경할 수 있다.

⑥ 뒤판(B)의 1단은 뒤중심(CB) 허리에서 1.2㎝ 내려온 점에서 **직각선(V)**으로 0.3㎝ 그린 뒤, **선그리기곡선(D)**으로 허리선을 곡선으로 그린다. 뒤판(B)의 2단과 3단은 앞판(F)과 같다.

⑦ 각 단을 앞판(F), 뒤판(B)으로 **이동×1(M)**로 분리하고, 각 단의 2등분점에 직선을 그린다. 각 직선에서 **기능 벌리기**로 아래만 1단 10cm, 2단 15cm, 3단 20cm로 벌리기 한다.

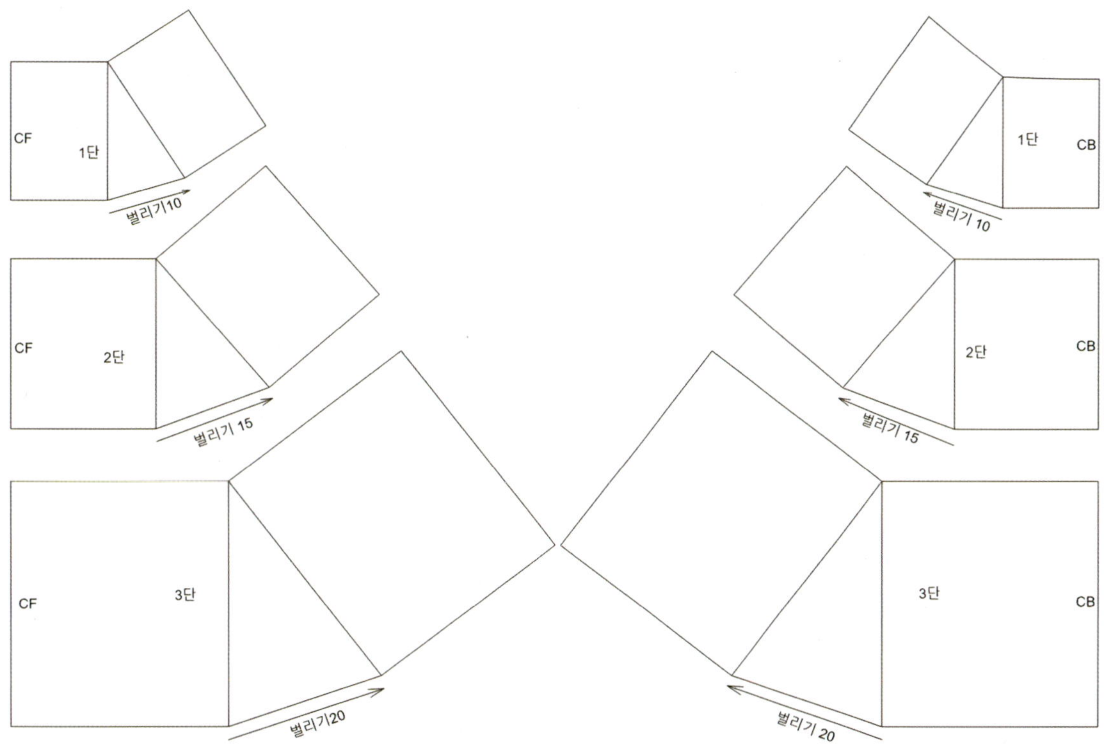

⑧ 각 밑단선과 각 허리선을 먼저 **선붙여다듬기(Z)**하고, 앞판(F)과 뒤판(B)의 각 허리선과 각 밑단선도 **선붙여 다듬기(Z)**한다.

⑨ 각 단을 **반전×2(F)**로 펼친다. 허리선과 2단 3단의 윗선에 **기능기호(O) 물결선**으로 주름을 표시한다.

⑩ 각 단의 밑단선에 와이어를 넣어 밑단만 펼쳐지게 제작할 수도 있고 각 단의 속에 뻣뻣한 망을 넣어 제작할 수도 있다.

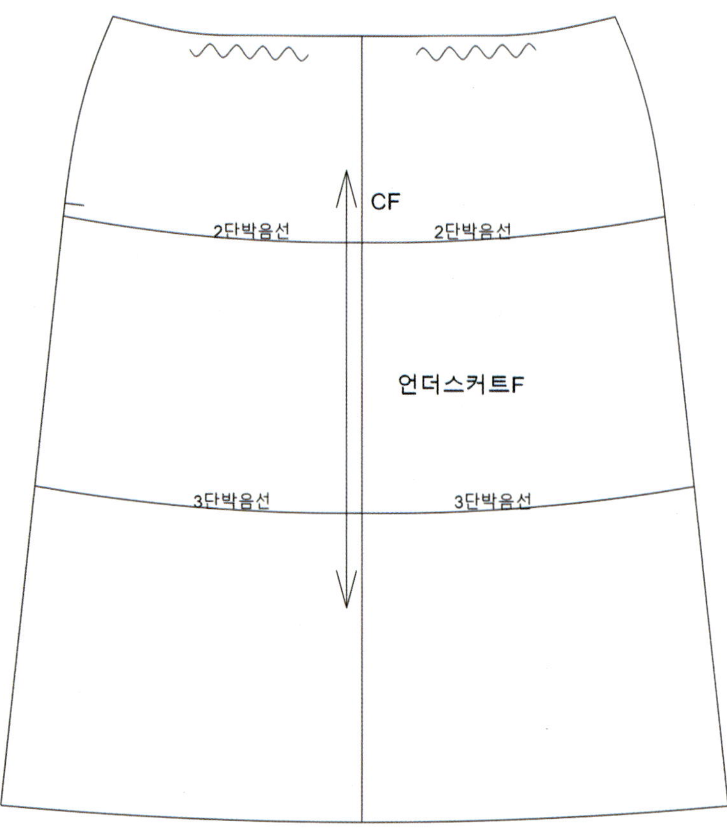
CF
2단박음선
2단박음선
언더스커트F
3단박음선
3단박음선

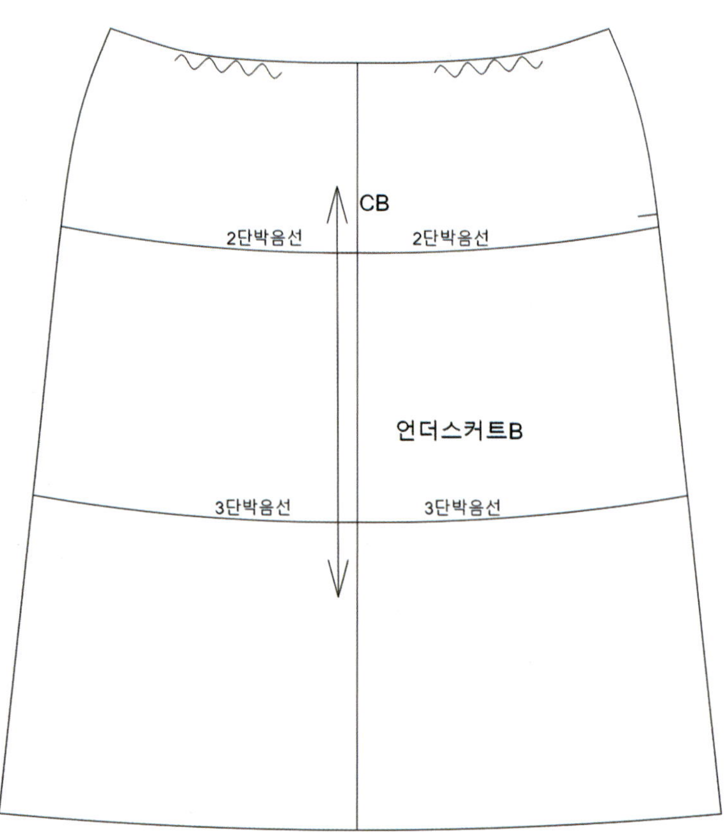
CB
2단박음선
2단박음선
언더스커트B
3단박음선
3단박음선

CF
1단
CF
F1
2단
CF
F2
3단
CF
F3
CB
1단
CB
B1
2단
CB
B2
3단
CB
B3

여성복 패턴 메이킹

스커트/블라우스

4장 블라우스 패턴 메이킹

1. 토르소 원형과 소매 원형

상반신의 최대폭은 B.P점을 지나는 젖가슴둘레선이고 최대길이는 등길이로 잡는다. 젖가슴둘레선은 팔의 움직임 등 동작량이 많기 때문에 디자인에 따라 활동 여유량을 넣는다. 블라우스는 허리둘레선에서 상하의로 분리하는 형태보다는 허리둘레선에서 엉덩이둘레선까지 자연스럽게 이어진 형태가 많으므로 최대길이를 엉덩이둘레선까지 연장하고 몸에 피트 되는 토르소 원형을 이용한다.

토르소 원형을 제도하기 위해 인체의 옆면을 보면 몸통에서 돌출된 가슴과 등뼈, 배와 엉덩이에 천이 닿으면서 허리와 어깨로 향한 여유분이 남게 되며, 이를 몸에 딱 맞도록 입체화시켜 다트로 만든다. 이 다트는 없애거나 이동시키거나 나누어서 다양한 블라우스 디자인에 응용된다.

다음은 블라우스 제도 시 필요한 인체치수이다.

단위: ㎝

젖가슴둘레	82	어깨길이	12
가는허리둘레	62	목옆젖꼭지길이	25
엉덩이둘레	92	젖꼭지사이수평길이	18
엉덩이길이	20	겨드랑앞벽사이길이	32
등길이	39	겨드랑뒤벽사이길이	32.5
어깨가쪽점팔길이	60		

다음은 토르소 원형의 2D 패턴을 제도하기 위해 사용된 UTTU CAD의 주요 아이콘들이다. 경우에 따라 이외 아이콘들을 사용할 수도 있다.

1) 패턴 제도

(1) 토르소 원형

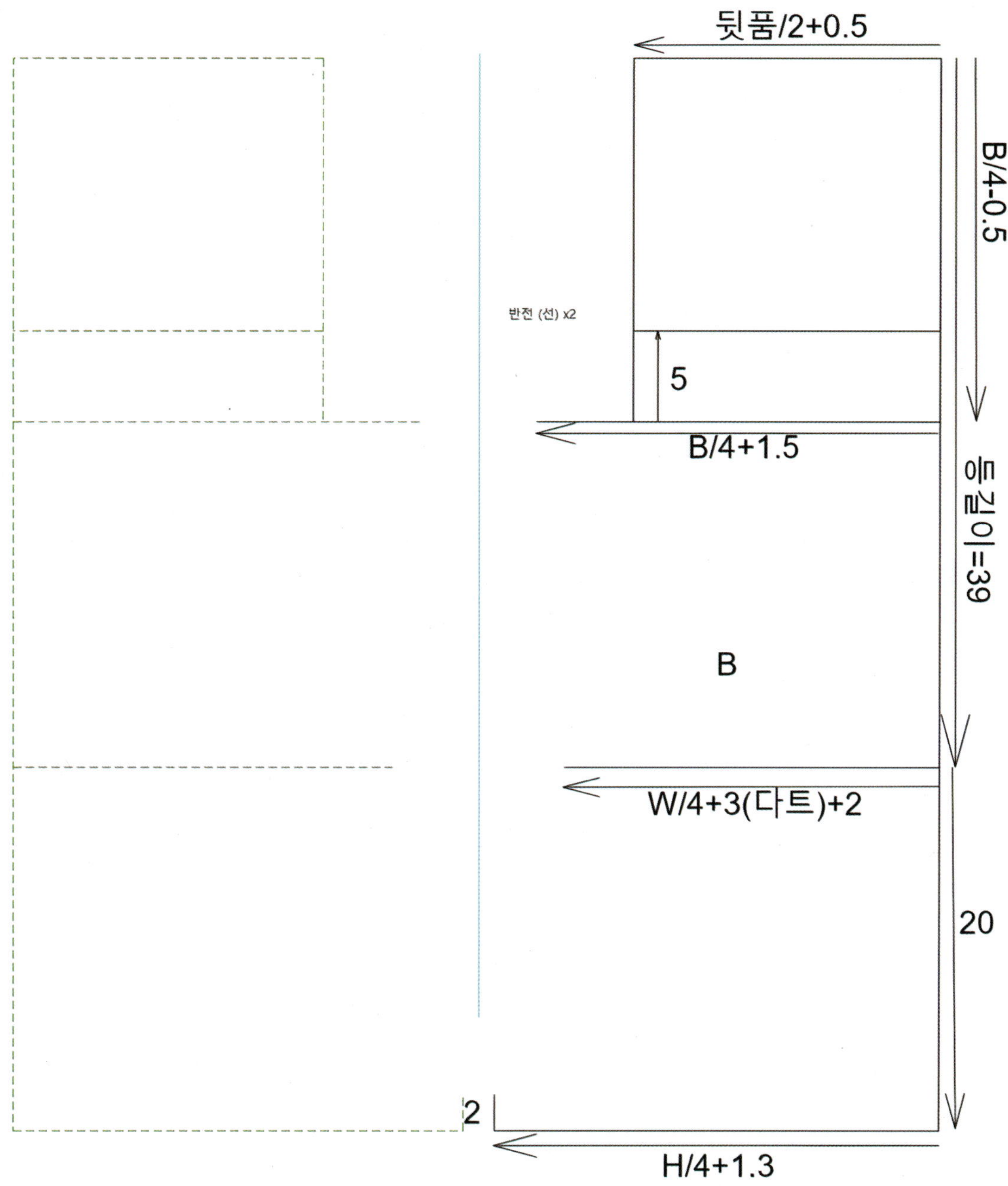

① **선그리기**(D)+**Shift**로 총길이 59㎝를 그린다.

② 총길이 선상의 B/4-0.5㎝(진동깊이) 위치에서 **직각선**(V)으로 B/4+1.5를 그린다.

③ 밑단선에서 **직각선**(V)으로 H/4+1.3㎝를 그린 후, 2㎝ 올려 그린다.

④ 등길이 39㎝에서 **직각선**(V)으로 W/4+3(다트)+2㎝ 길이의 허리선을 그린다.

⑤ 목뒤점에서 **직각선**(V)으로 뒷품/2+0.5㎝를 그리고 품선을 그린다. **직각선**(V)으로 가슴둘레선 위로 5㎝ 지점에 기준선을 그린다.

⑥ **반전×2**(F)로 뒤판(B)을 대칭으로 복사한다. 이는 앞판(F)이 될 것이다.

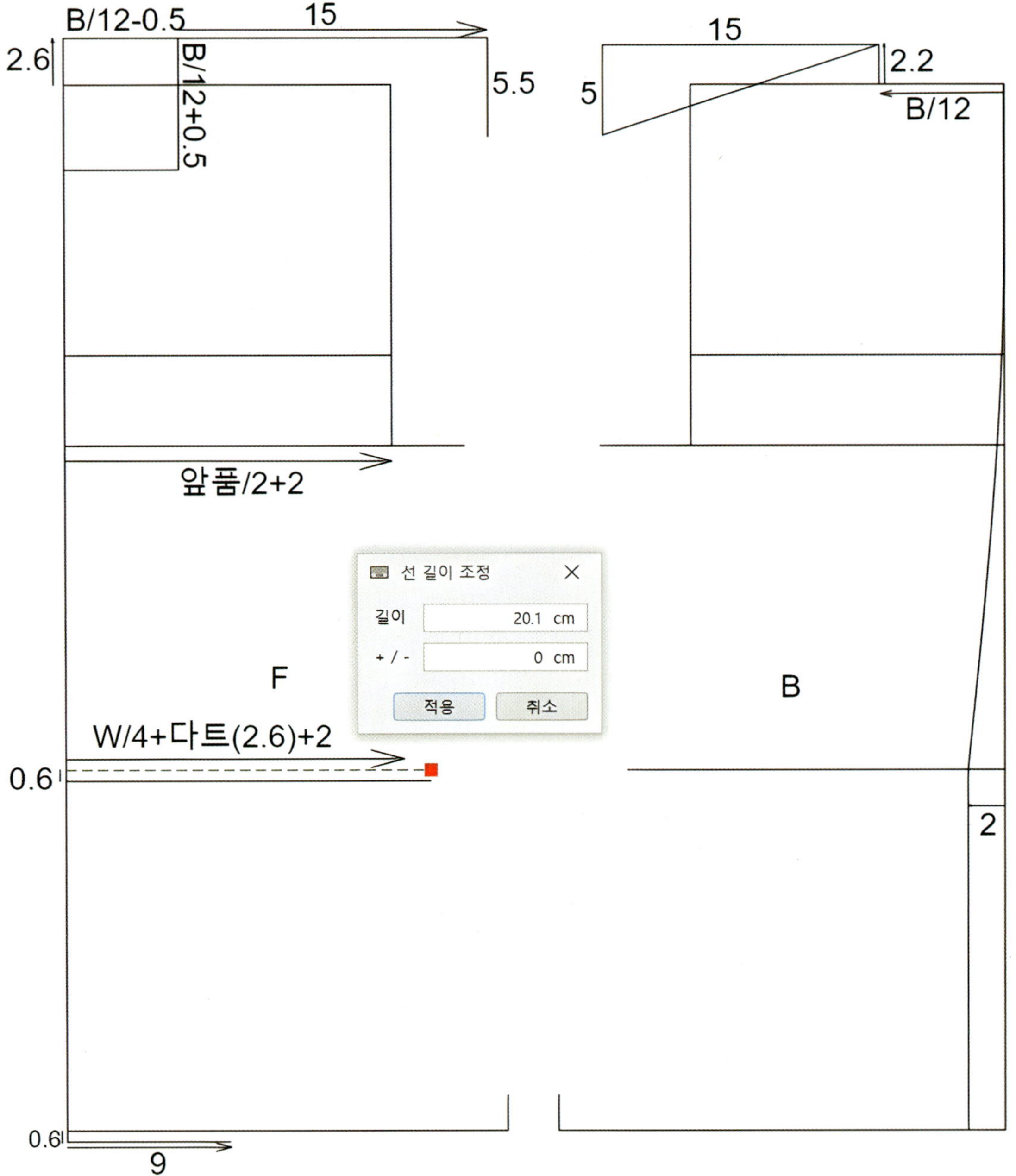

⑦ 뒤판(B)의 허리선에서 2㎝ 들어와 **직각선(V)**으로 밑단까지 직선을 그린다. 2㎝ 들어온 허리선에서 목뒤점까지 **선그리기곡선(D)**으로 뒤 척추 라인을 그려 준다.

⑧ 목뒤점에서 **직각선(V)**으로 B/12, 2.2㎝를 올려 그린 다음 15㎝, 5㎝ 그린 후, 이 5㎝ 점과 2.2㎝ 점(목옆점)을 **선그리기(D)**로 어깨경사각을 그려 준다.

⑨ 앞판(F)에서 **선길이조정(Q)**으로 목높이 2.6㎝ 올리고, **직각선(V)**으로 B/12-0.5㎝에서 B/12+0.5㎝ 만큼 기준선들을 그린다.

⑩ 앞판(F)의 어깨경사각은 **직각선(V)**으로 15㎝, 5.5㎝를 그리되 어깨경사각은 그리지 않는다.

⑪ 앞판(F)의 허리선은 **선길이조정(Q)**으로 W/4+2.6(다트)+2㎝ 한 후, 이를 **평행(P)**으로 허리선에서 0.6㎝ 내린다. 앞품선은 **선길이조정(Q)**으로 앞품/2+2㎝ 한다.

⑫ **선길이조정(Q)**으로 앞중심 밑단에서 0.6㎝ 내리고, **직각선(V)**으로 9㎝ 그린다.

⑬ 뒤중심은 삭제하고 **다듬기(W)**로 척추라인을 정
리한다.

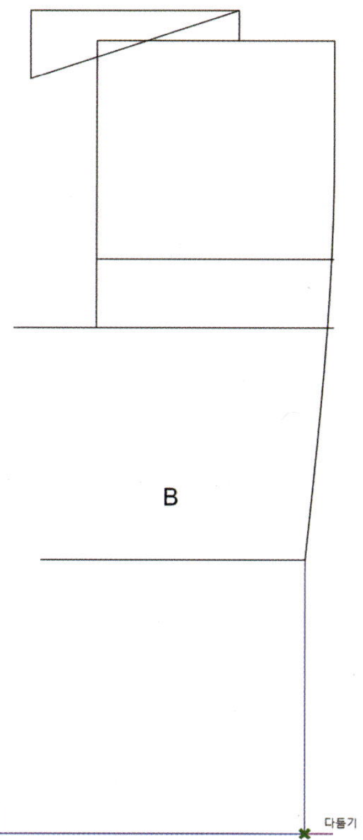

⑭ **선길이조정(Q)**으로 진동둘레 기준선을 0.3㎝ 늘
려 준다.

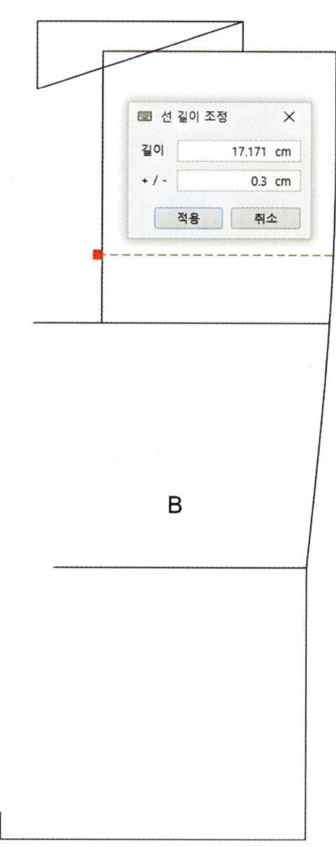

⑮ **선그리기곡선(D)**으로 12㎝점에서 진동둘레를 그
린다. 네크라인도 그린다.

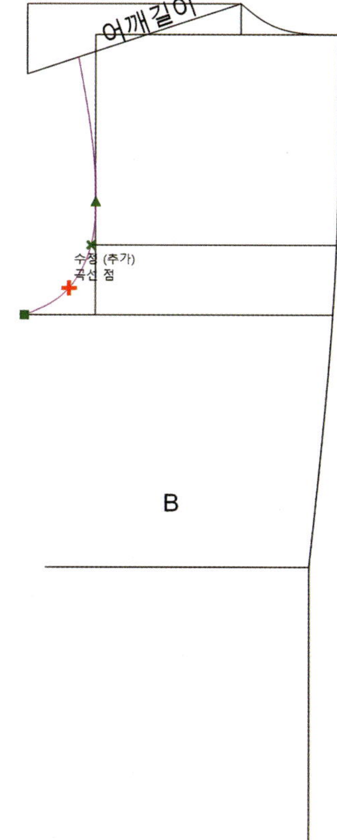

⑯ **선그리기(D)**로 겨드랑점에서 허리옆점까지 옆선
을 그린다.

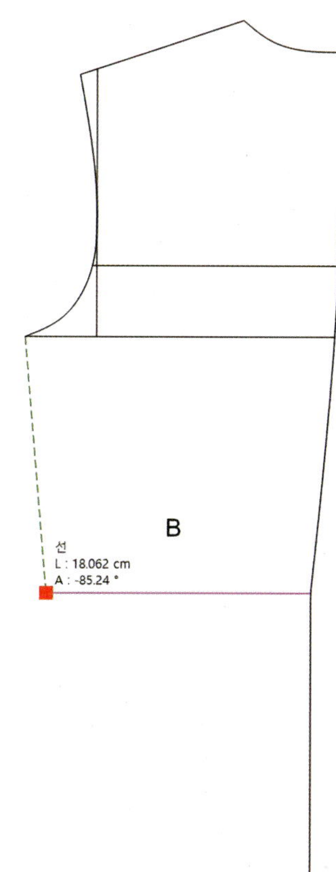

⑰ **수정(A)**으로 옆선을 곡선으로 완성한다. 광배근
이 나오지 않도록 주의한다.

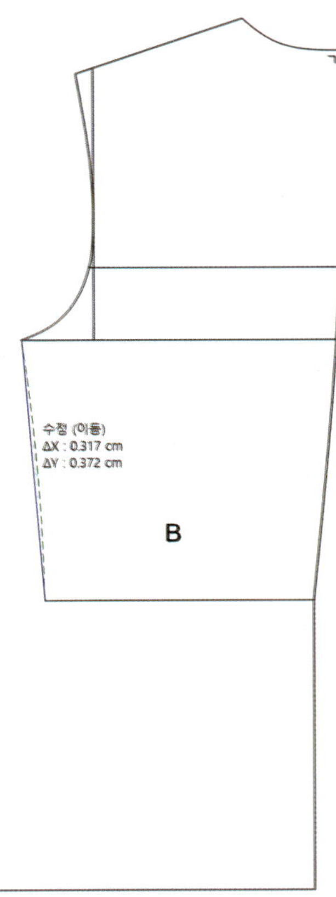

⑱ **선그리기곡선(D)**으로 허리옆점과 엉덩이선을 지
나는 곡선을 그린다.

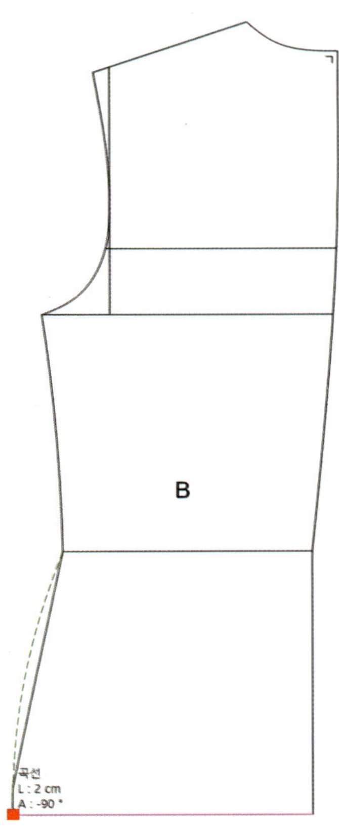

⑲ **직각선(V)**으로 허리선 2등분점에서 밑단까지 직
선을 그린 후 **선길이조정(Q)** −2.5㎝한다.

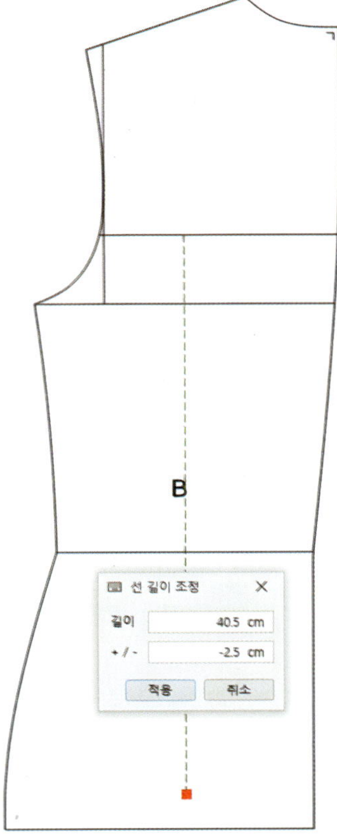

⑳ **기능 생성**으로 허리 아래 다트를 그리고 **선그리
기(D)**로 다트를 완성한다.

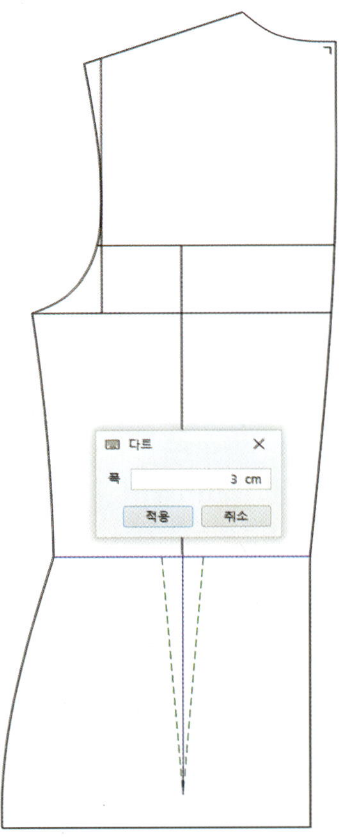

㉑ **선그리기곡선(D)**으로 허리옆점에서 0.3㎝ 올려 곡선으로 그린다.

㉒ **선자르기(C)**로 진동둘레선의 5㎝ 기준점을 잘라 너치점을 생성한다.

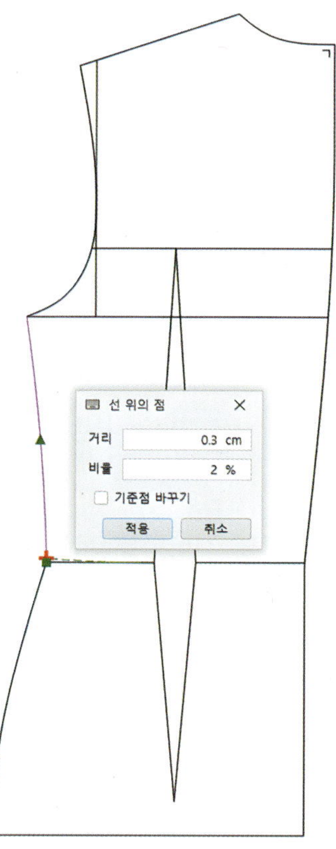

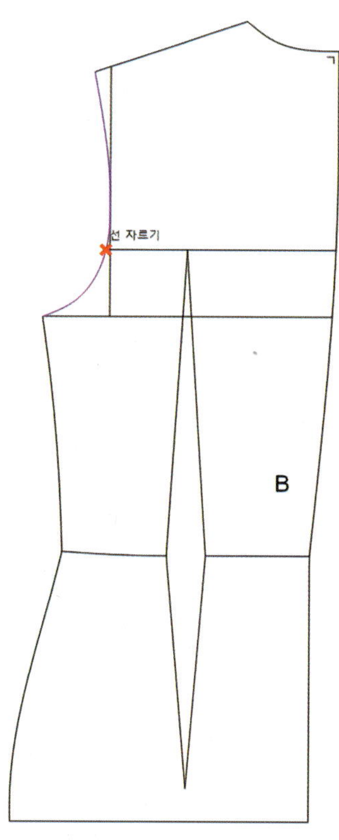

㉓ 앞판(F)에서 **선그리기(D)**로 겨드랑점에서 허리 옆점까지 옆선을 그린다.

㉔ **수정(A)**으로 옆선을 곡선으로 완성한다. 광배근 이 나오지 않도록 주의한다.

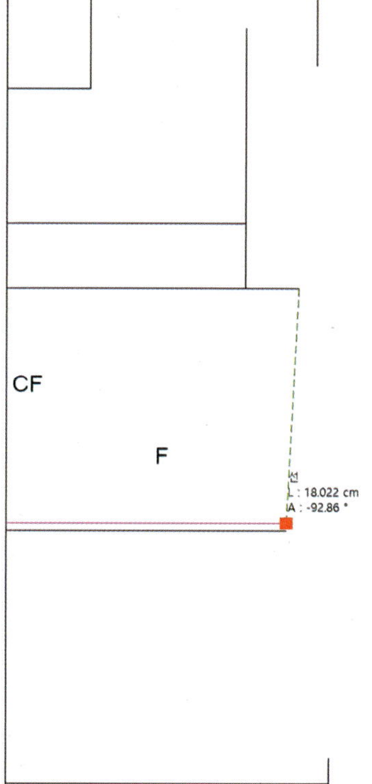

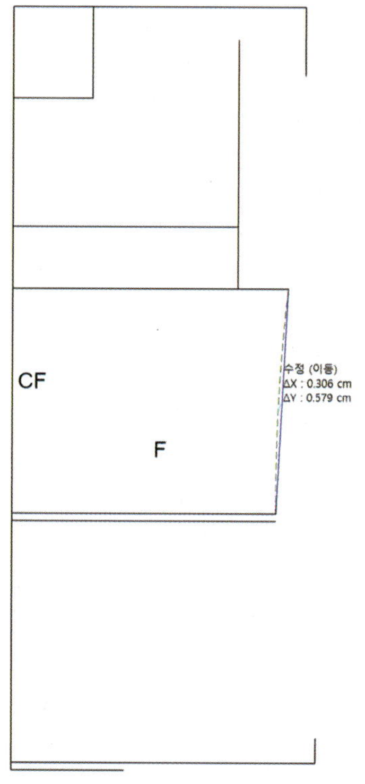

㉕ **선그리기곡선(D)**으로 허리옆점과 엉덩이선을 지나는 곡선을 그린다.

㉖ 밑단은 **선그리기곡선(D)**으로 옆선까지 그린다.

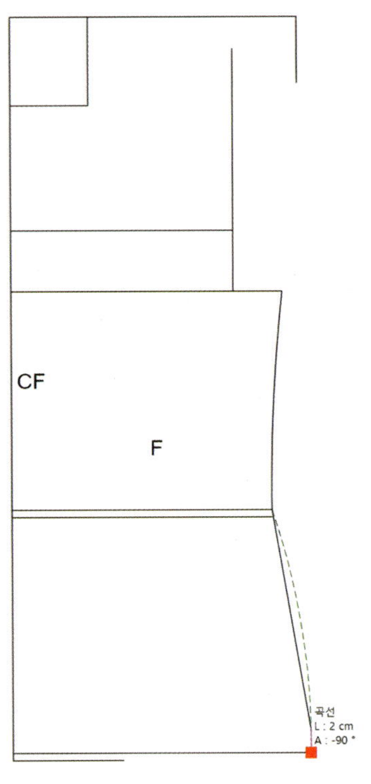

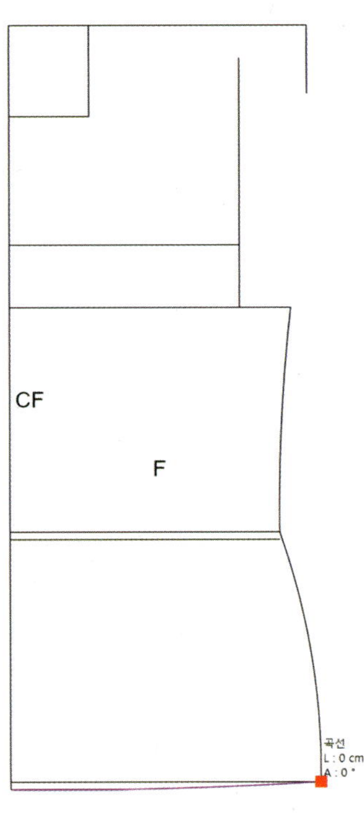

㉗ **직각선(V)**으로 1.8㎝ 내려 **선그리기곡선(D)**으로 네크라인을 그린다.

㉘ 앞중심선에서 **직각선(V)**으로 유장을 내려 유폭/2만큼 이동해 B.P를 찾는다.

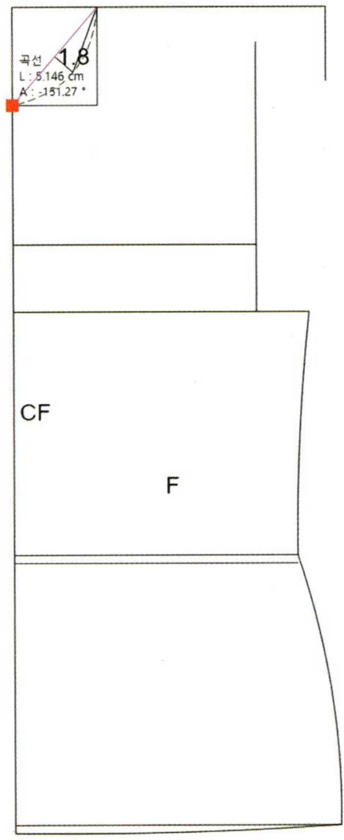

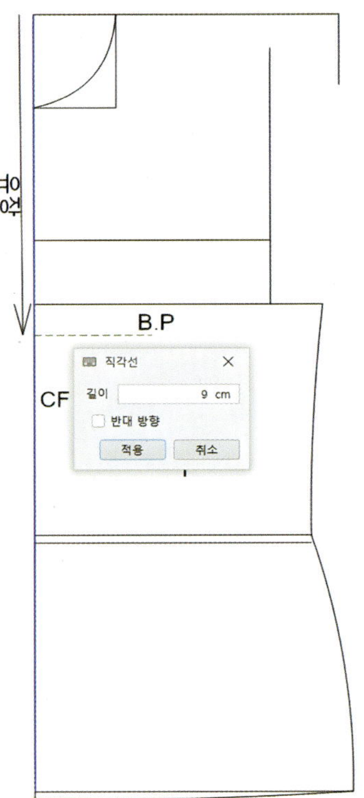

㉙ B.P점에서 **직각선(V)**으로 밑단까지 그린 후, 위로는 **연장(E)**한다. 어깨다트 5㎝는 **선그리기(D)**로 그린다.

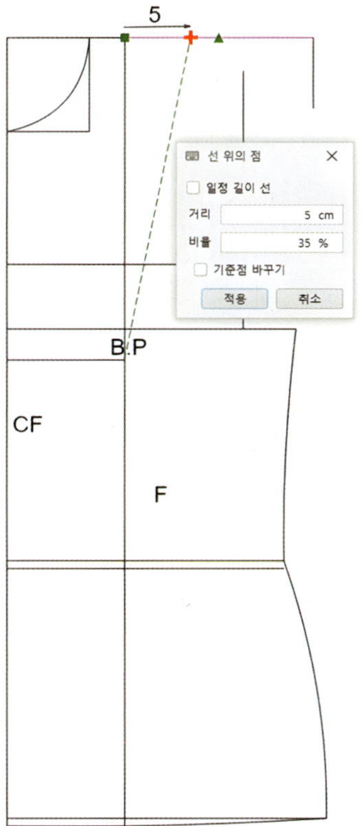

㉚ 0.6㎝ 내린 허리선에서 **기능 생성**으로 다트량 2.6㎝를 먼저 넣는다

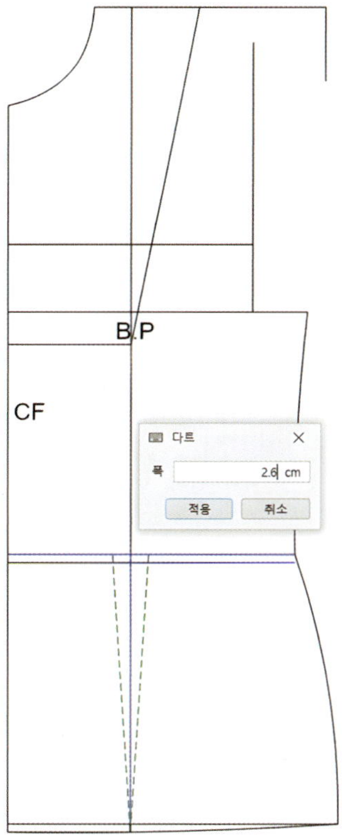

㉛ 허리다트는 **선그리기(D)**로 다트점, B.P점, 다시 다트점 순서로 그린다.

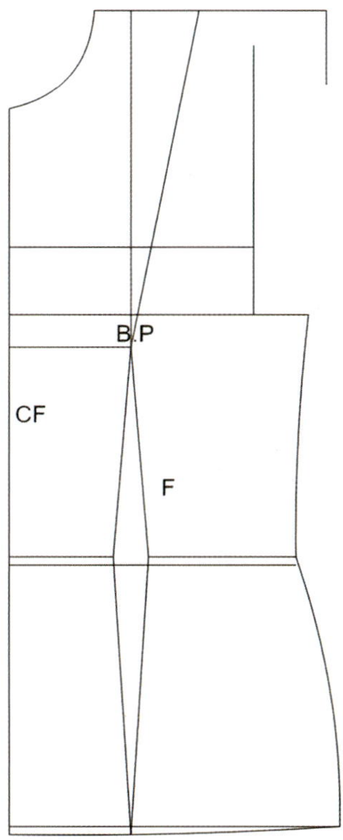

㉜ 허리옆점을 0.3㎝ 올려 **선그리기곡선(D)**으로 0.6㎝ 처진 허리선을 그린다.

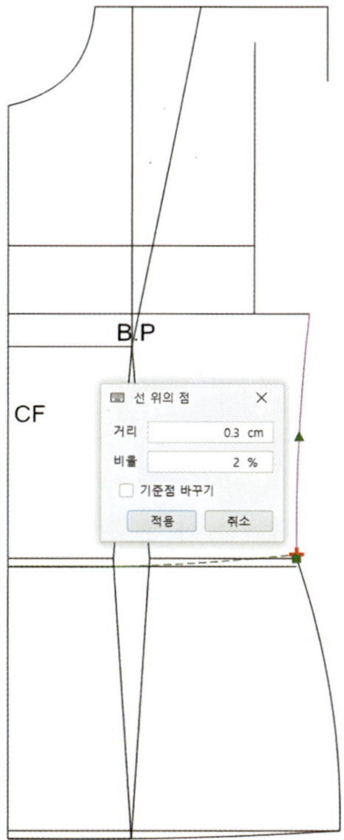

㉝ 유폭기준선을 **연장**(E)으로 옆선까지 연장한다.

㉞ 어깨다트를 MP하기 위해 필요한 선들과 옆선을 **선자르기**(C) 한다.

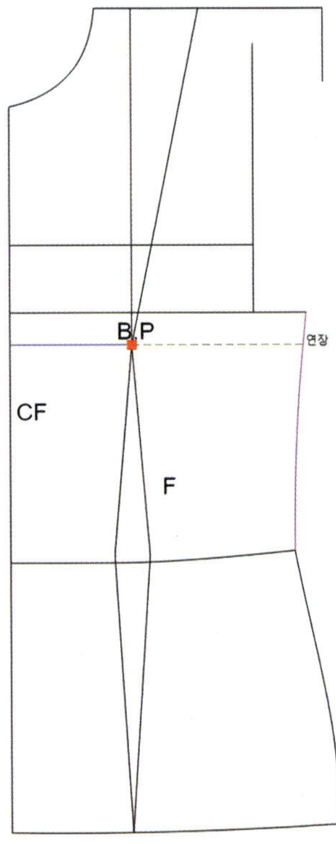

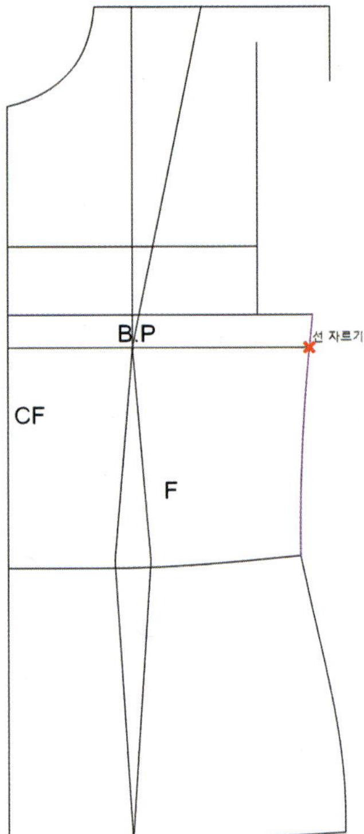

㉟ **회전×1**(R)로 어깨다트를 MP한다.

㊱ 어깨다트를 MP한 상태에서 **선그리기**(D)로 어깨선을 그린다.

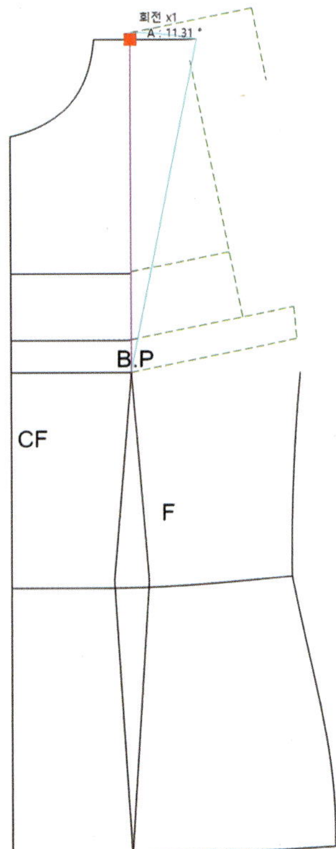

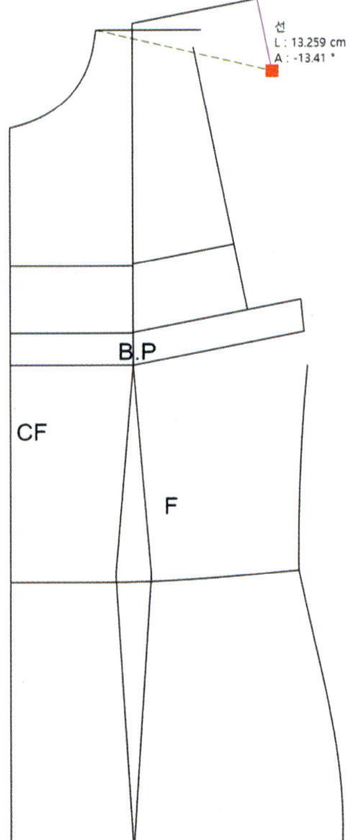

㊲ **선길이조정(Q)**으로 뒤어깨길이 −0.5㎝를 하고
어깨선을 **선자르기(C)** 한다.

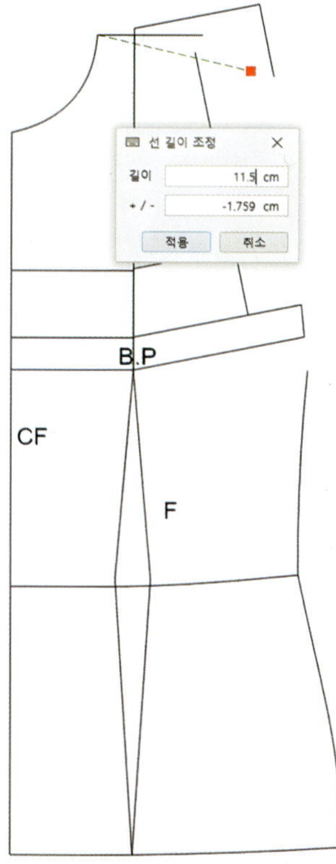

㊳ 진동둘레를 그리기 위해 **회전×1(R)**로 어깨다
트를 다시 펼친다.

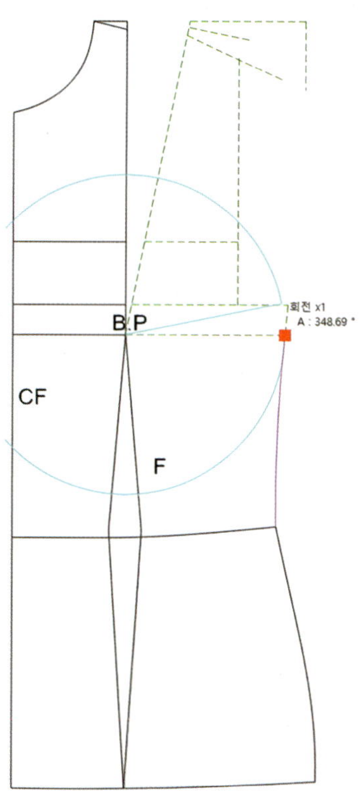

㊴ 어깨끝점에서 **선그리기곡선(D)**과 **수정(A)**으로
진동둘레를 그린다.

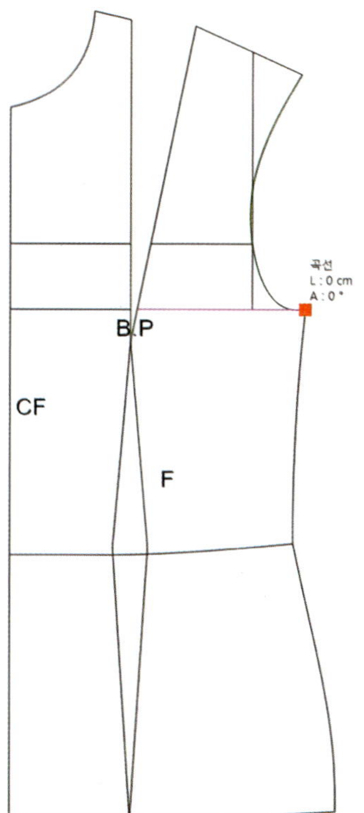

㊵ **선자르기(C)**로 진동둘레선의 5㎝ 기준점을 잘라
너치점을 생성한다.

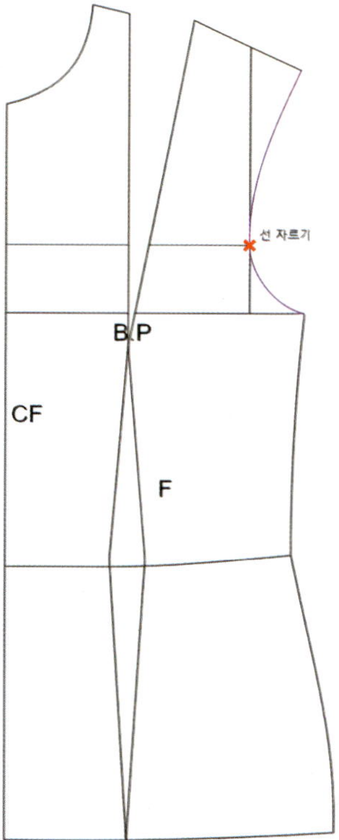

㊶ 앞뒤 진동둘레, 앞뒤 옆선, 앞뒤 네크라인, 앞뒤 밑단을 **선붙여다듬기(Z)** 하여 자연스러운 곡선으로
한다.

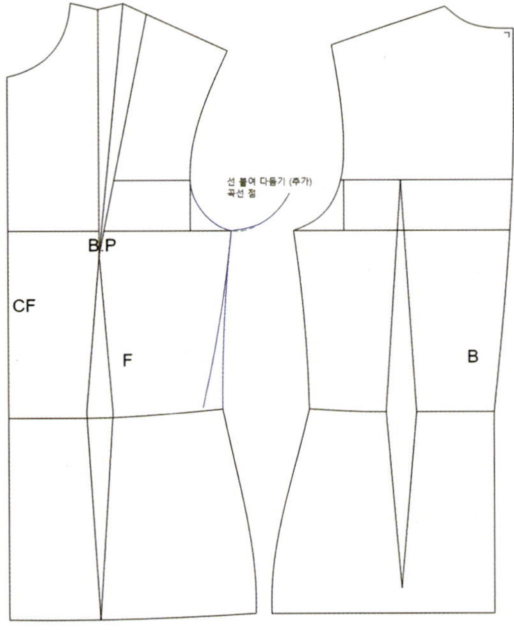
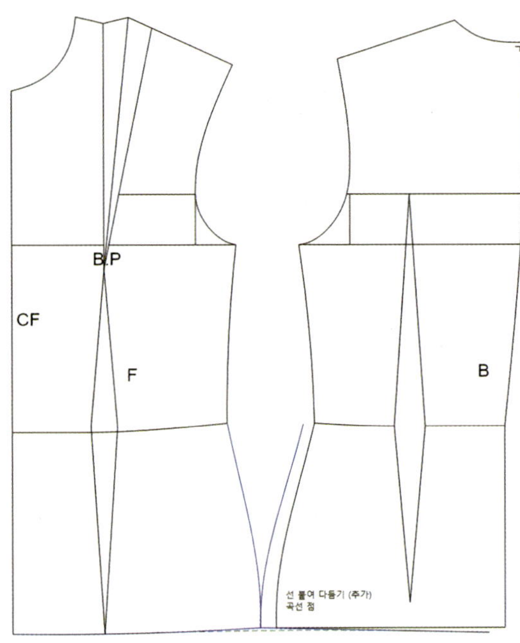

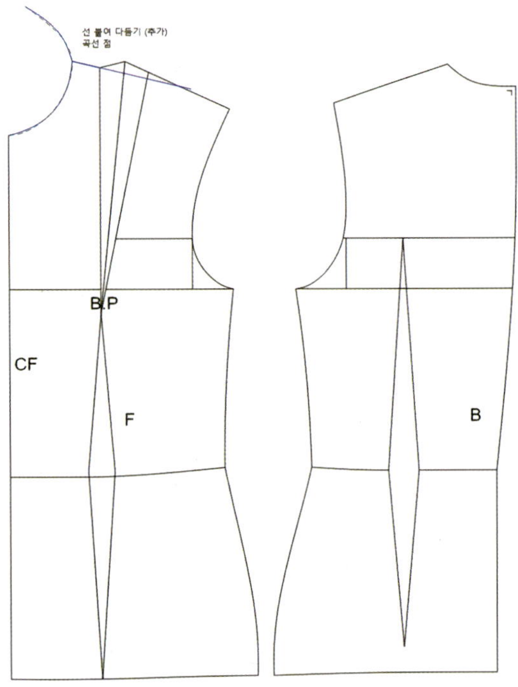
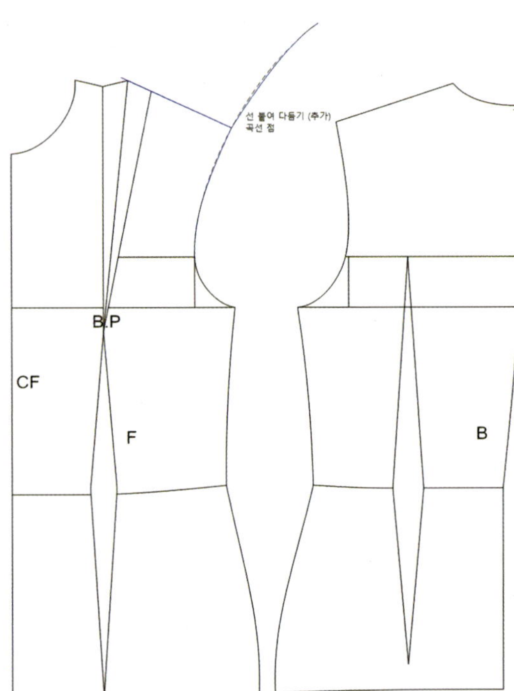

(2) 소매 원형

① 겨드랑점에서 앞판(F)과 뒤판(B)을 접하여 진동깊이 기준선이 수평을 이루도록 하고, 각 어깨끝점을 **선그리기**(D)로 직선 연결한다. 각 어깨끝점을 연결한 선의 2등분점에서 **선그리기**(D)+**Shift**로 3.5㎝ 내린 그린 후 **직각선**(V)으로 뒤 진동둘레까지 닿는 직선을 그린다.

② A~어깨끝점+0.5와 B~어깨끝점+0.5의 점을 **선그리기**(D)로 각 선상에 찾는다.

③ A~겨드랑점, B~겨드랑점의 진동둘레는 각 점을 **선자르기**(C)한 후 **반전×1(F)**과 **이동×1(M)**로 각 지점에 놓는다.

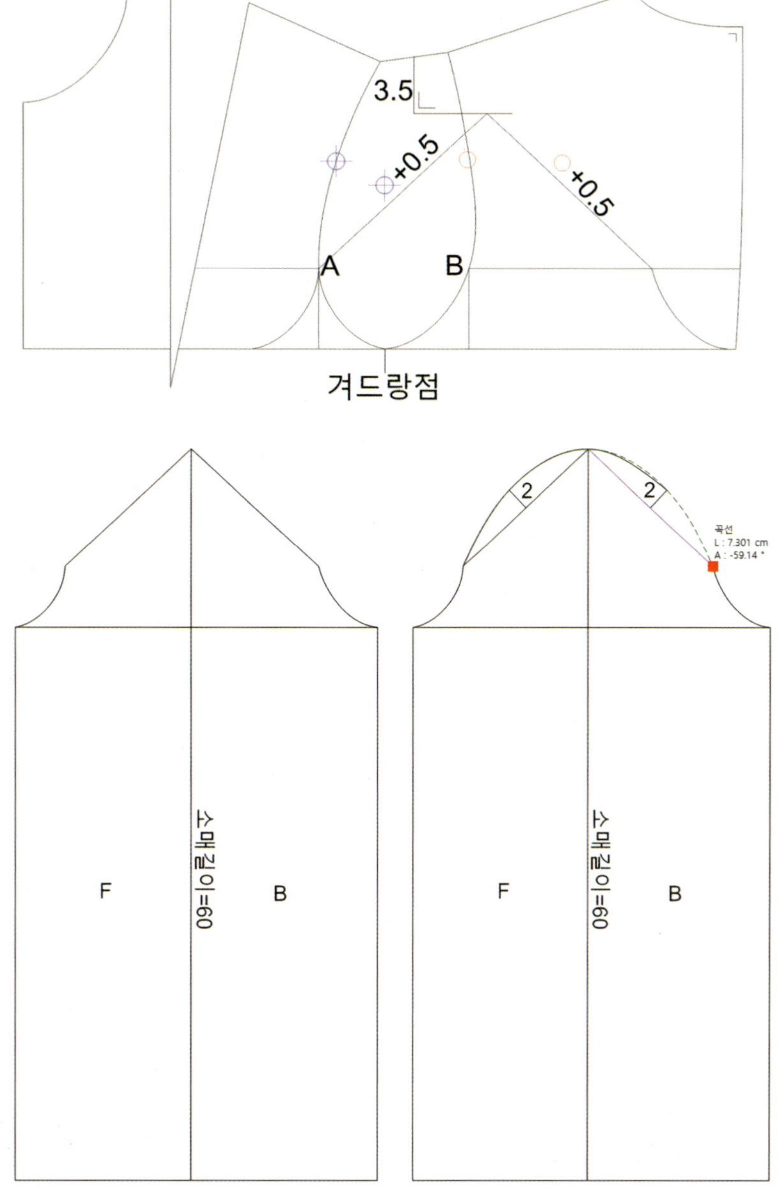

④ **다듬기**(W)로 선정리 후 소매통을 **직각선**(V)으로 그린다.

⑤ **직각선**(V)으로 2등분점에서 앞판(F)=2㎝, 뒤판(B)=2㎝를 그린 후, **선그리기곡선**(D)으로 각 점을 잇는 소매 산둘레를 완성한다.

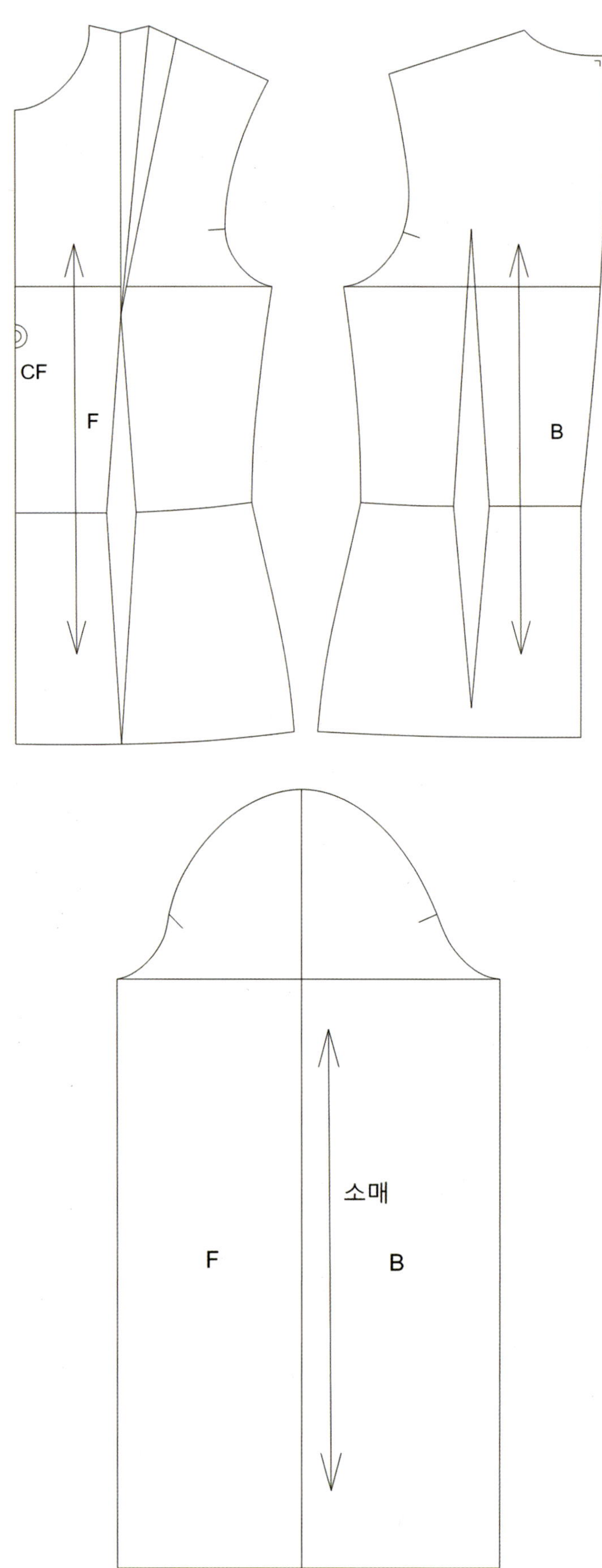
CF
F
B
소매
F
B

3) 아바타 3D 착장

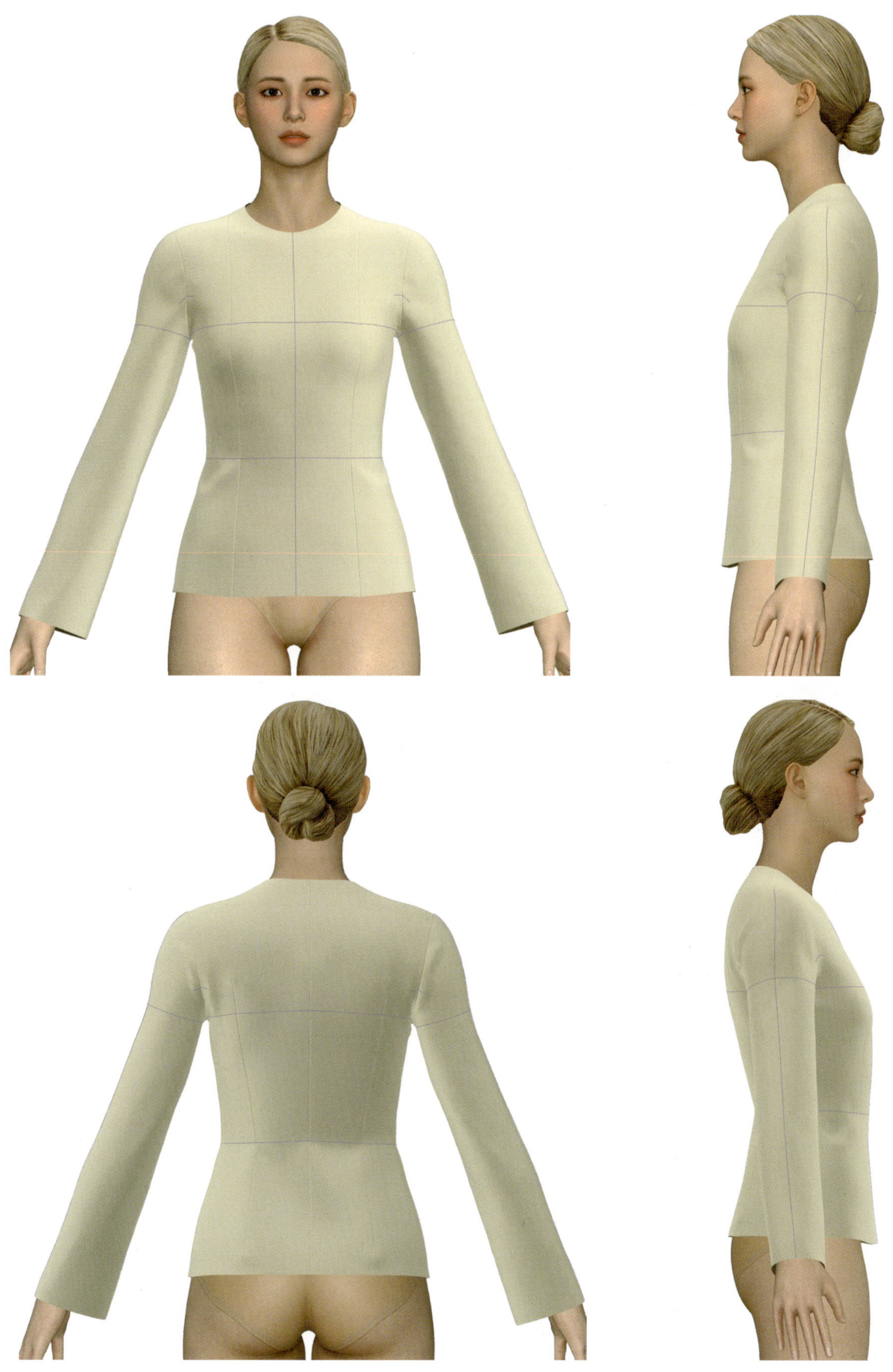

블라우스 디자인

149p	156p	164p	169p
174p	179p	184p	188p
192p	196p	201p	206p
211p	216p	221p	225p

2. 컨버터블칼라 블라우스
(Short-Sleeve Convertible-Collar Blouse)

Front

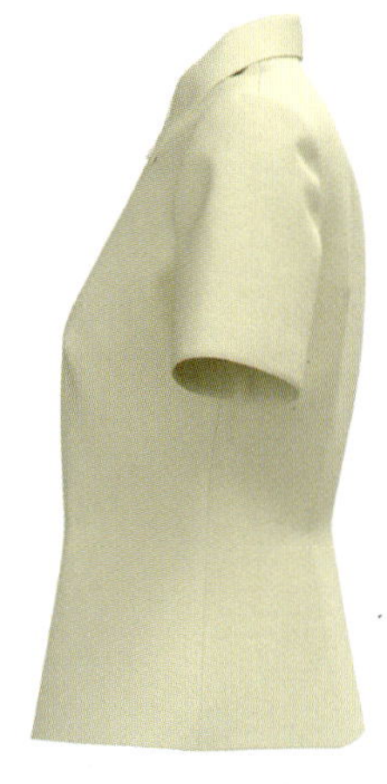

Side

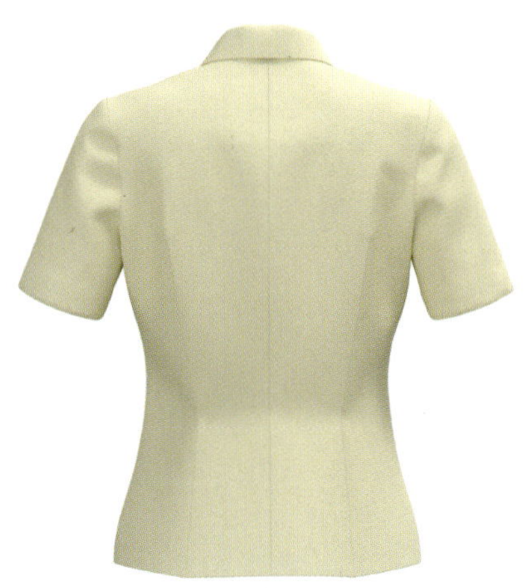

Back

제품 완성 치수				(단위: ㎝, 오차: ±0.5㎝)	
가슴둘레	허리둘레	밑단둘레	총길이	어깨길이	소매길이
92	74	96	56	11.5	25

사용 아이콘									
평행	연장	다듬기	선 자르기	선 그리기	직각선	기호	선 길이 조정	이동	회전
측정	수직/수평 보정	선 붙여 다듬기	중간선	반전					

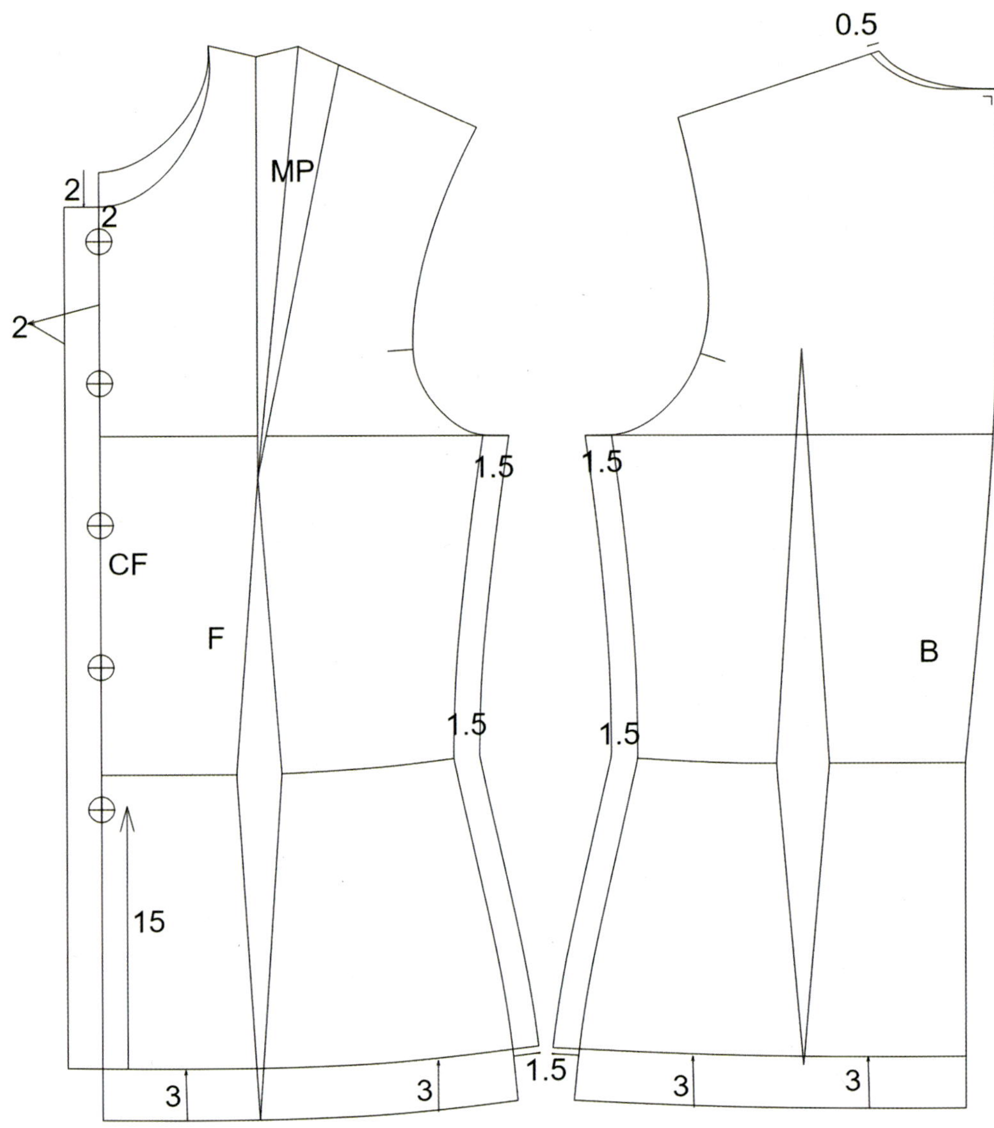

① **평행(P)**으로 밑단은 3㎝ 줄이고 옆선은 1.5㎝ 늘려 **연장(E)**과 **다듬기(W)**로 선들을 정리하여 원형보다 전체 6㎝ 여유는 주고 길이는 3㎝ 짧게 한다.

② **선그리기곡선(D)**으로 뒤판(B)의 목옆점을 0.5㎝ 깎아 주어 목둘레에 여유를 준다. 앞판(F)의 목앞점은 **직각선(V)**으로 2㎝ 내리고 **선그리기곡선(D)**으로 앞목둘레를 다시 그린다.

③ **직각선(V)**으로 여밈분은 2㎝로 그린다.

④ **기능기호(O) 단추**로 지름이 1.5㎝인 단추를 5개 넣는다. 첫 번째 단추는 목앞점에서 2㎝ 아래에, 다섯 번째 단추는 밑단에서 15㎝ 위에 한다.

⑤ 앞판의 어깨다트는 **회전×1(R)**으로 MP하여 다트량을 모두 허리 다트로 보낸다.

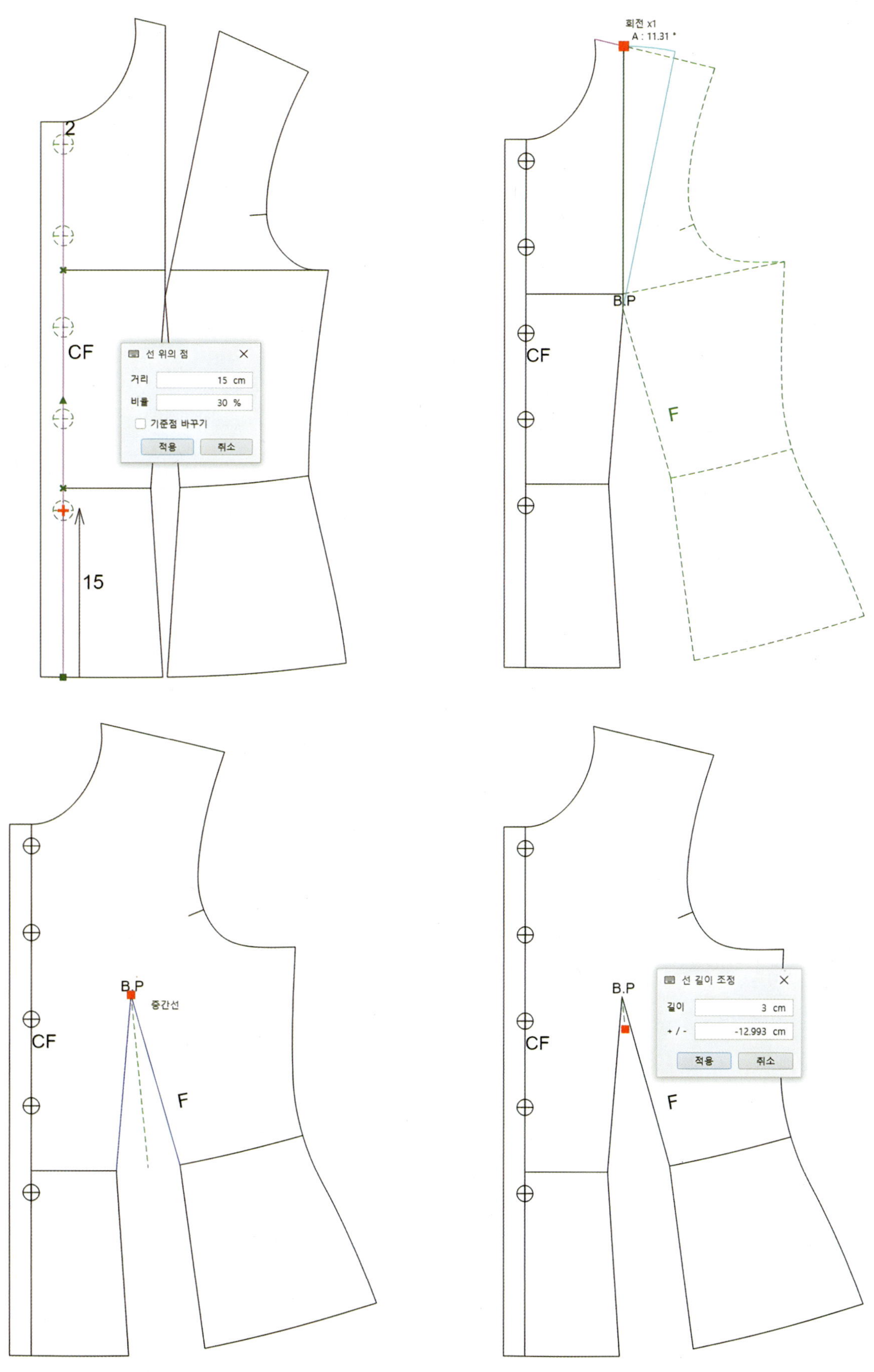

⑥ 허리다트 끝점은 **중간선**으로 B.P점에서 중간선을 잡는다.

⑦ **선길이조정(Q)**으로 2㎝로 하고 **선그리기(D)**로 다트선을 다시 그린다.

⑧ **선길이조정(Q)**으로 목옆점에서 2㎝를 더한다.

⑨ **선그리기(D)**로 목앞점까지 직선 연결 후, **선길이조정(Q)**으로 뒷목길이만큼 길이를 늘린다.

⑩ 칼라 너비는 **직각선(V)**으로 7㎝ 그린다.

⑪ **선그리기(D)**로 네크라인과 맞닿는 점을 찾아 +가 나올 때까지 그린다.

⑫ 네크라인과 칼라가 만나는 점을 **선자르기(C)**로 잘라 너치점을 생성한다.

⑬ 아래 그림의 ○ 길이만큼 칼라 길이를 **선자르기(C)** 한다.

⑭ **선길이조정(Q)**으로 뒷목만큼 칼라 길이를 조정한다.

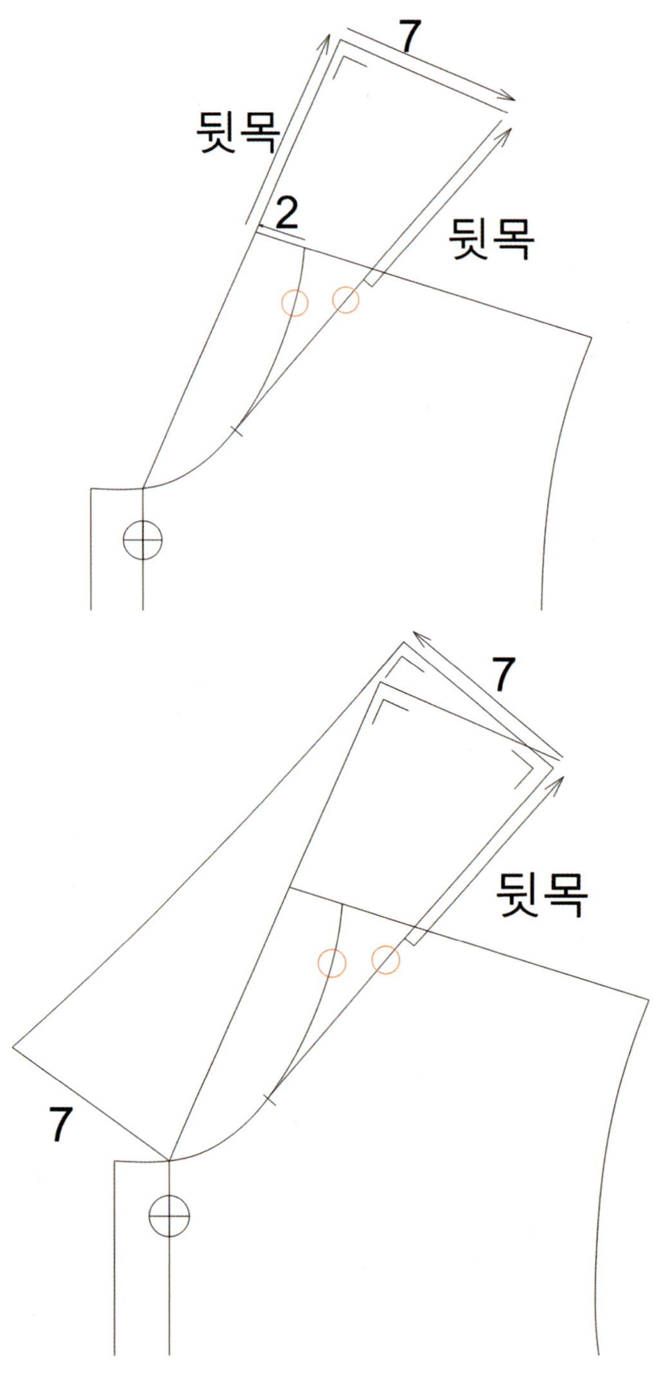

⑮ 칼라 길이점에서 **직각선**(V)으로 7㎝ 그리고 다시 **직각선**(V)으로 0.3㎝ 그린다.

⑯ **선그리기**(D)로 칼라 모양을 그린다.

⑰ **이동×1**(M)으로 칼라만 선택하여 떼어 낸다.

⑱ 복사 이동한 칼라는 **수직/수평보정**으로 뒤중심선에 **수직보정**한다.

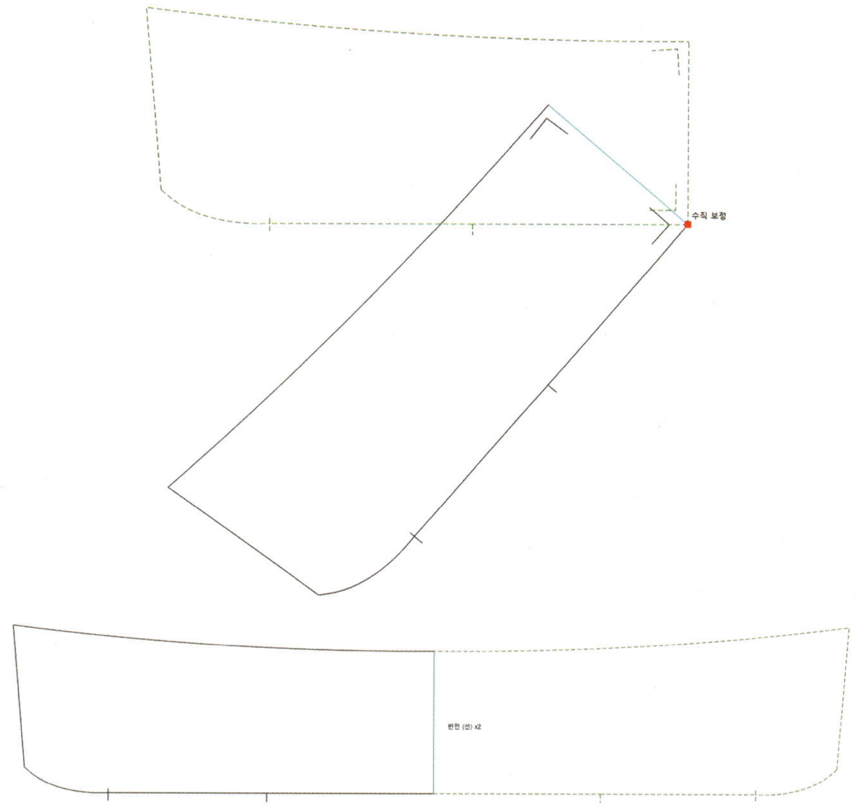

⑲ 칼라는 **반전×2**(F)로 펼친다.

⑳ 소매길이는 **직각선**(V)으로 25㎝, 밑단선을 **평행**(P)으로 3㎝씩 늘린다.

㉑ **선그리기**(D)로 옆선을 1㎝씩 안으로 오므려 그린다.

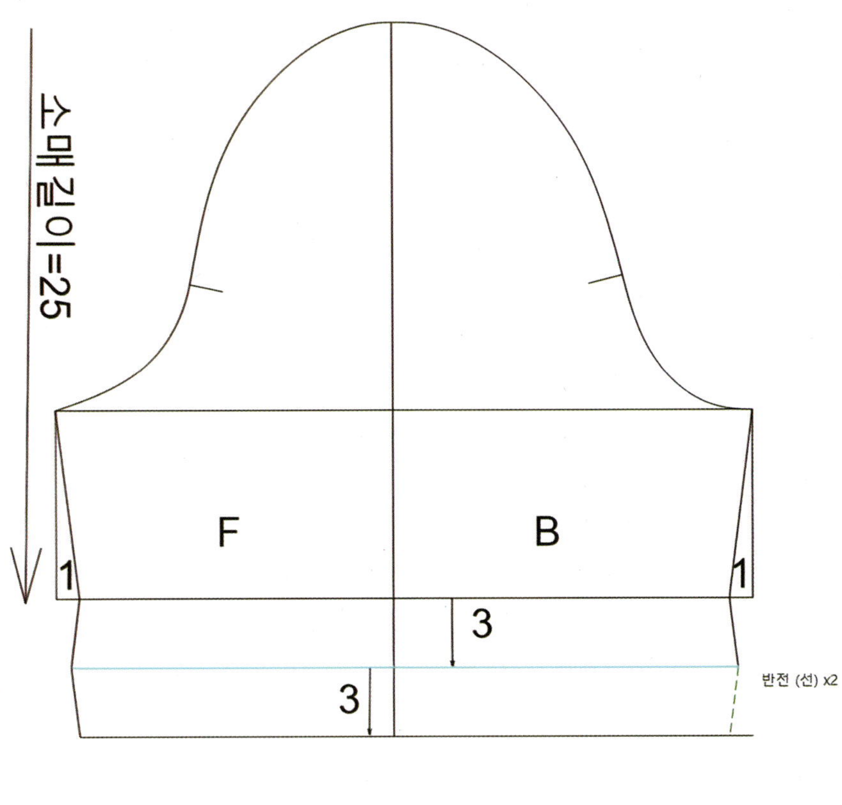

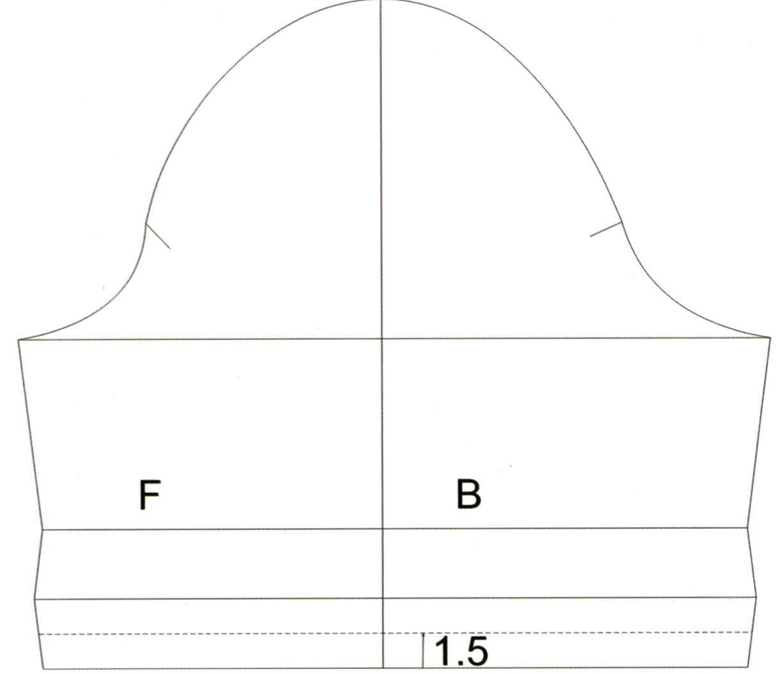

㉒ 옆선을 **반전 × 2(F)**로 복사한다.

㉓ 기준선들은 **다듬기(W)**로 정리한다.

㉔ 롤업의 옆선을 **반전 × 2(F)**로 복사한다.

㉕ 최종 밑단에서 1.5㎝ 위에 **기능기호(O) 스티치선**을 넣는다.

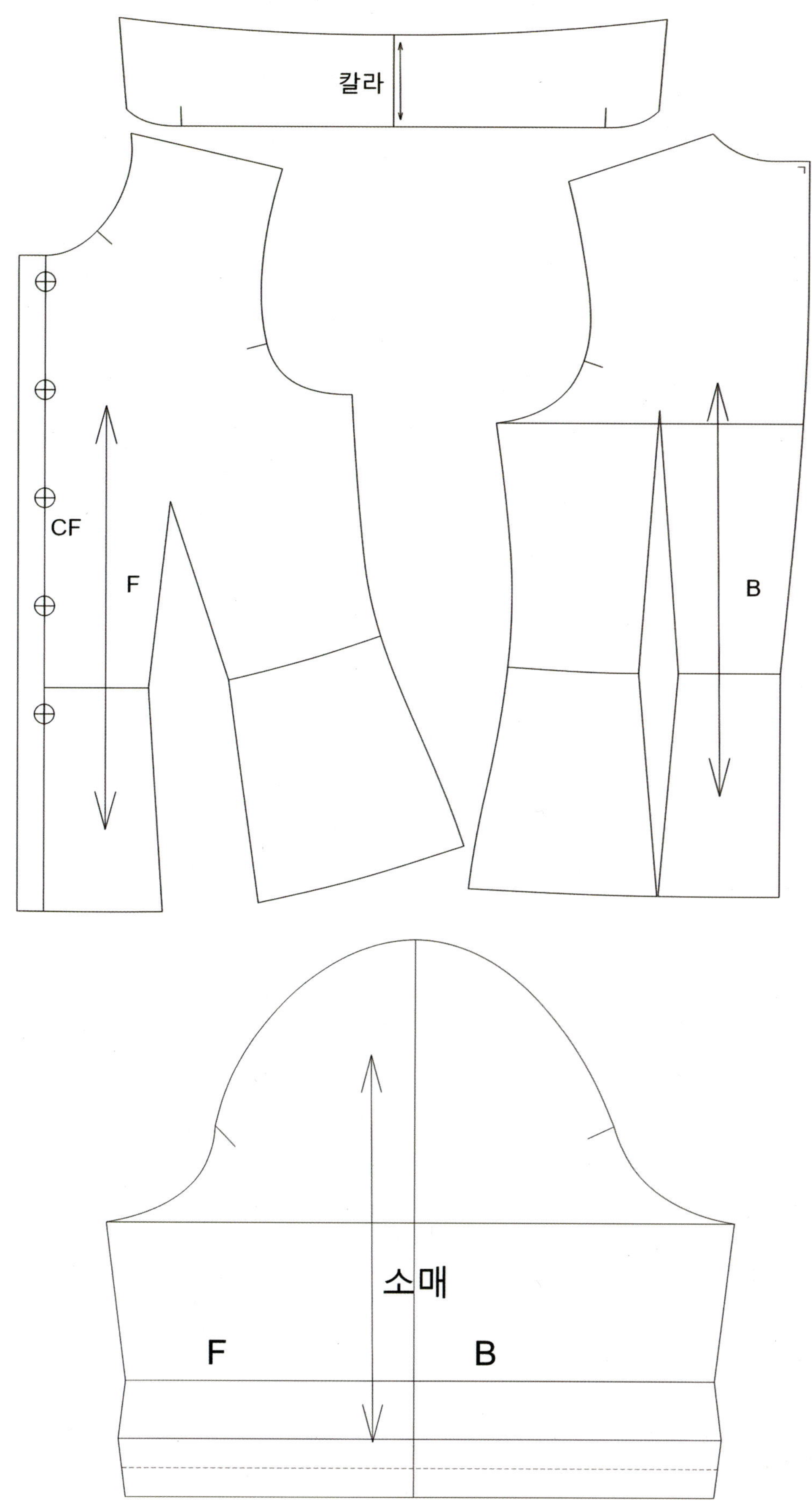

칼라
CF
F
B
소매
F
B

3. 셔츠칼라 프린세스라인 블라우스
（Shirt-Collar Princess line Blouse）

Front

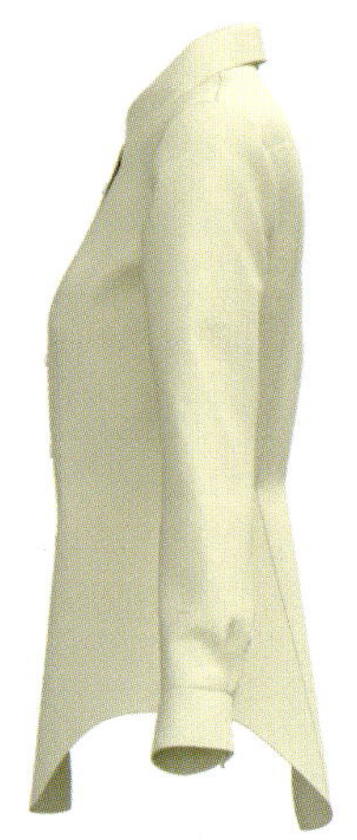

Side

Back

제품 완성 치수				（단위: cm, 오차: ±0.5cm）	
가슴둘레	허리둘레	밑단둘레	총길이	어깨길이	소매길이
90	70.6	123	70	11.5	60

사용 아이콘							
평행	연장	선 그리기	직각선	다듬기	반전	선 자르기	이동	회전
벌리기	측정	수직/수평 보정	선 길이 조정	선 붙여 다듬기	만들기	수정	회전	수정	기호

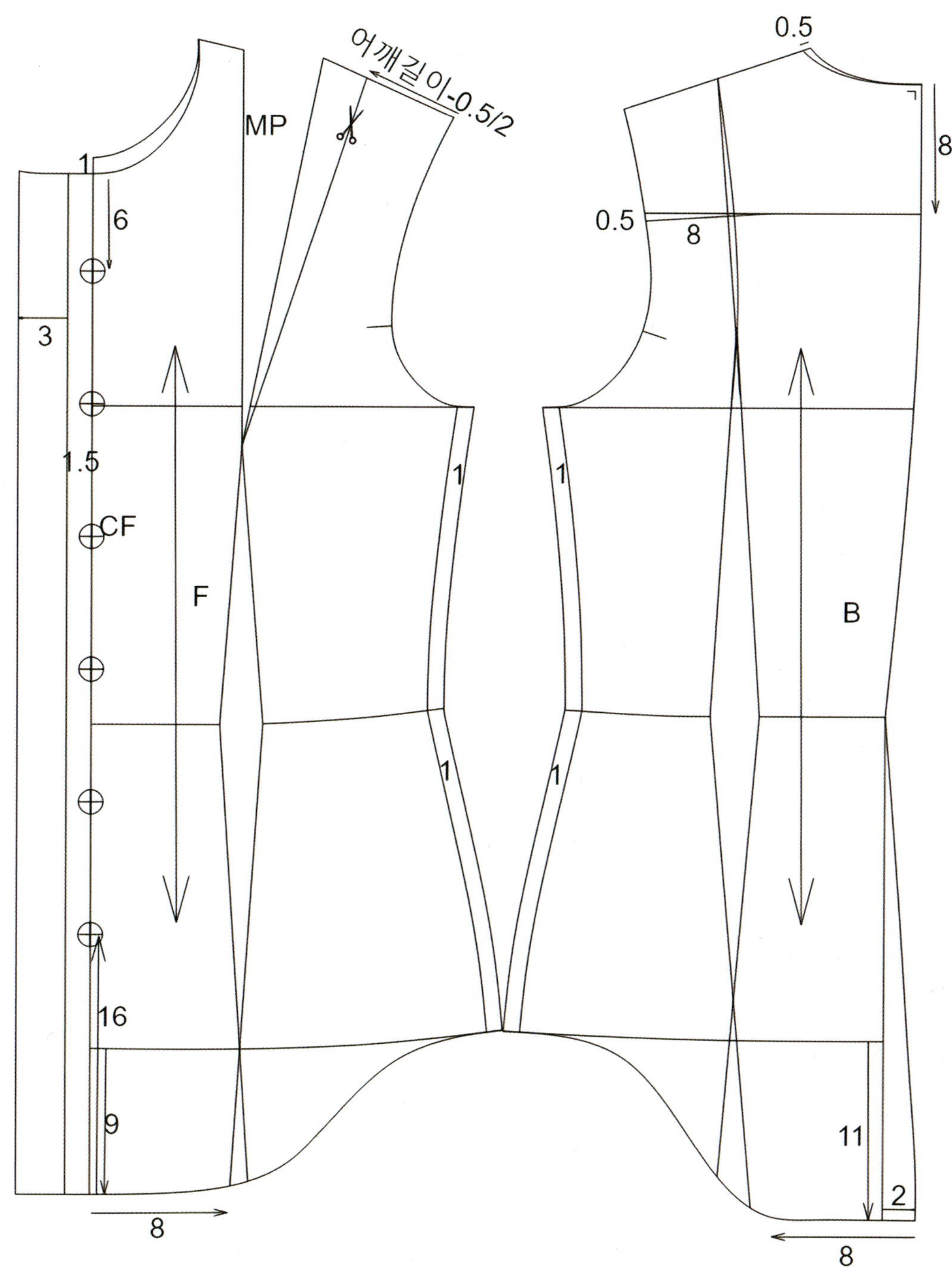

① 옆선을 **평행(P)**으로 1㎝씩 늘리고, **연장(E)**으로 선들을 결합한다.

② **선길이조정(Q)**으로 엉덩이선을 뒤판(B)은 11㎝, 앞판(F)은 9㎝ 내려 늘리고, 뒤중심의 허리 아래는 **선길이조정(Q)**으로 밑단선을 2㎝ 늘려 **선그리기곡선(D)**으로 A라인 형태를 그린다.

③ 옆선의 엉덩이선에서 5㎝ 들어가 밑단의 8㎝까지 **선그리기(D)**로 직선을 그려 준다. **다듬기(W)**로 선을 다듬은 후 **선붙여다듬기(Z)**로 자연스러운 곡선 밑단을 그린다.

④ 각각의 다트선은 **연장(E)**으로 밑단까지 그려 준다.

⑤ 뒤판(B)의 요크는 8㎝ 길이 **직각선(V)**으로 그린다. 요크에 진동둘레 다트량 0.5㎝, 다트 길이 8㎝인 다트를 **선그리기(D)**로 그린다.

⑥ 목옆점에서 0.5㎝ 줄여 네크라인을 **선그리기곡선(D)**으로 그려 준다.

⑦ 뒤어깨길이 2등분점에서 **선그리기곡선(D)**으로 프린세스라인을 그린다.

⑧ 앞판(F)의 목앞점에서 1㎝ 내려 **직각선(V)**으로 1.5㎝ 여밈분을 그린다. 이를 **평행(P)**으로 3㎝ 그린다. 이때 밑단은 **연장(E)**으로 직선이지만 네크라인은 **반전×2(F)**로 그린다.

⑨ 어깨 2등분점에 프린세스라인을 그리기 위해 앞 어깨길이의 2등분점에서 B.P까지 **선그리기(D)** 한다. 이는 **회전×1(R)**로 앞목 쪽으로 보내어 어깨다트를 이동한다.

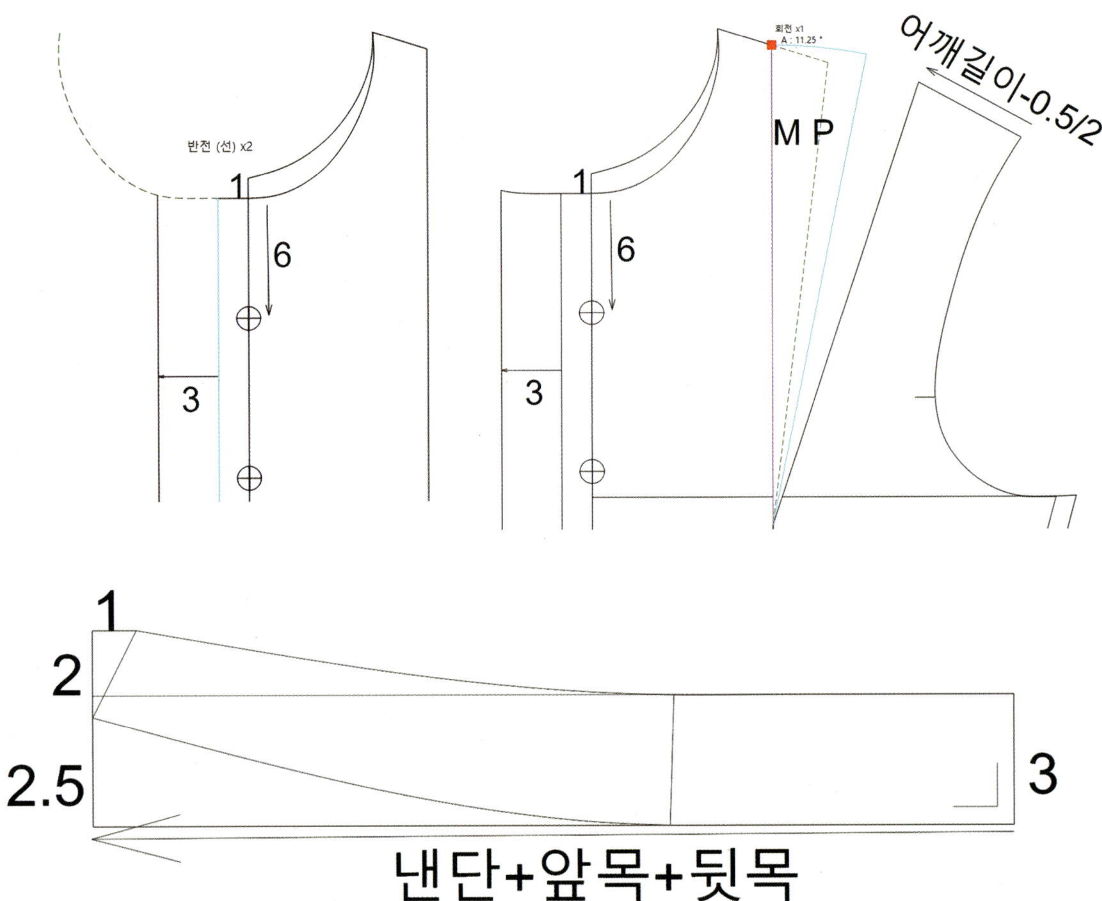

⑩ **직각선(V)**과 **선그리기(D)**를 이용해 밴드를 먼저 제도한다.

⑪ 밴드를 **이동×1(M)**하고 네크라인선에 맞추어 **회전×1(R)** 한 뒤 앞판(F)의 여밈분(낸단)을 밴드까지 **연장(E)**하여 밴드의 여밈분을 정확히 그린다. 밴드 끝을 자연스러운 **선그리기곡선(D)**으로 그리고, **기능기호(O)** 단추 위치도 정확히 표시한다.

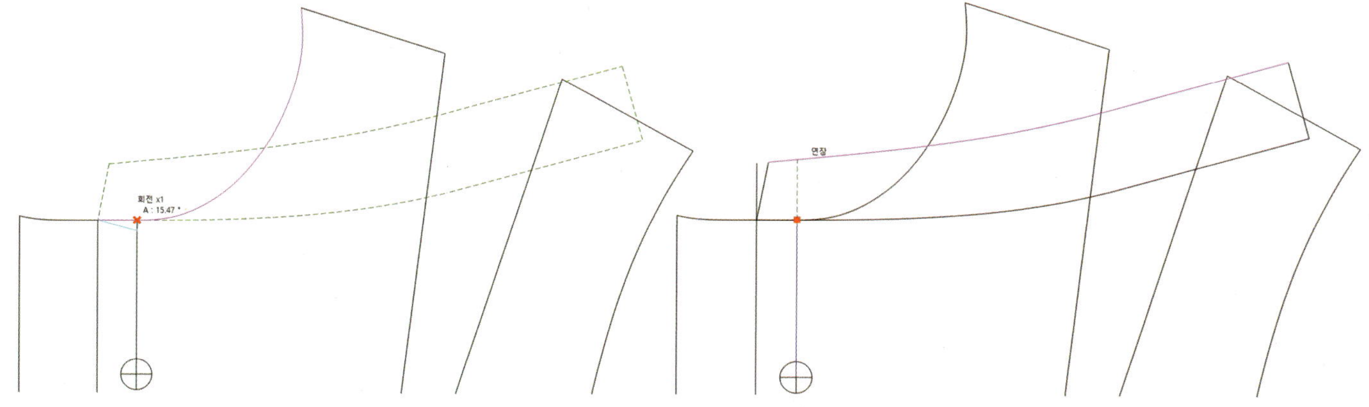

⑫ **선그리기**(D)와 **직각선**(V)을 이용해 밴드에 맞추어 칼라를 그린다.

⑬ 칼라는 네크라인에 안정적으로 안착하기 위해 칼라 외곽선을 벌려 준다. 칼라의 뒤중심을 기준으로 칼라 외곽선과 달림선을 각각 4등분한 점을 **선그리기**(D)로 연결한다.

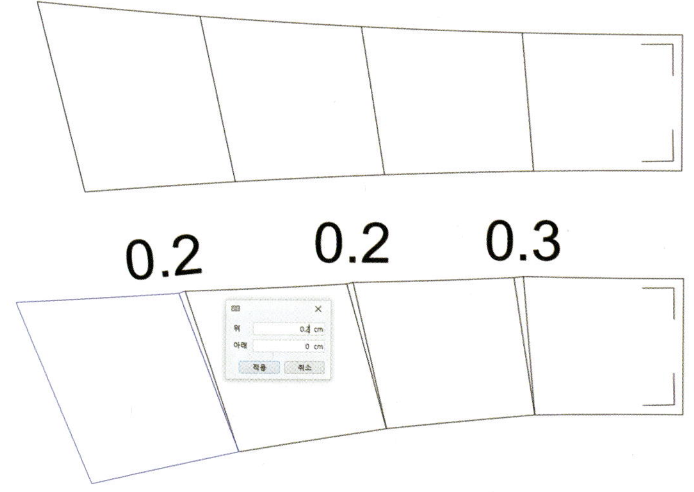

⑭ 칼라외곽선을 약 0.7㎝ 정도 **기능 벌리기** 한다.

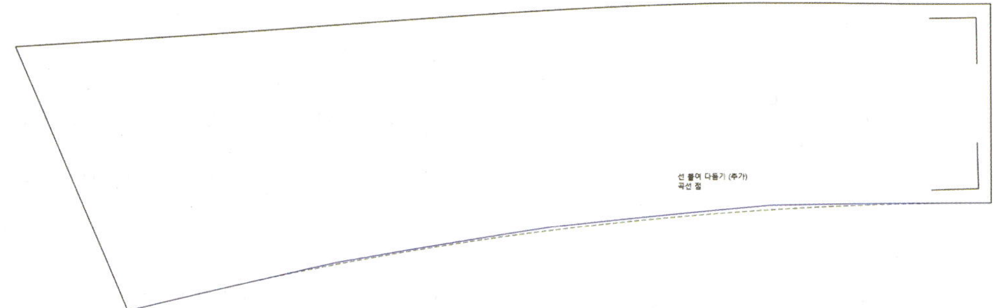

⑮ 칼라 외곽선은 **선붙여다듬기**(Z)나 **선그리기곡선**(D)으로 그리고, 칼라 달림선은 **선붙여다듬기**(Z)로 자연스럽게 곡선 처리한다.

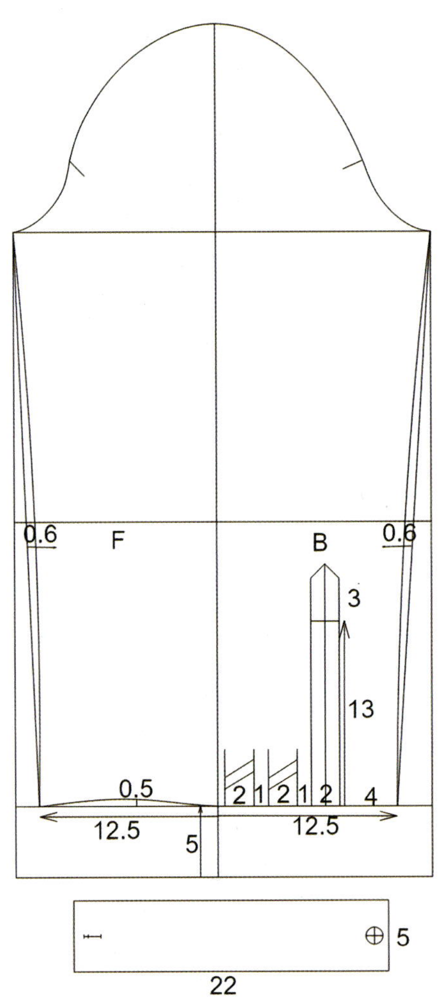

⑯ 소매 원형을 이용한다. 소매길이=팔길이(60cm)+여유(1.5cm)−커프스폭(5cm)로 한다. 소매 밑단을 **평행**(P)으로 커프스 길이만큼 5cm 올린다.

⑰ 팔꿈치선에서 0.6cm 들어가 소매 옆선을 **선그리기곡선**(D)으로 그린다.

⑱ 커프스둘레=손목둘레(15cm)+여유분(5cm)+여밈분(2cm)이다. 22cm 세로 5cm의 커프스를 **사각형**(Y)으로 그린다. **평행**(P)으로 1cm 들어와 단추와 단춧구멍을 넣는다.

2) 완성선

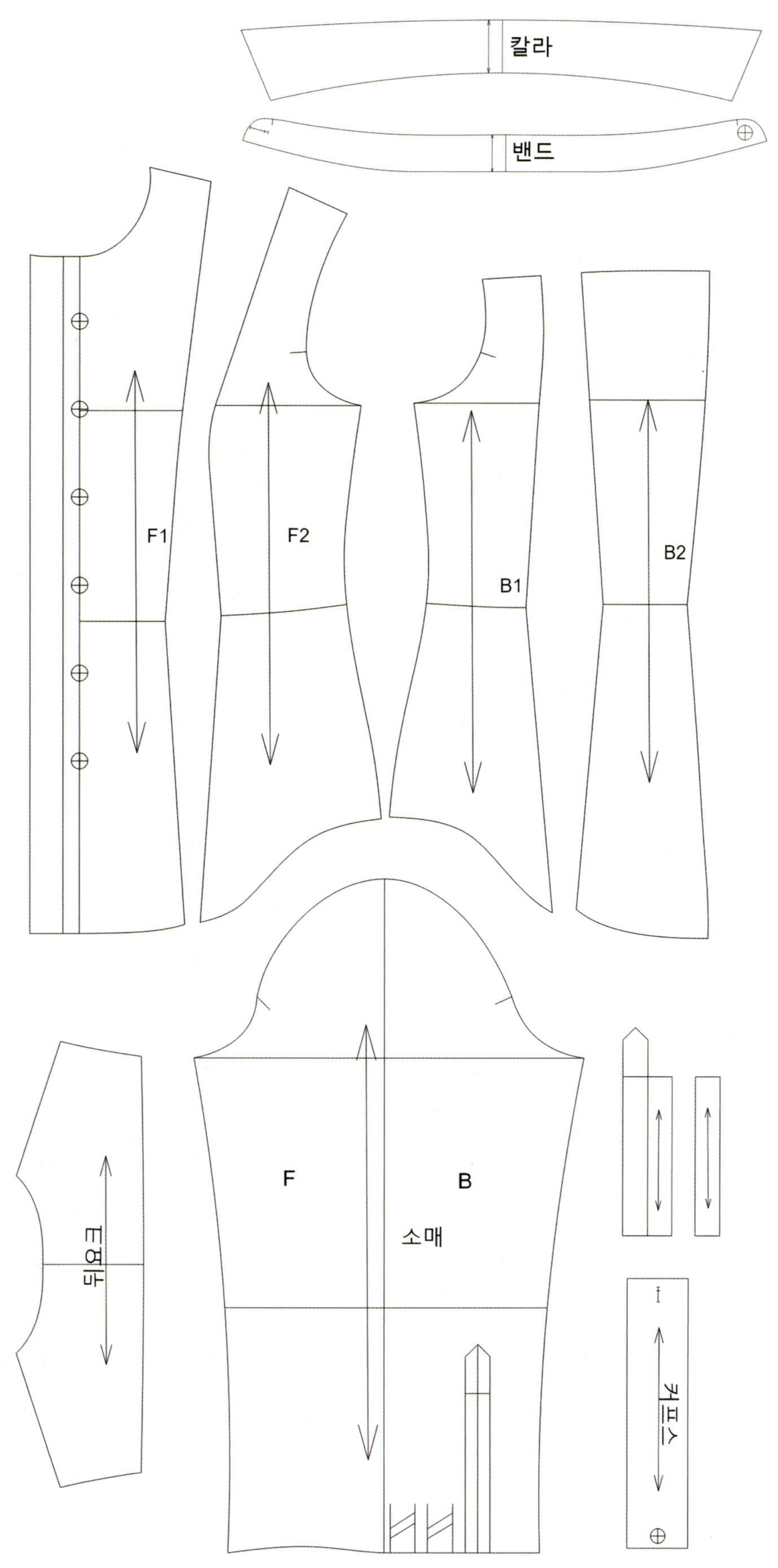

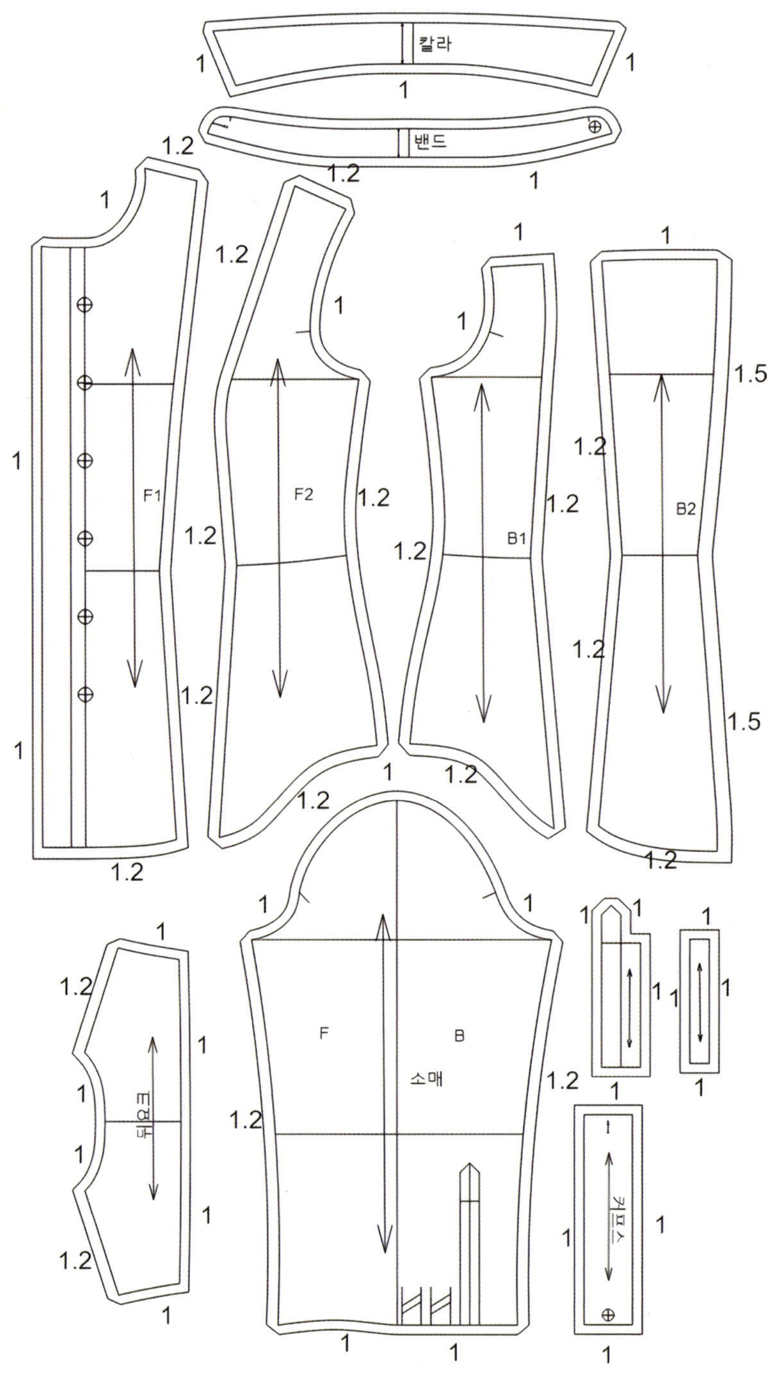

4) 요척

구분	폭(cm)	계산법
겉감	90	(블라우스길이×2)+시접(14~20cm)
	110	(블라우스길이×2)+소매길이+시접(12~16cm)
	150	블라우스길이+소매길이+시접(8~12cm)

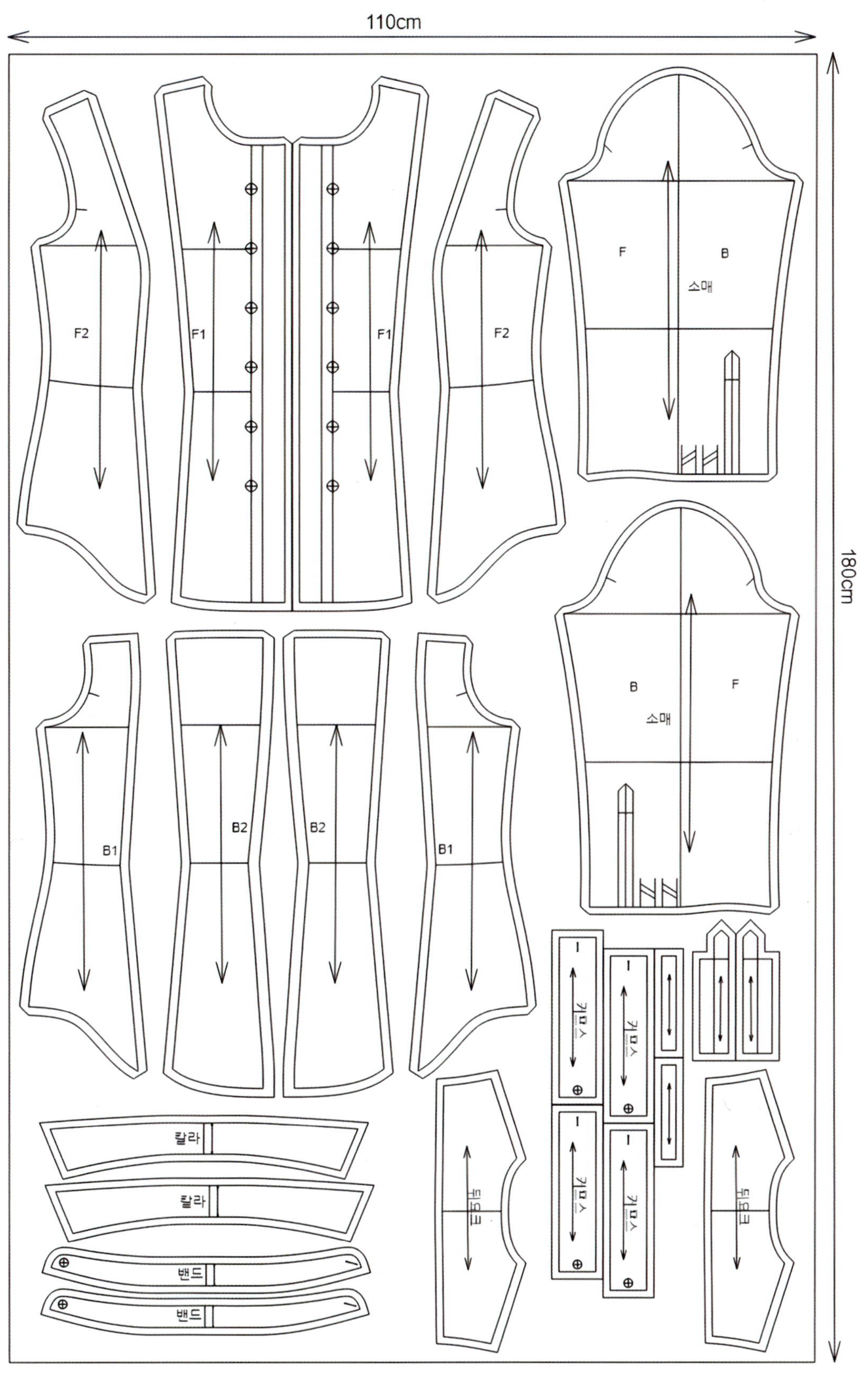
110cm
180cm
F2
F1
F1
F2
B1
B2
B2
B1
F
B
소매
B
F
소매
칼라
칼라
밴드
밴드
하프심
하프심
커프스
커프스
커프스
커프스

4. 턴업커프스 오픈칼라 블라우스
(Turn-Up-Cuff Open-Collar Blouse)

Front

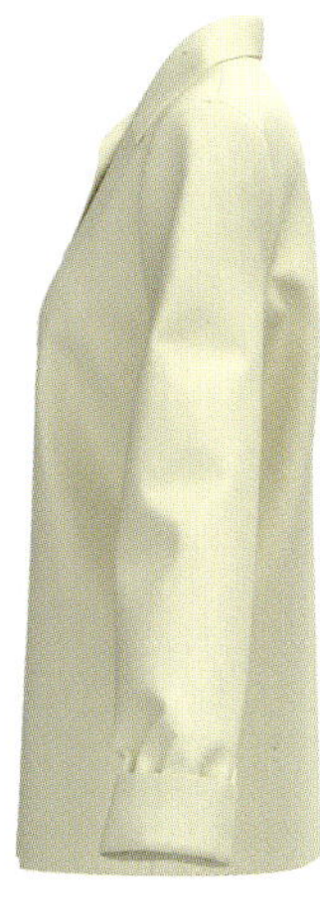

Side

Back

제품 완성 치수				(단위: ㎝, 오차: ±0.5㎝)	
가슴둘레	허리둘레	밑단둘레	총길이	어깨길이	소매길이
104	104	104	69	13.5	65.5

사용 아이콘

선 길이 조정	연장	다듬기	선 그리기	직각선	회전	측정	평행	선 붙여 다듬기

기호	선 자르기	이동

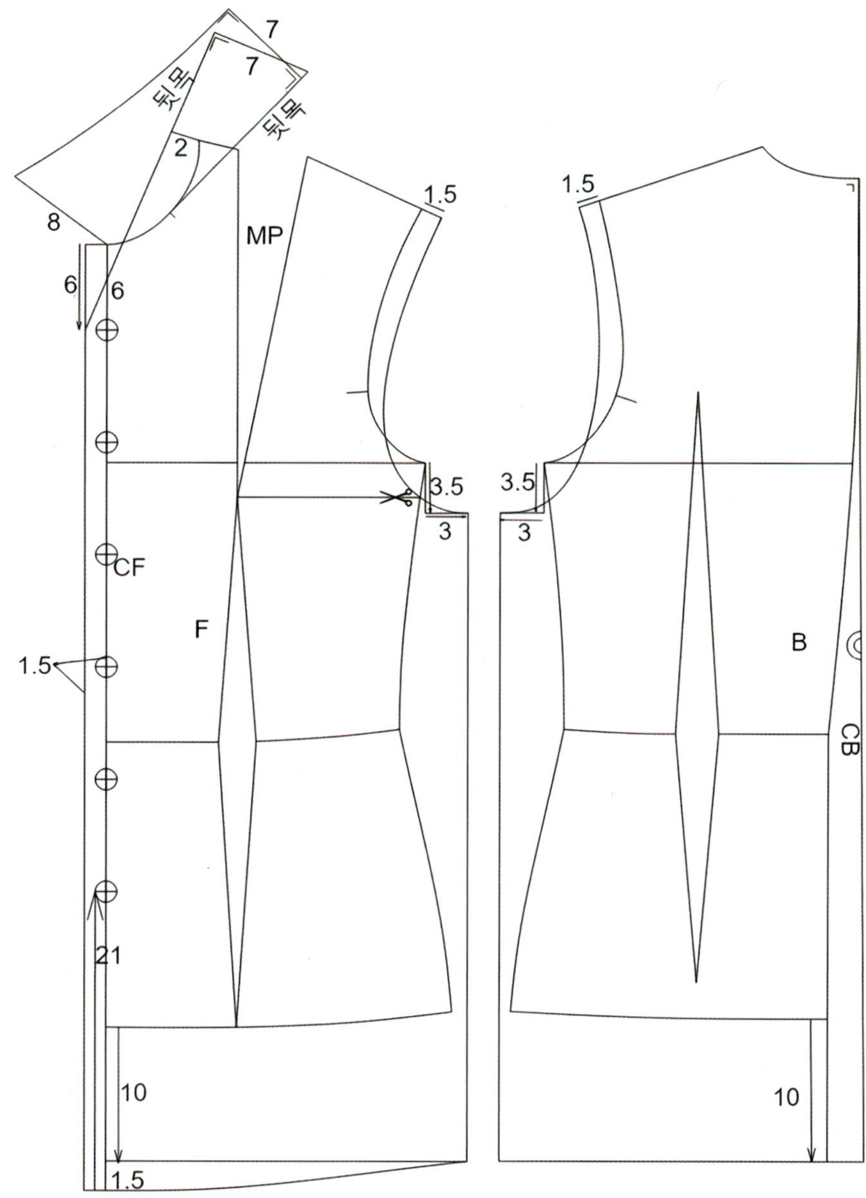

① 뒤판(B)에서 엉덩이 길이선을 **선길이조정(Q)**으로 10㎝ 늘린다. 앞판(F)에서 앞중심(CF)을 **선길이조정(Q)**으로 10㎝ 늘린다. **직각선(V)**으로 밑단선을 그린다. 앞판(F)에서는 앞처짐 1.5㎝를 더하고 **직각선(V)**과 **선그리기곡선(D)**으로 옆선까지 긋는다.

② 뒤판(B)의 어깨선을 **선길이조정(Q)**으로 1.5㎝ 늘린다.

③ 겨드랑점에서 **직각선(V)**으로 3.5㎝ 내려와 3㎝ 밖으로 늘려 10㎝ 늘린 밑단선까지 그린다. 이때 **연장(E)**이나 **다듬기(W)**를 사용하여 선을 정리한다.

④ 뒤판(B)의 진동둘레를 **선그리기곡선(D)**으로 그린다.

⑤ B.P점에서 옆선 쪽으로 **선그리기(D)+Shift**로 직선을 그려 **선자르기(C)**로 이 점을 자른다.

⑥ **회전×1(R)**으로 어깨다트를 MP시켜 옆 다트로 보낸다.

⑦ 어깨길이를 **선길이조정(Q)**으로 1.5㎝ 늘려 새로운 진동둘레를 **선그리기곡선(D)**으로 그린다. 새롭게 생성된 옆다트는 박지 않고 여유분으로 둔다.

⑧ 여밈분은 **평행(P)**으로 1.5㎝ 하고, 단추는 **기능기호(O) 단추**로 앞중심(CF)에 6개를 넣는다. 첫 번째 단추는 목앞점에서 6㎝ 아래 넣고, 마지막 단추는 밑단에서 21㎝ 위로 한다.

⑨ 앞안단은 어깨에서 4㎝, 밑단 앞중심(CF)에서 9㎝를 잇는 **선그리기곡선(D)**으로 그린다.

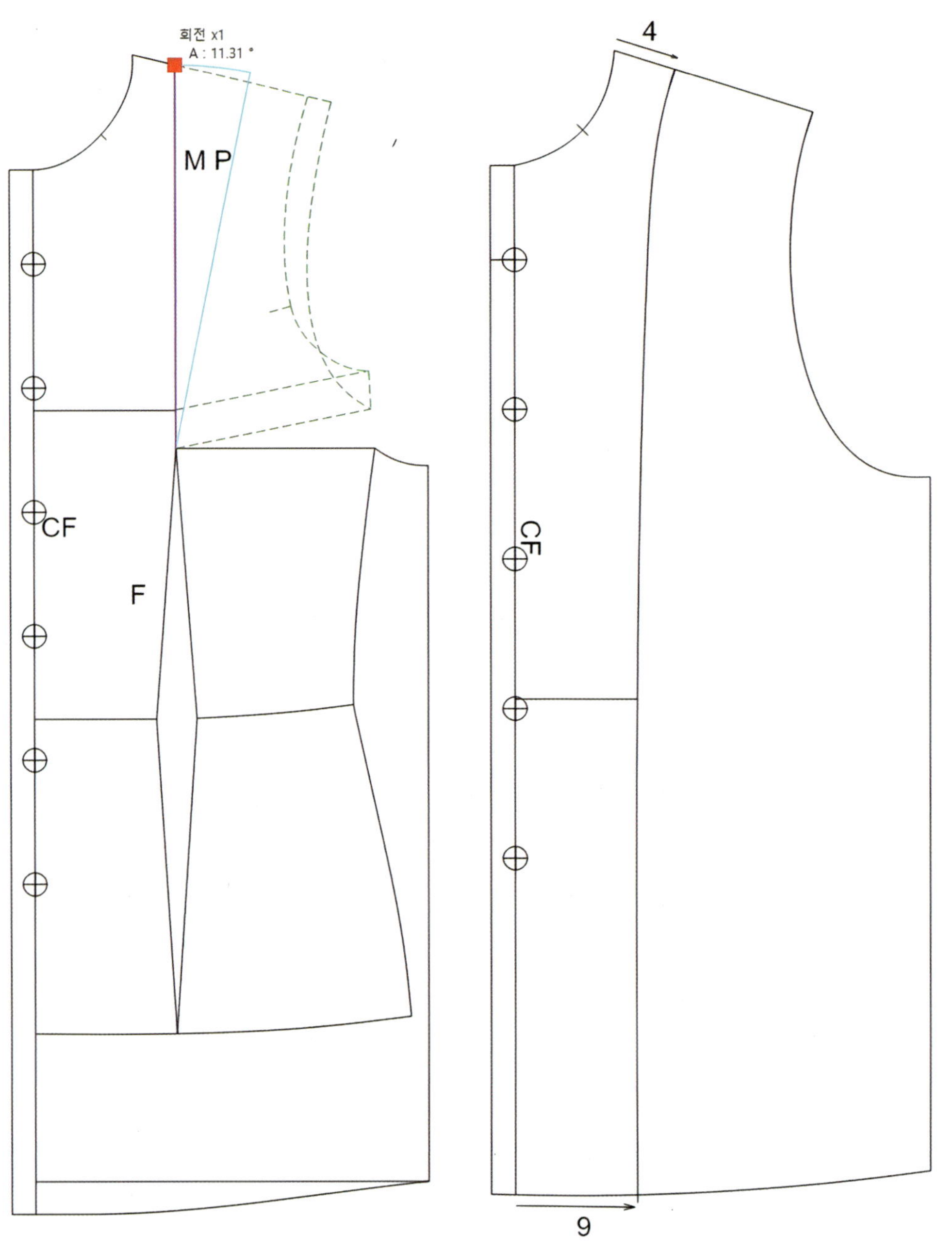

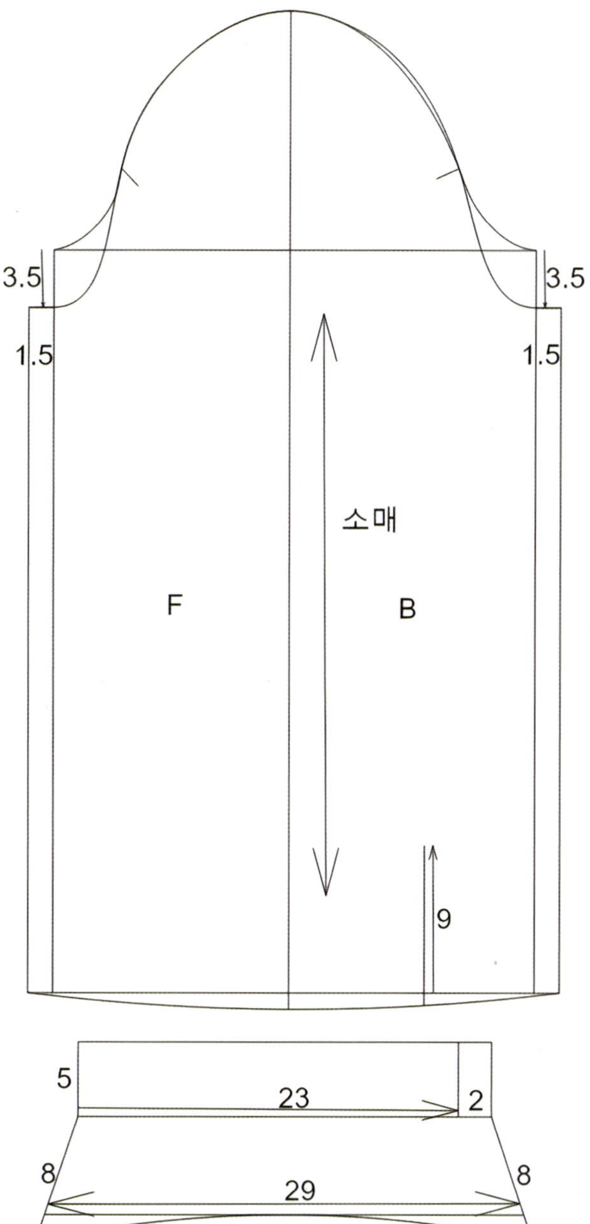

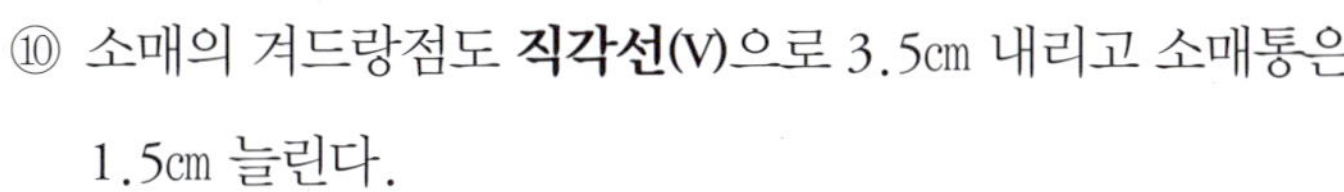

⑩ 소매의 겨드랑점도 **직각선**(V)으로 3.5㎝ 내리고 소매통은
　 1.5㎝ 늘린다.

⑪ **직각선**(V)과 **선그리기**(D)로 커프스를 그린다. 커프스는
　 한 번 접어 주는 형태이다.

⑫ 목옆점에서 **선길이조정**(Q) 2㎝ 한다.

⑬ **선그리기**(D)로 6㎝ 여밈분 위치와 연결한다.

⑭ **선길이조정**(Q)으로 뒷목길이만큼 그린다.

⑮ **직각선**(V)으로 칼라너비 7㎝ 그린다.

⑯ 네크라인과 만나는 직선을 **선그리기**(D) 한다.

⑰ 네크라인길이+뒷목길이 점에서 **직각선**(V)으로 7㎝ 그린다.

⑱ 목앞점에서 **선그리기**(D)로 8㎝, 각도는 디자인에 따른다. 칼라를 완성한다.

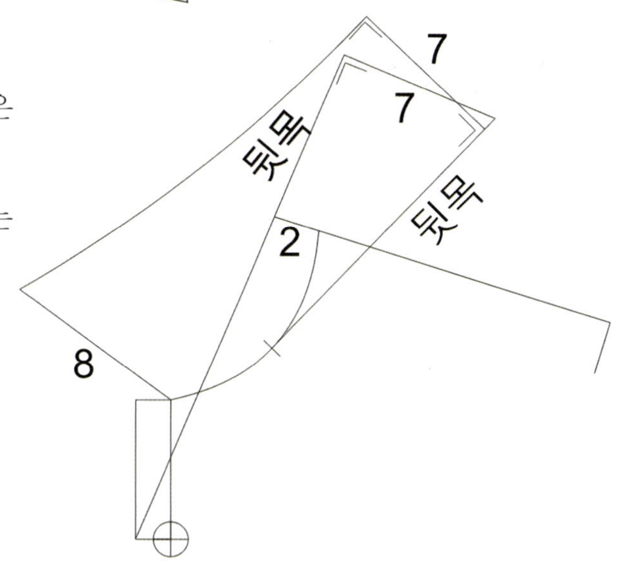

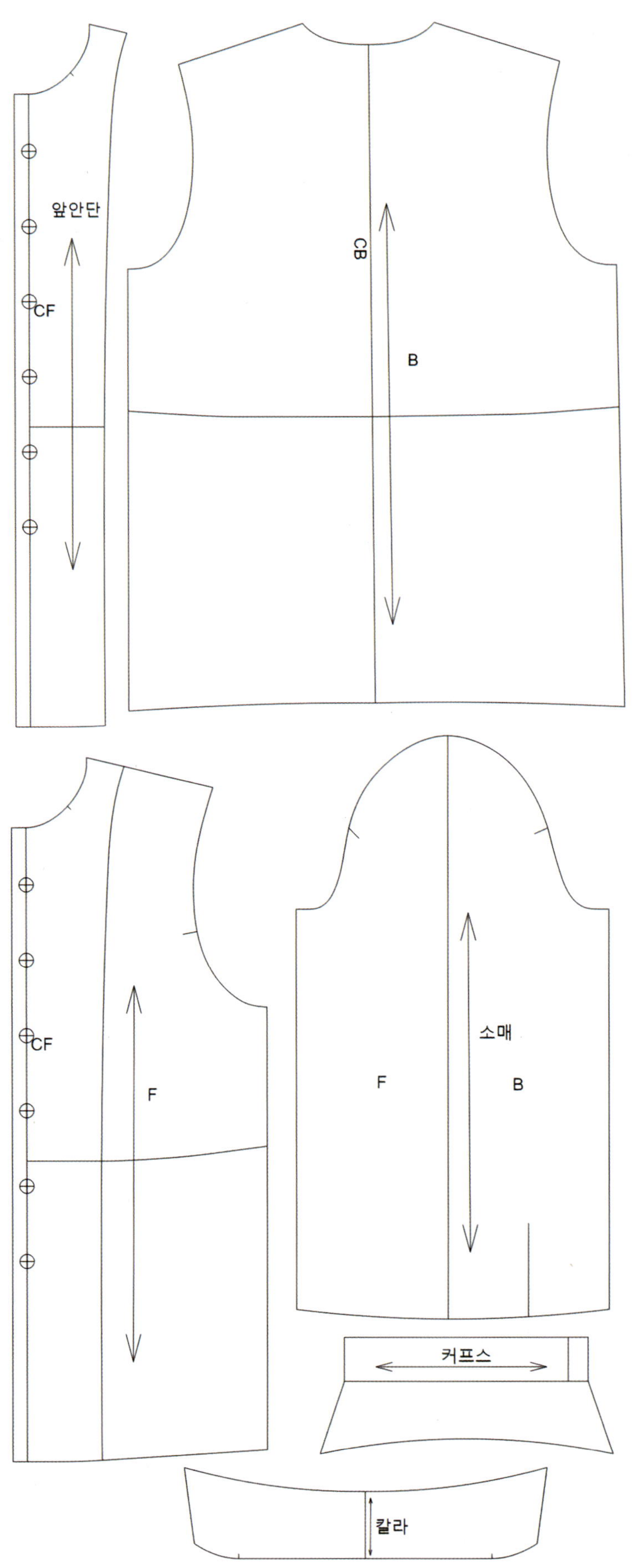
앞안단
CF
CB
B
CF
F
소매
F
B
커프스
칼라

5. 비숍슬리브 셔링 블라우스
(Bishop-Sleeve Shirred Blouse)

Front

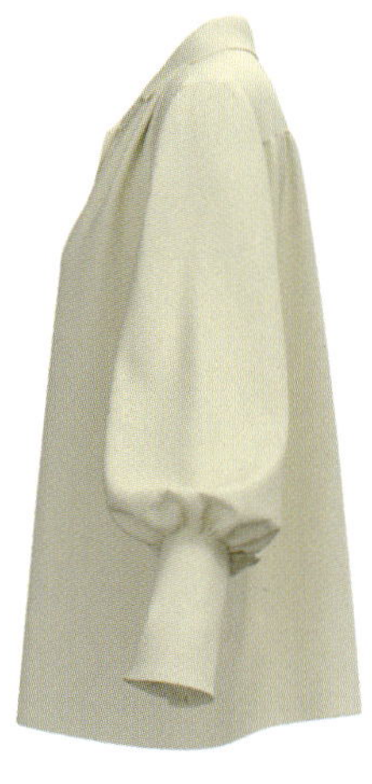

Side

Back

제품 완성 치수				(단위: cm, 오차: ±0.5cm)	
가슴둘레	허리둘레	밑단둘레	총길이	어깨길이	소매길이
95	119	130.5	68	13	66

사용 아이콘

평행	연장	다듬기	선 그리기	직각선	4	회전	이동	벌리기	선 길이 조정

선 붙여 다듬기	반전	기호

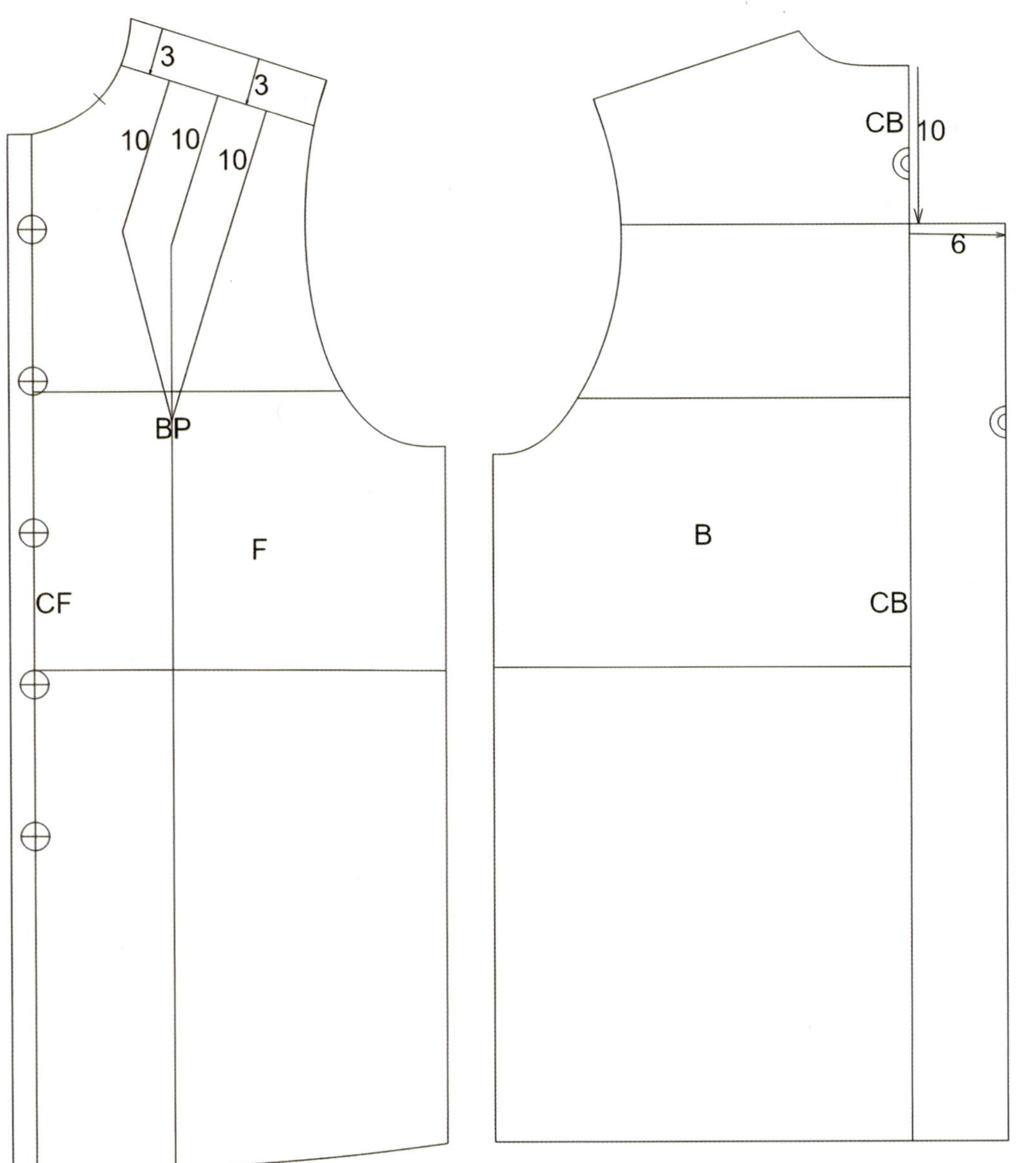

① 뒤중심(CB)의 목뒤점에서 **직각선**(V)으로 10㎝ 내려 요크선을 긋고, **직각선**(V)으로 6㎝의 주름 분량을 그린다.

② 앞판(F)의 어깨선을 **평행**(P)으로 3㎝ 내려 **연장**(E)과 **다듬기**(W) 한다. 이는 뒤요크의 어깨선과 붙여 요크 한 장으로 한다.

③ 3㎝ 내린 어깨선의 4등분 점에서 **직각선**(V)으로 10㎝ 그린다. 이들 각 점에서 **선그리기**(D)로 B.P점까지 긋고 B.P점에서는 **직각선**(V)으로 밑단까지 직선을 그린다.

④ 안단의 어깨선도 **평행**(P)으로 3㎝ 내려 **연장**(E)과 **다듬기**(W) 한다.

⑤ 앞요크는 뒤요크에 목옆점과 어깨선을 **이동**×1(M)과 **회전**×1(R)로 붙이기 후, 진동둘레를 **선그리기곡선**(D) 한다. 이때 최종 어깨길이는 뒤어깨길이로 한다.

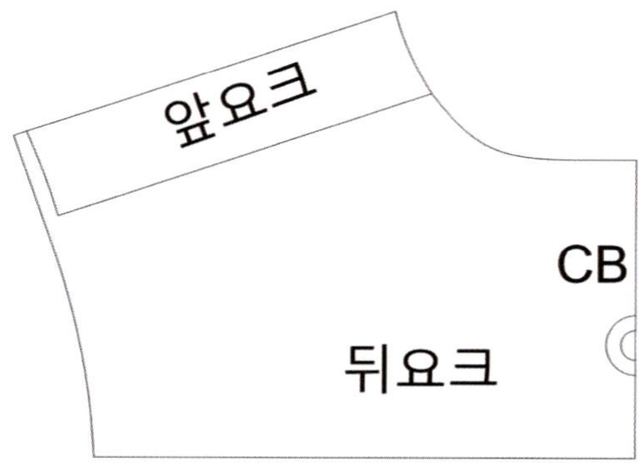

⑥ 앞판(F)의 주름은 **이동×1(M)**로 X축 7.5㎝, Y축 0㎝를 이동한다. 중심선들이 복잡할 경우 **벌리기** 기능은 쓸 수 없다. 계속 어깨선 주름을 2.5㎝ 간격으로 **이동×1(M)**로 이동한다. **선그리기곡선(D)**으로 주름선을 자연스러운 곡선으로 그린다.

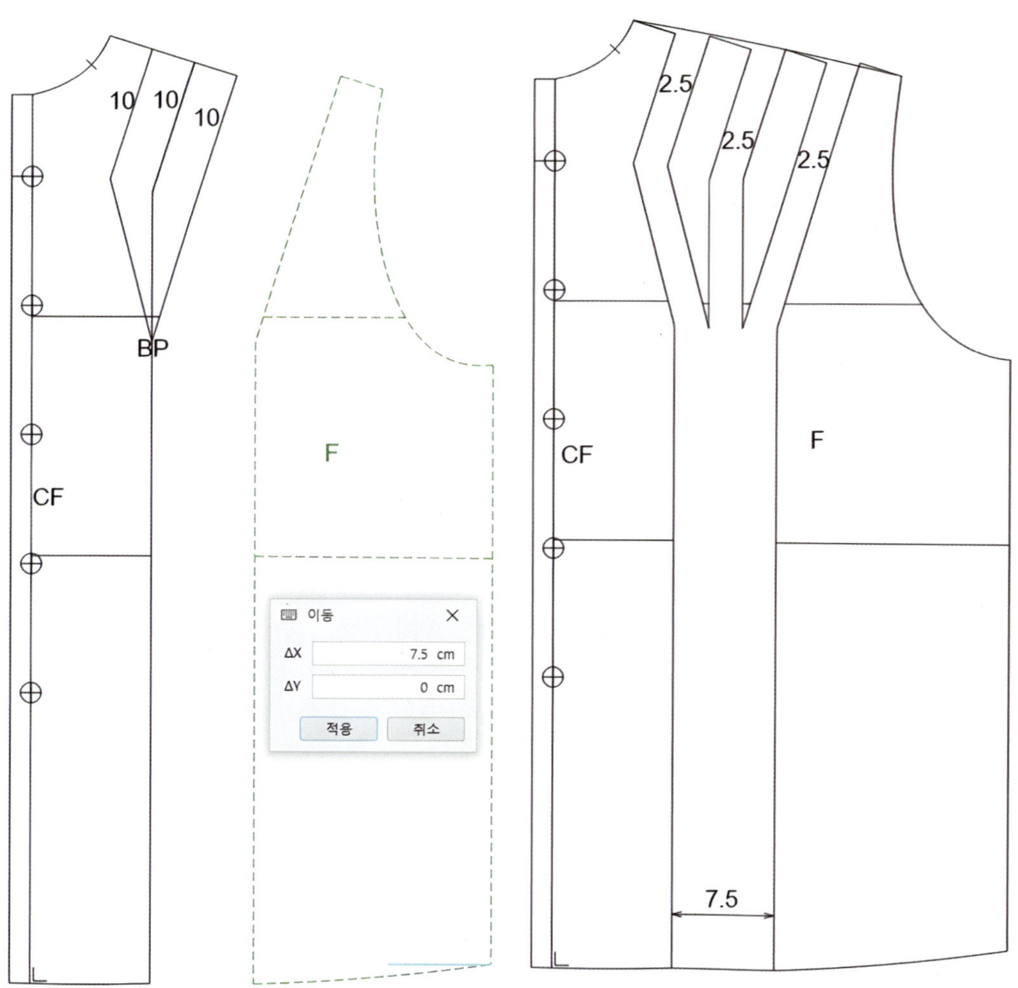

⑦ **선그리기**(D)로 소매와 커프스를 그린 후, **기능기호**(O) **단추**와 **단춧구멍**을 넣는다.

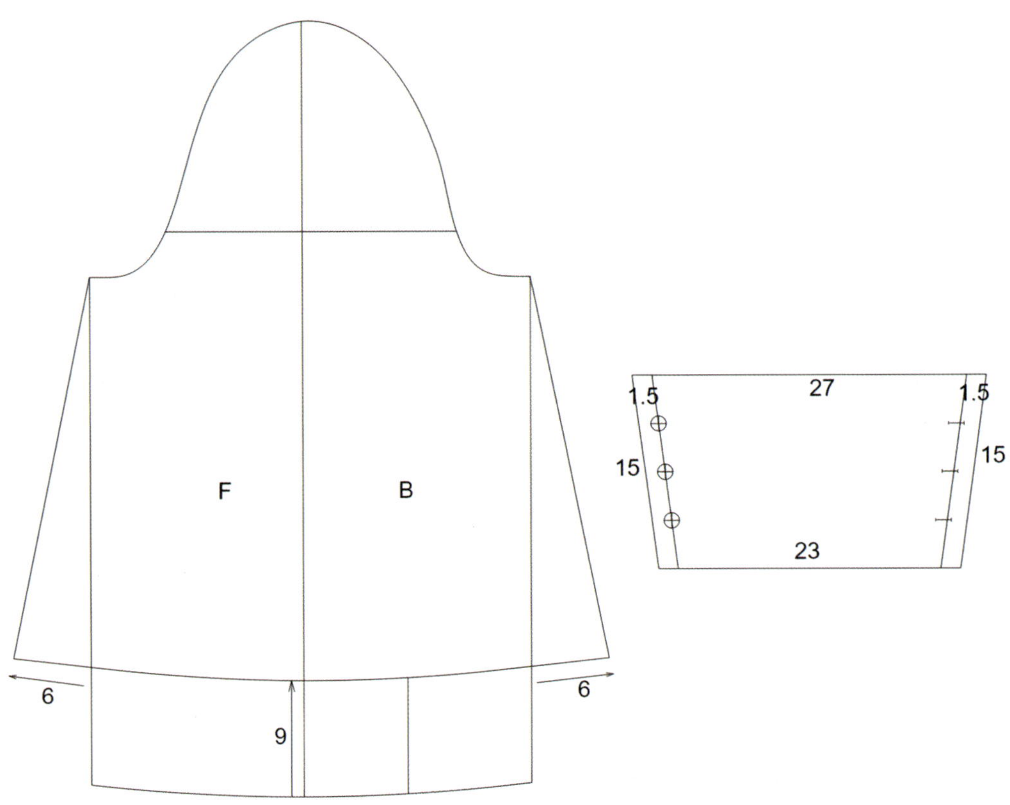

⑧ 소매는 진동둘레와 소매 밑단의 4등분점을 잇는 직선을 그린다. 이를 밑단만 6㎝씩 **벌리기** 한다. 각이 진 밑
단선을 **선붙여다듬기**(Z) 한다.

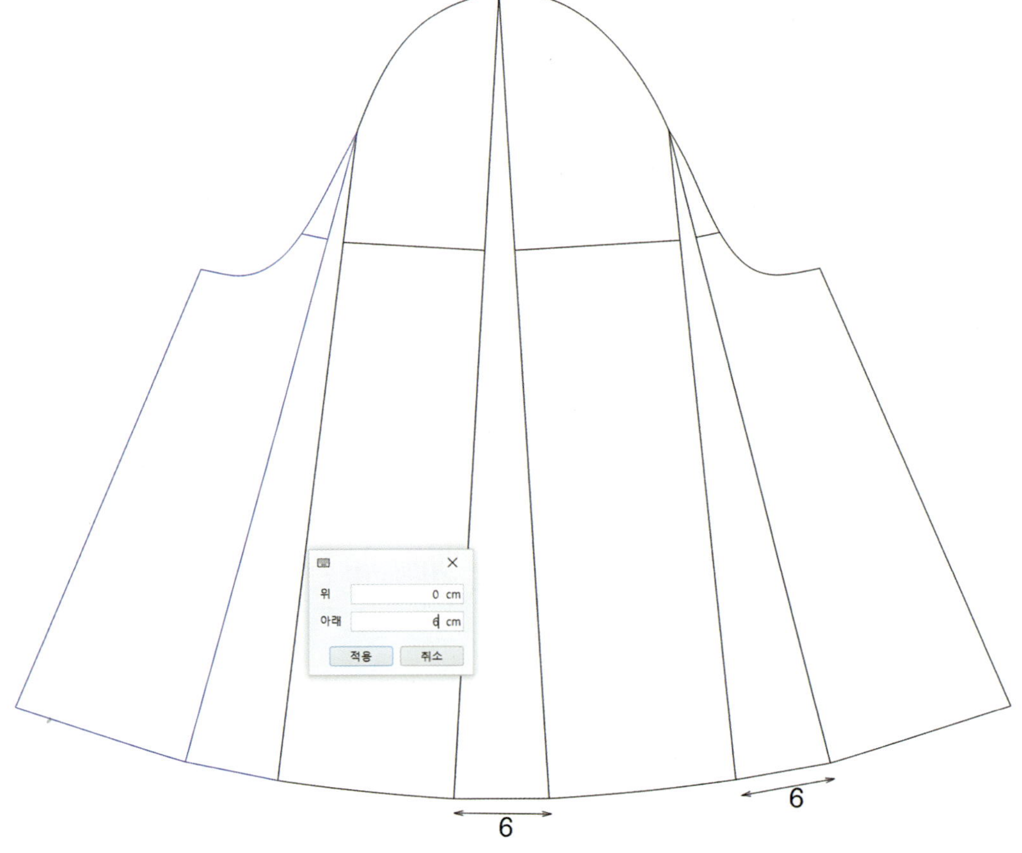

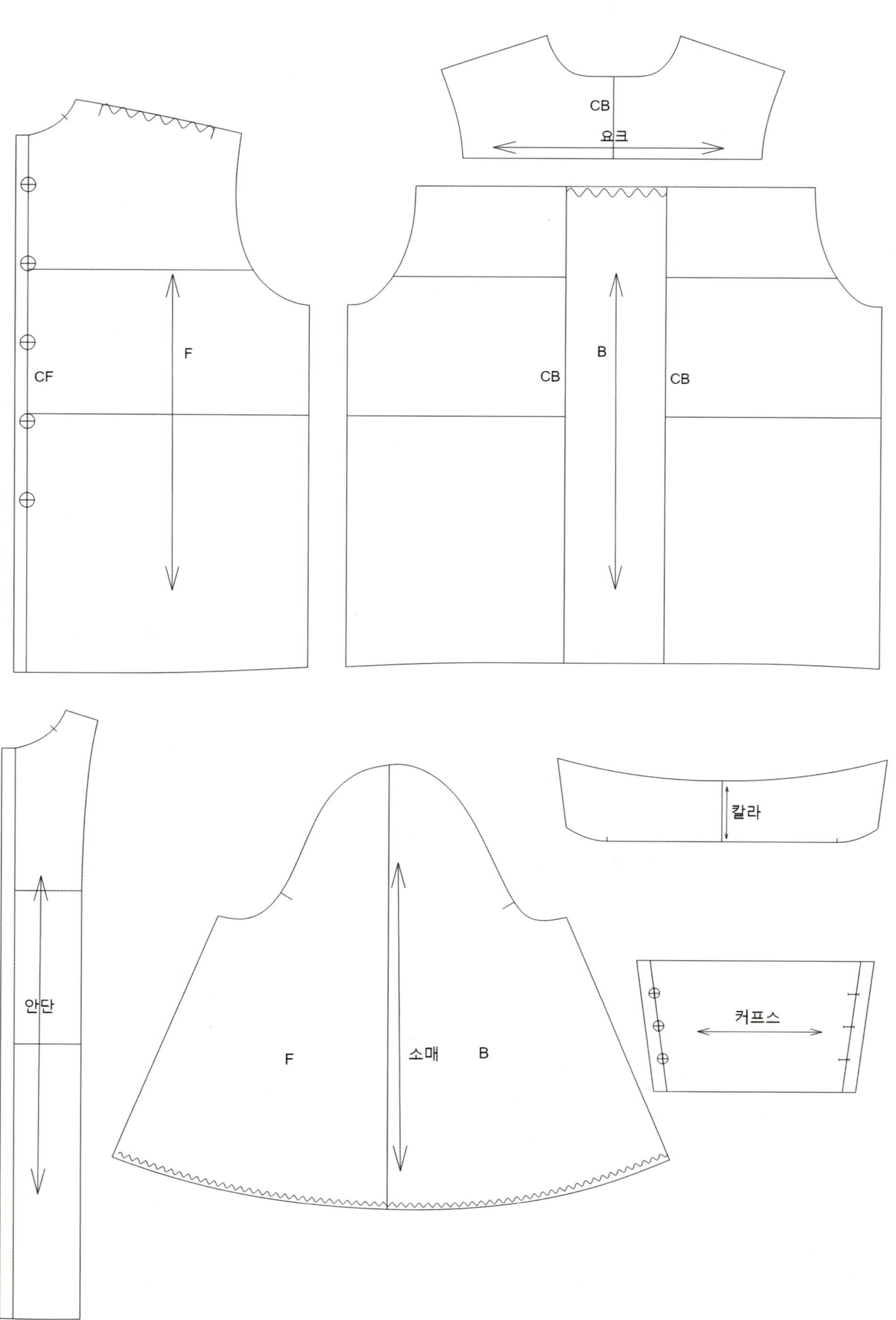
CB
요크
F
CF
CB
B
CB
칼라
안단
F
소매
B
커프스

6. 플랫칼라 블라우스(Flat-Collar Blouse)

Front

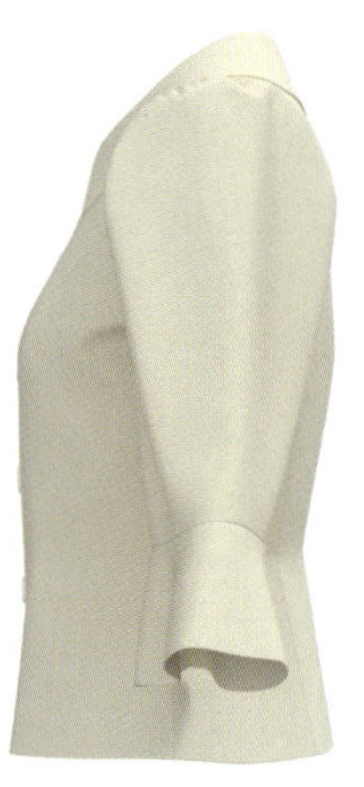

Side

Back

제품 완성 치수					(단위: cm, 오차: ±0.5cm)
가슴둘레	허리둘레	밑단둘레	총길이	어깨길이	소매길이
90.6	72.6	94	54	10	47
사용 아이콘					
연장	다듬기	평행	선 그리기	직각선	2
					회전 / 선 길이 조정 / 선 붙여 다듬기 / 벌리기
기호	선 자르기	반전			

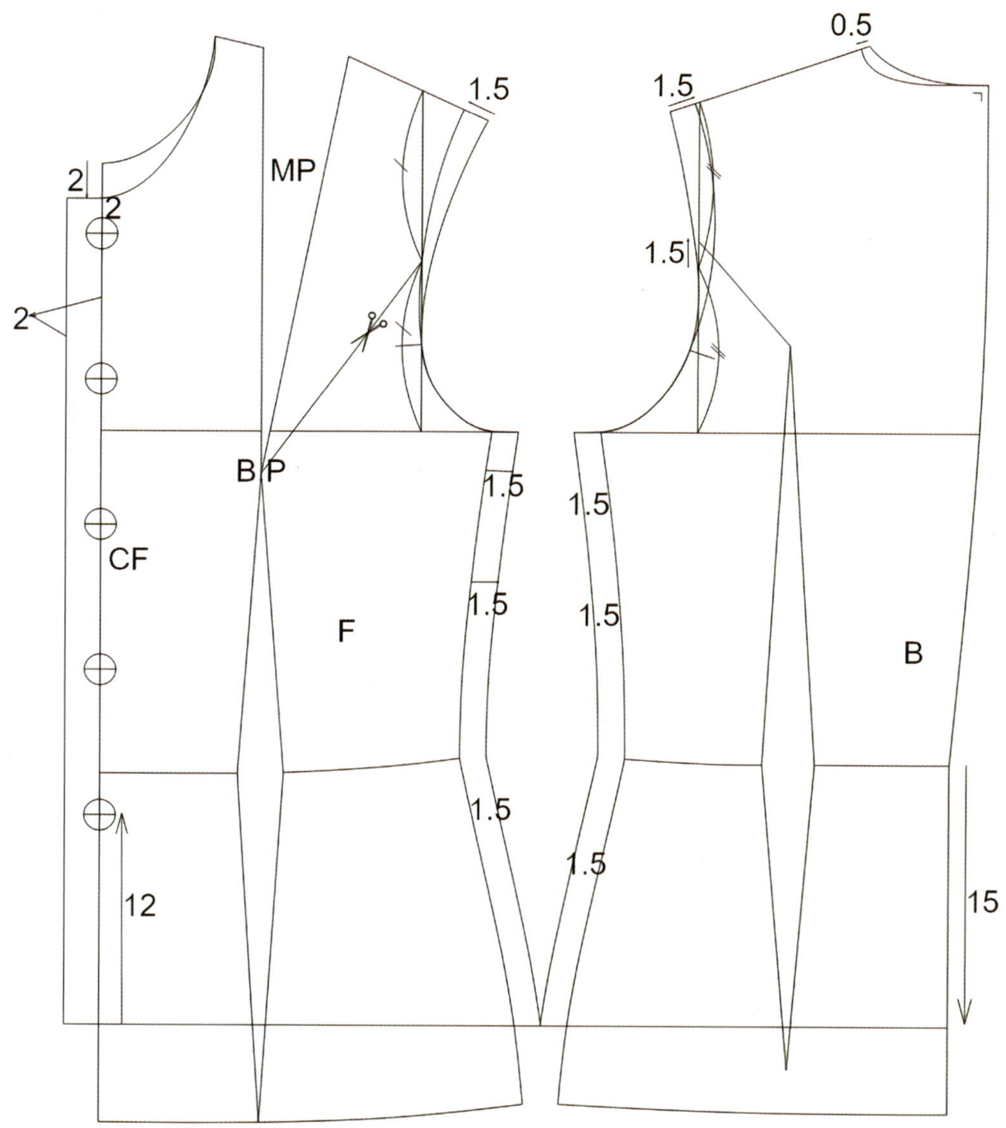

① 퍼프소매 디자인은 몸판의 어깨끝점에서 선을 1~1.5㎝ 깎아 준다. **직각선(V)**과 **선그리기곡선(D)**을 사용하여 어깨끝점에서 1.5㎝ 들어간 점에서 진동둘레를 그린다.

② 밑단은 뒤허리선에서 **직각선(V)**으로 15㎝ 내린 점까지 한다.

③ 옆선은 **평행(P)**으로 1.5㎝ 늘려 준다. **다듬기(W)**와 **연장(E)**으로 선을 정리한다.

④ 앞판(F)의 B.P에서 앞품선의 2등분점까지 **선그리기(D)** 한다. 진동둘레까지 **연장(E)**한다.

⑤ 앞판(F)의 어깨다트는 **회전×1(R)**로 MP시켜 ④가 벌어져 진동둘레 다트가 된다.

⑥ 앞판(F)의 목앞점에서 **직각선(V)**으로 2㎝ 내려 2㎝의 여밈분을 그린다.

⑦ **기능기호(O) 단추**로 첫 단추 2㎝, 마지막 단추 12㎝ 위로 5개의 단추를 넣는다.

⑧ 뒤판(B)의 목옆점을 **직각선(V)**과 **선그리기곡선(D)**으로 0.5㎝ 깎아 준다.

⑨ 뒤판(B)의 뒤품선의 2등분점에서 1.5㎝ 올라간 점에서 **선그리기곡선(D)**으로 프린세스라인을 그린다.

⑩ 이동할 선을 **선자르기**(C) 한 후 프린세스라인은 **이동**×1(M)로 분리하고 프린세스라인 밑단라인 네크라인 등 각진 라인은 **선붙여다듬기**(Z) 한다. **연장**(E)과 **다듬기**(W)를 이용하여 선들을 정리한다.

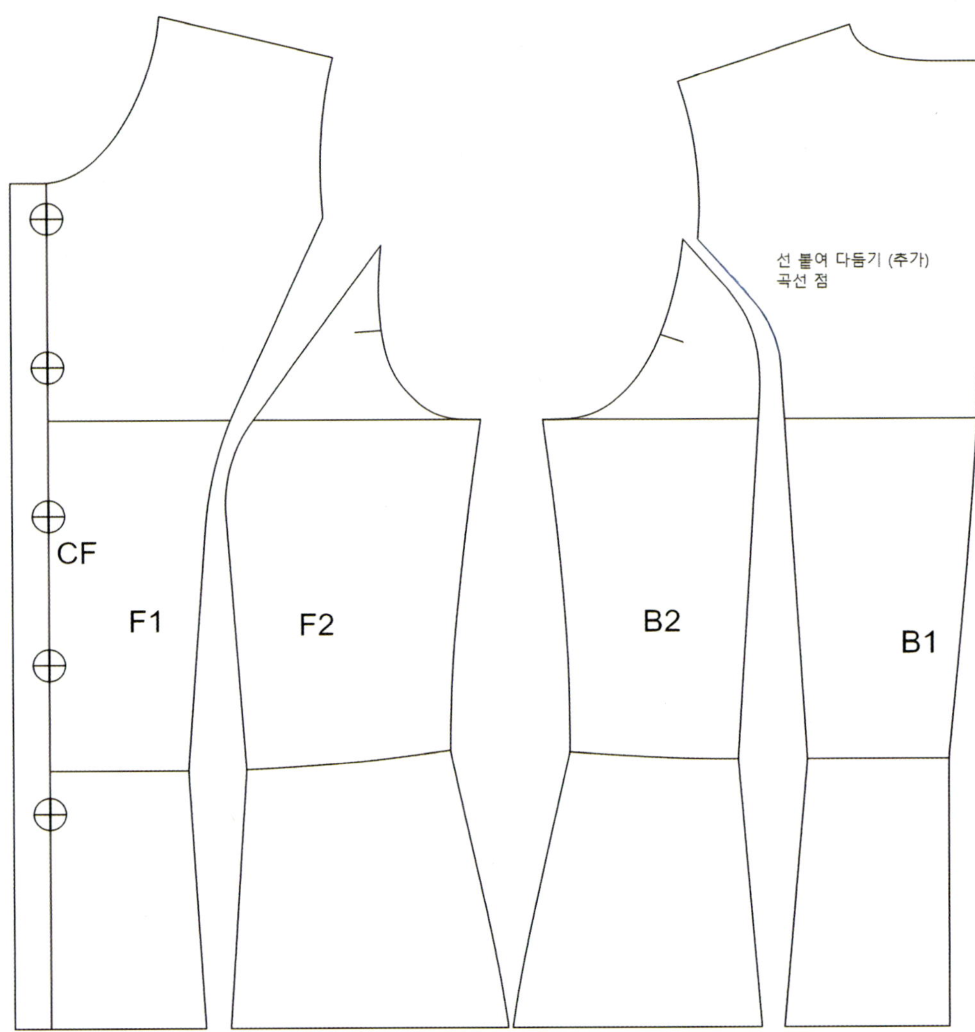

⑪ 칼라는 F1과 B1의 목옆점을 **이동**×1(M)로 붙이고 **회전**×1(R) 으로 어깨선을 2㎝ 겹친다.

⑫ 목앞점과 목뒤점을 0.5㎝ 깎아 주고 **직각선**(V)과 **선그리기곡 선**(D)으로 칼라 달림선을 그린다.

⑬ 목앞점에서 칼라 너비는 **선그리기**(D) 10㎝로 하고, 각도는 디자인에 따른다.

⑭ 목뒤점에서 칼라 너비는 8㎝ 하고 목뒤점에서 **직각선**(V)으로 그린다.

⑮ **직각선**(V)과 **선그리기곡선**(D)으로 칼라 외곽선을 그린다.

⑯ **이동**×1(M)로 칼라를 떼어 내고 **반전**×2(F)로 뒤중심을 펼 친다.

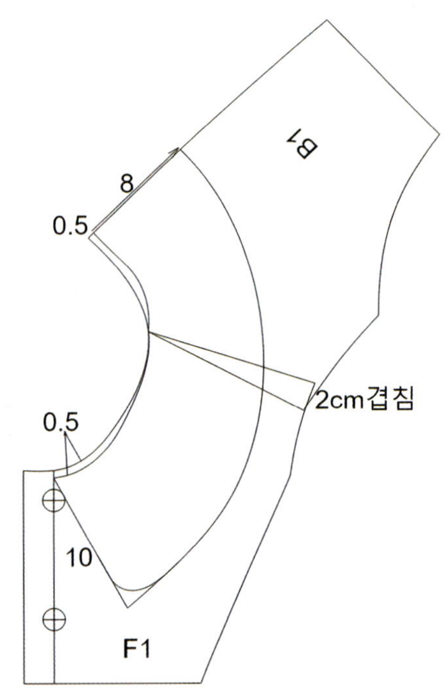

⑰ **직각선**(V)으로 소매길이를 34㎝로 하고 양 옆선에서 **선그리기**(D)로 2㎝ 들어간 선을 그린다. 앞판(F)과 뒤판(B)의 너치점에서 **선그리기**(D)+Shift로 밑단선에 잇는 선을 그린다.

⑱ 앞판(F)과 뒤판(B)의 2등분점을 잇는 직선을 **선그리기**(D) 한다.

⑲ **선그리기**(D)로 러플 외곽선을 그리고, 5등분 점을 잇는 직선을 그린다.

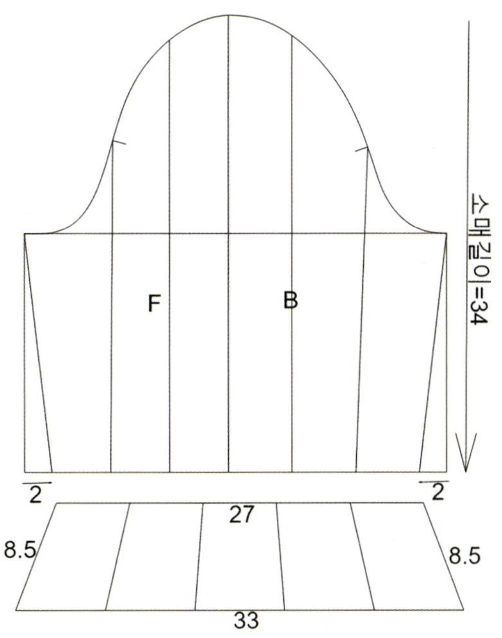

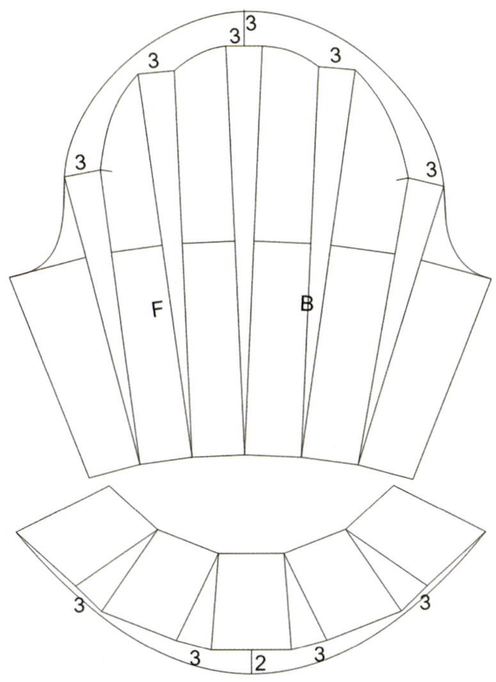

⑳ 소매산둘레와 러플의 하단을 각각 3㎝씩 **벌리기** 한다.

㉑ 소매산둘레는 **직각선**(V)으로 소매중심점에서 3㎝ 올리고 러플 하단은 **직각선**(V)으로 중심에서 2㎝ 내린다.

㉒ 소매산둘레와 러플 하단은 **선그리기곡선**(D)으로 자연스러운 곡선을 그린다.

2) 완성선

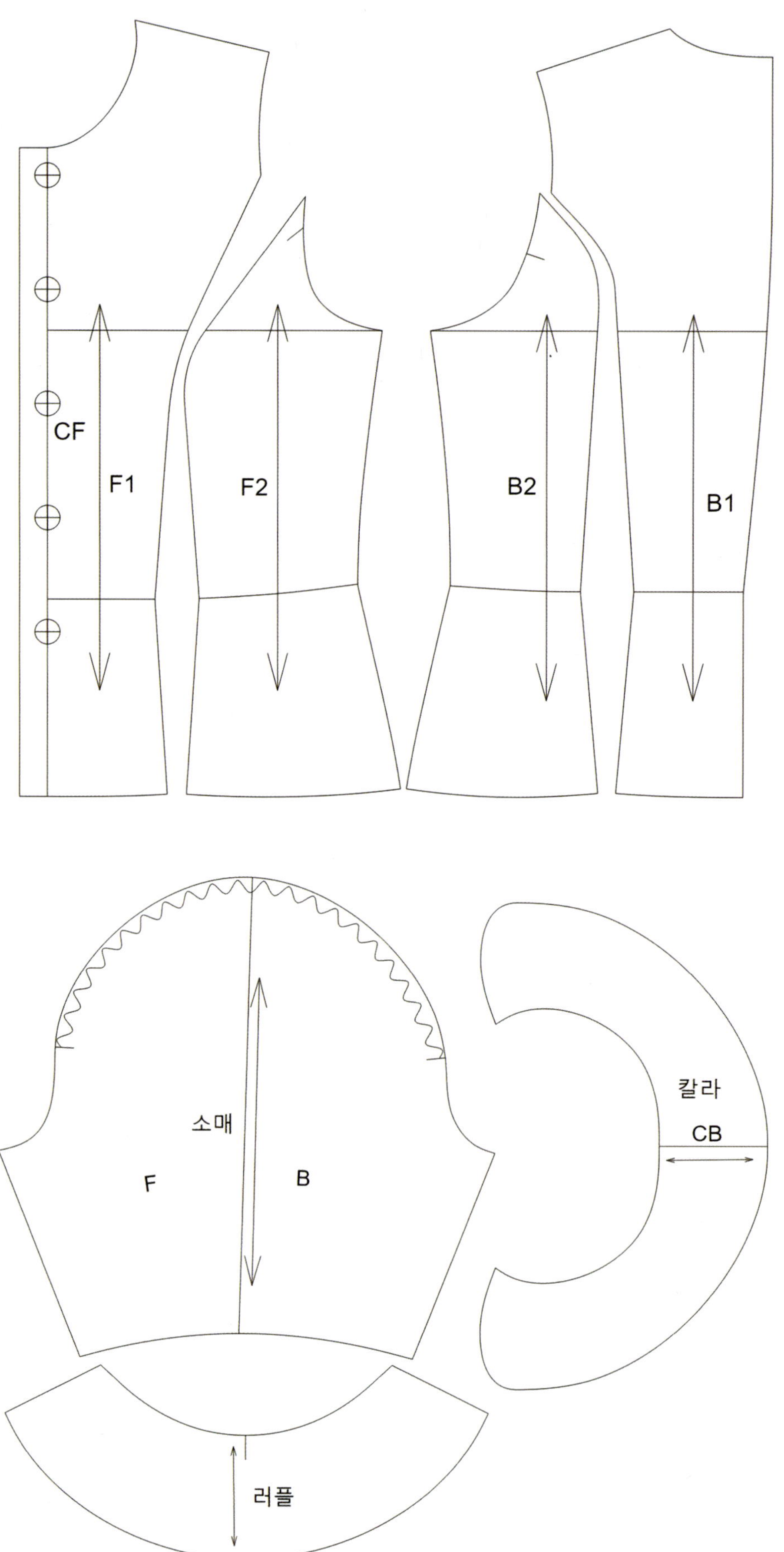

7. 밴드칼라 셔링 블라우스(Band-Collar Shirred Blouse)

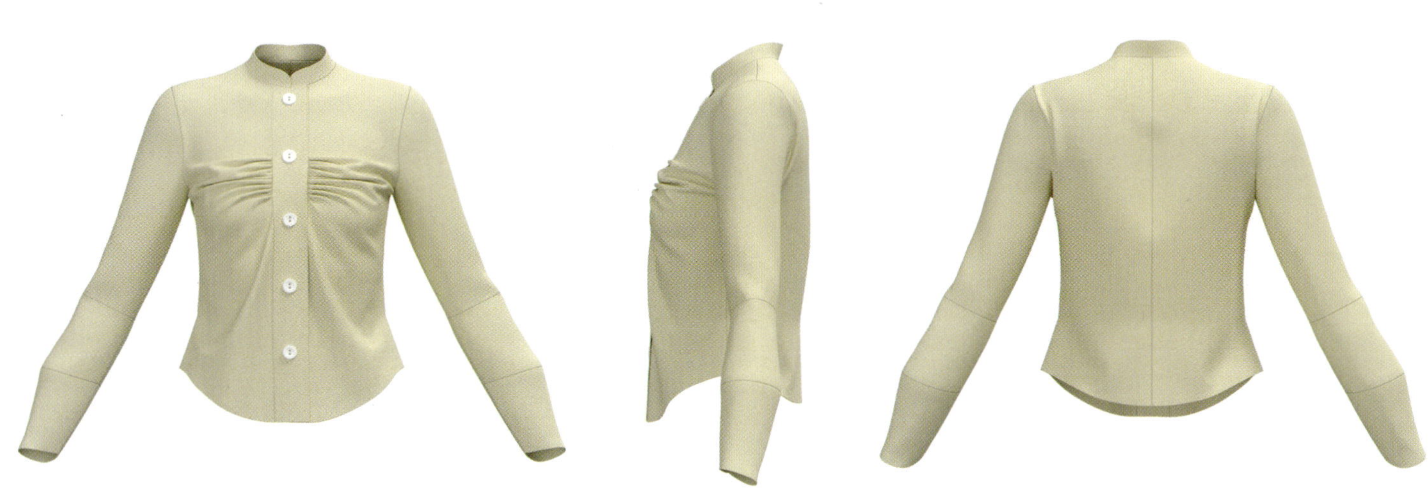

Front   Side   Back

제품 완성 치수					(단위: ㎝, 오차: ±0.5㎝)
가슴둘레	허리둘레	밑단둘레	총길이	어깨길이	소매길이
86	77	94	51	12	60

사용 아이콘									
연장	다듬기	선 그리기	직각선	평행	반전	선 자르기	회전	선 길이 조정	선 붙여 다듬기
사각형	이동	벌리기	기호						

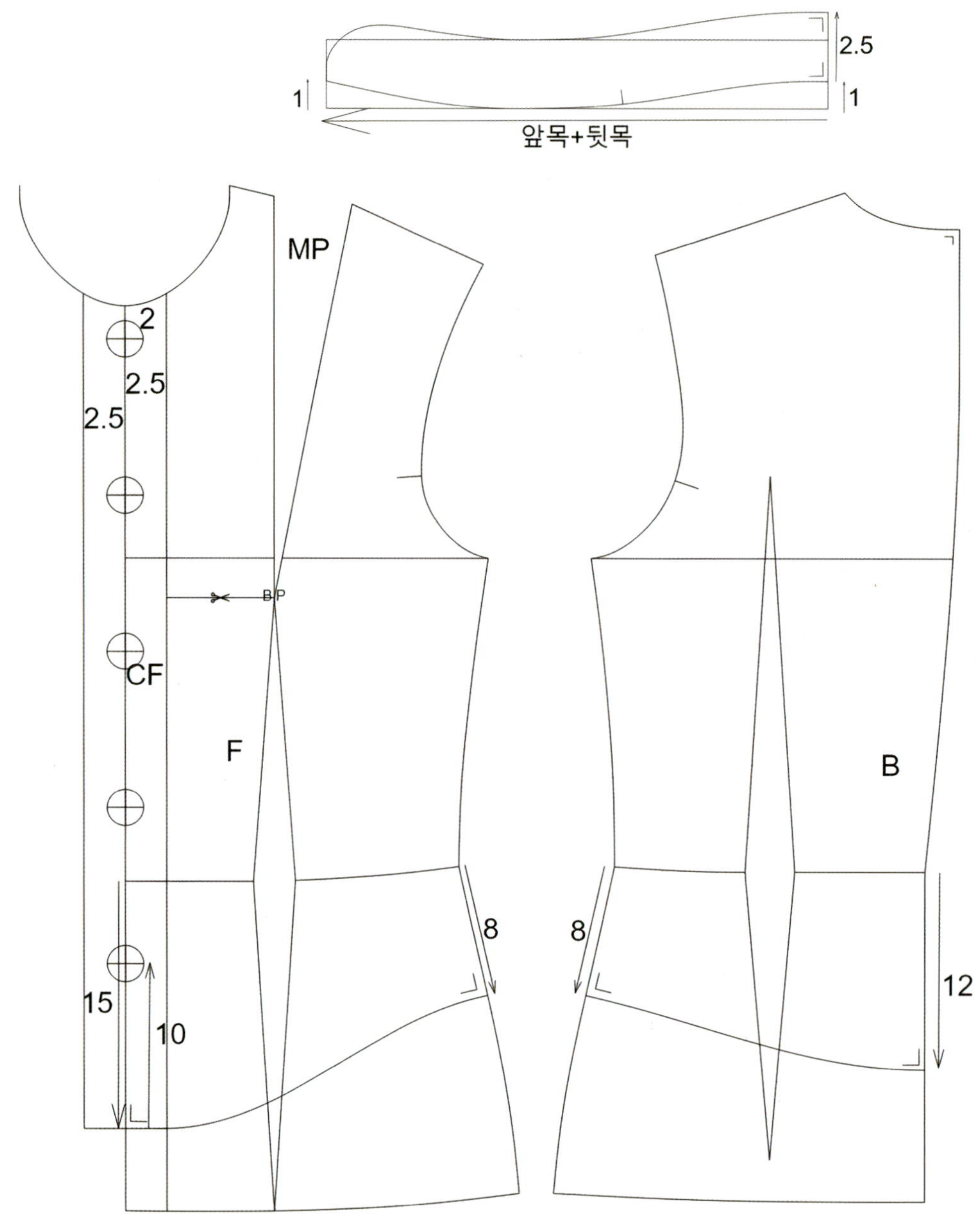

① B.P점에서 **선그리기(D)+Shift**로 앞중심과 닿는 직선을 그린다. 이는 앞 중심다트가 된다.

② 옆 허리선에서 8㎝ 뒤중심(CB) 허리선에서 12㎝ 앞중심(CF) 허리선에서 15㎝ 아래에 밑단선을 **직각선(V)**과 **선그리기곡선(D)**으로 그린다.

③ 앞 여밈분은 **평행(P)**으로 2.5㎝ 하고 네크라인을 **반전×2(F)**로 그린다. 여밈분은 네크라인까지 **연장(E)**한다. 여밈분은 **이동×1(M)**로 앞판(F)과 분리한다.

④ 허리다트는 박지 않고 여유분으로 두기 때문에 삭제한다.

⑤ 네크라인 밴드는 **사각형(Y)**과 **직각선(V) 선그리기곡선(D)**을 이용하여 그린다.

⑥ 어깨 다트는 **회전×1(R)**으로 MP하여 앞중심 다트를 생성한다.

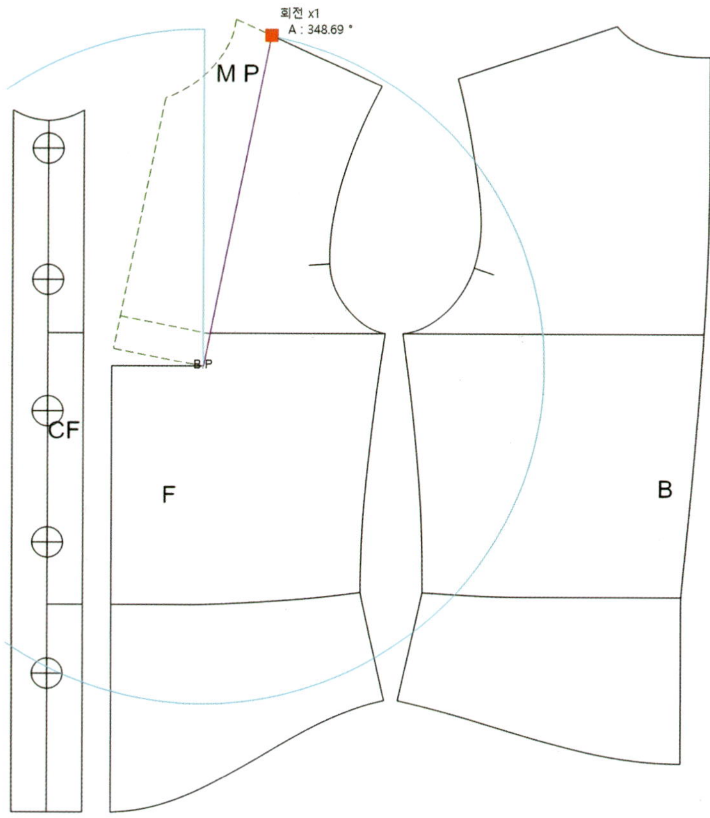

⑦ **선그리기(D)**로 앞중심 다트와 옆선을 잇는 직선을 그린 후 **벌리기**와 **회전(R)**한다.

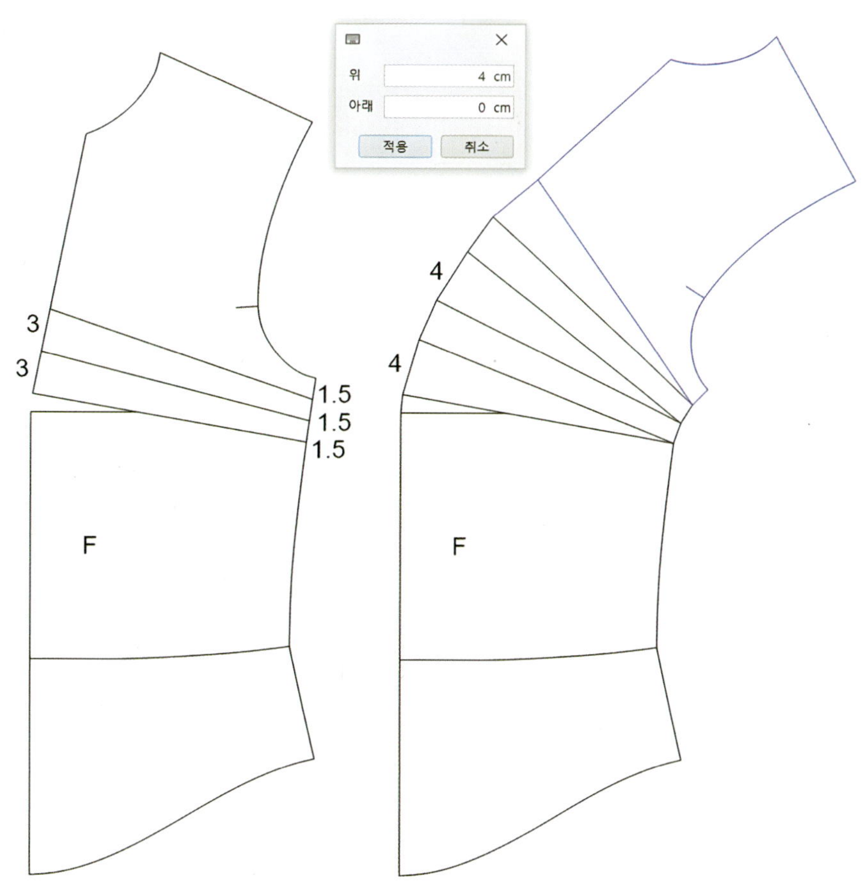

⑧ 소매길이를 54㎝로 한다. **선그리기(D)**와 **평행(P)**, **다듬기(W)**, **반전×2(F)**로 그린다.

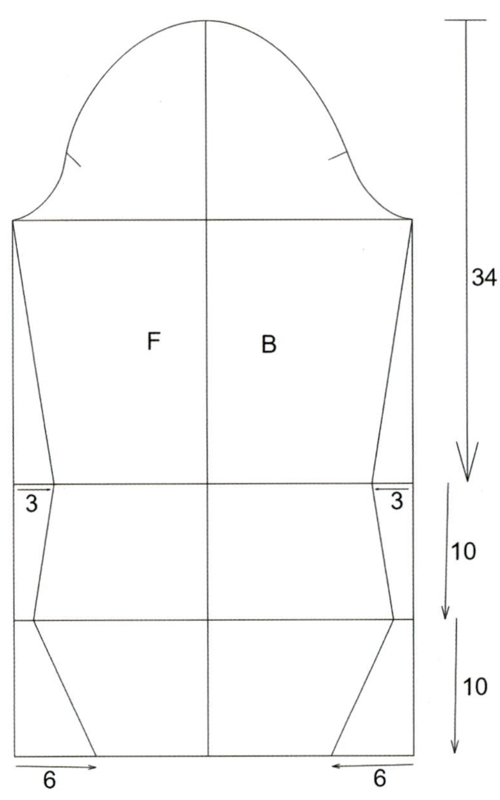

⑨ **이동×1(M)**로 각각을 분리하고 소매2와 소매3은 **선그리기곡선(D)**으로 그린다.

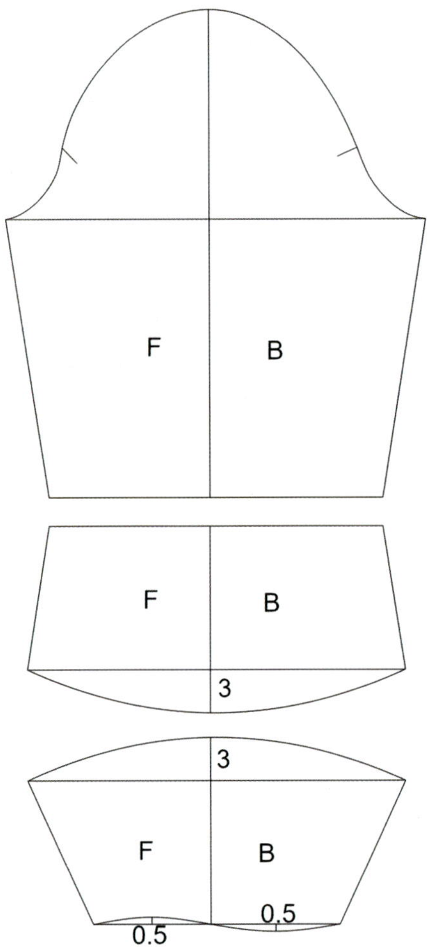

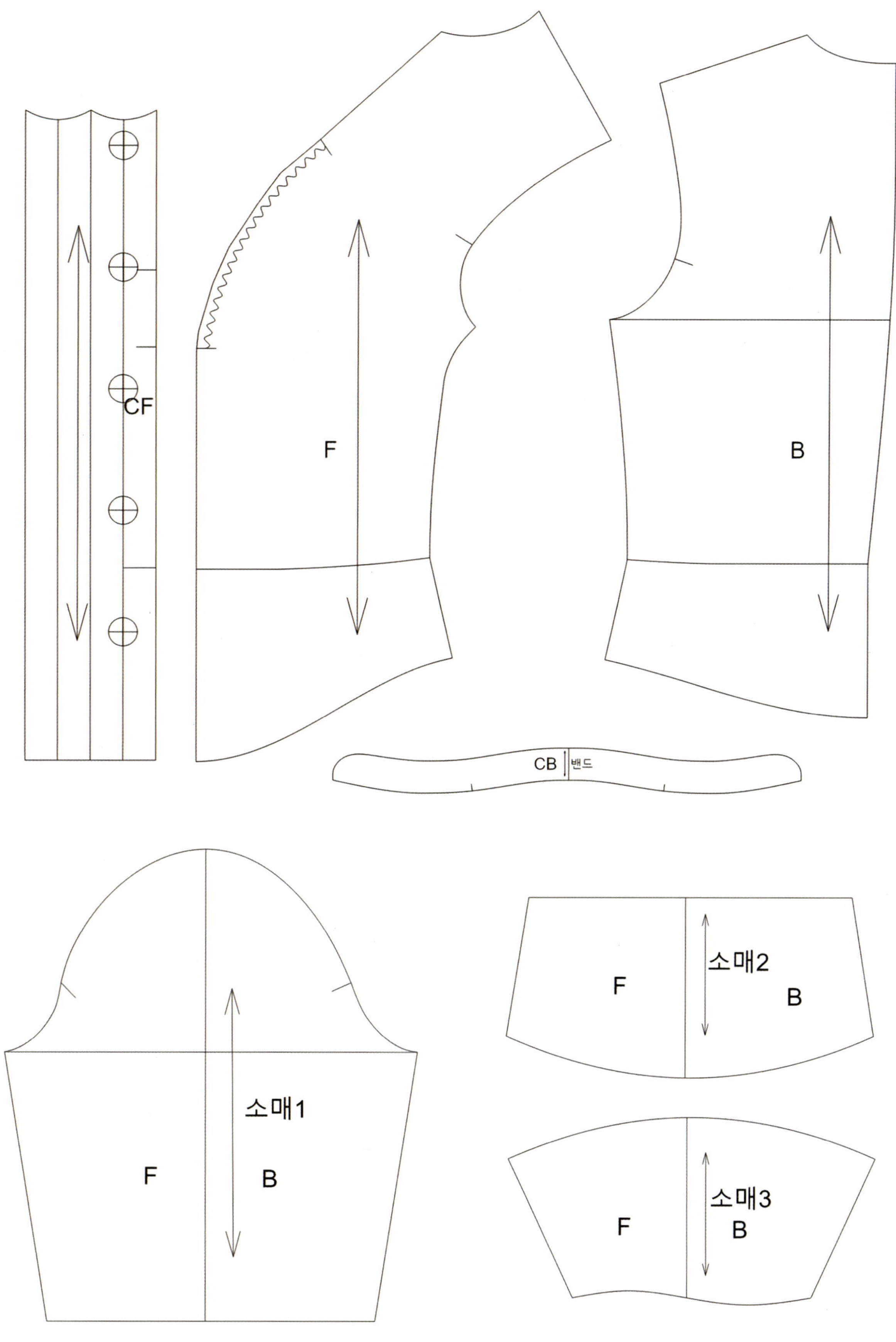
CF
F
B
CB 밴드
소매1
F
B
소매2
F
B
소매3
F
B

8. 드롭숄더 빅셔츠 블라우스
(Drop-Shoulder Oversized Shirt Blouse)

Front

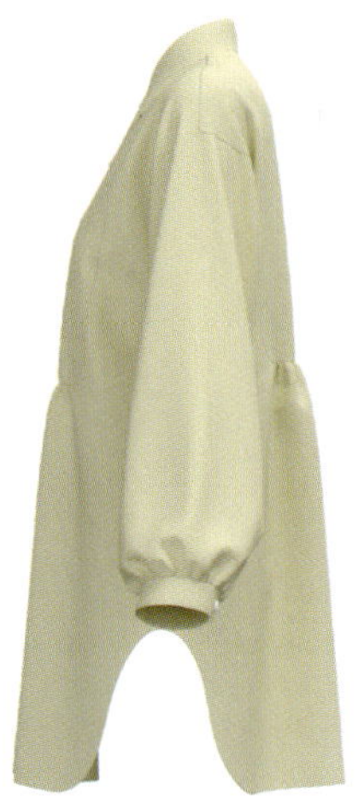

Side

Back

제품 완성 치수				(단위: cm, 오차: ±0.5cm)	
가슴둘레	허리둘레	밑단둘레	총길이	어깨길이	소매길이
80.4	129	136	84	19	54
사용 아이콘					

선 길이 조정	직각선	선 그리기	평행	연장	반전	다듬기	수정	측정	선 붙여 다듬기
기호	회전	이동							

1) 패턴 제도(턴업커프스와 오픈칼라 블라우스 이용)

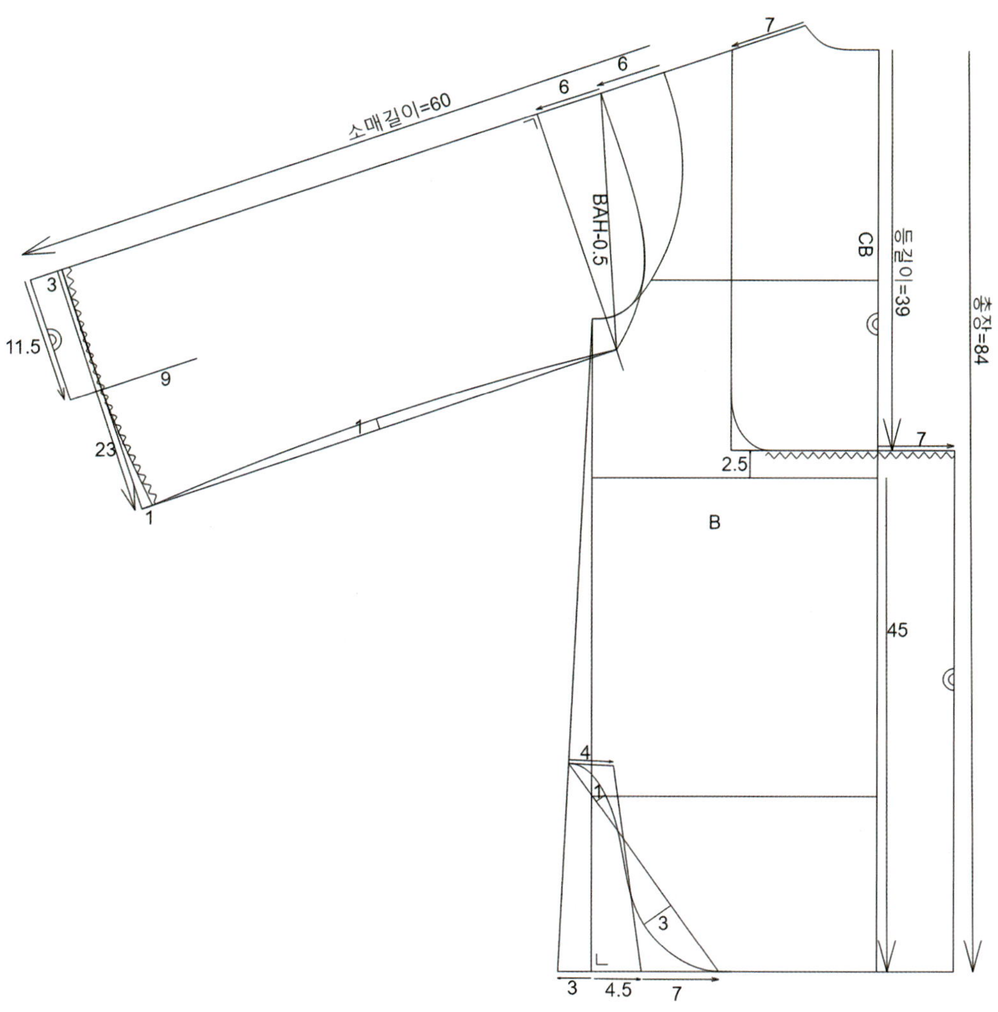

① **선길이조정**(Q)으로 총장 84㎝, 밑단선도 옆선에서 3㎝ 늘려 A라인으로 한다.

② 허리선에서 2.5㎝ 올라간 점에서 **직각선**(V)으로 7㎝인 주름 분량을 그린다.

③ 어깨선 7㎝에서 **선그리기**(D)+Shift 직선을 내리고 2.5㎝와 만나는 요크를 **선그리기곡선**(D)으로 그리는데, 모양은 디자인에 따른다.

④ 어깨선을 **선길이조정**(Q)으로 소매길이 60㎝만큼 한다. 이때 어깨끝점을 **선자르기**(C) 하여 점을 생성한다. **직각선**(V)으로 소매폭은 23㎝ 한다.

⑤ 어깨 드롭 분량은 어깨끝점에서 6㎝, 이 지점에서 소매길이 6㎝ 지점에 **직각선**(V)으로 기준선을 그려 놓는다. 드롭 분량 6㎝ 지점에서 **선그리기**(D)로 BAH-0.5㎝만큼 기준선에 닿는 점을 찾는다. 이 점이 겨드랑점이 된다.

⑥ 어깨 드롭점과 겨드랑점을 잇는 진동둘레를 **선그리기곡선**(D)으로 그린다.

⑦ 겨드랑점에서 소매 밑단까지 소매 옆선 기준선을 그리고, 2등분점에서 **직각선**(V) 1㎝ 안으로 들어간 점과 겨드랑점을 잇는 소매 옆선을 **선그리기곡선**(D)으로 그린다.

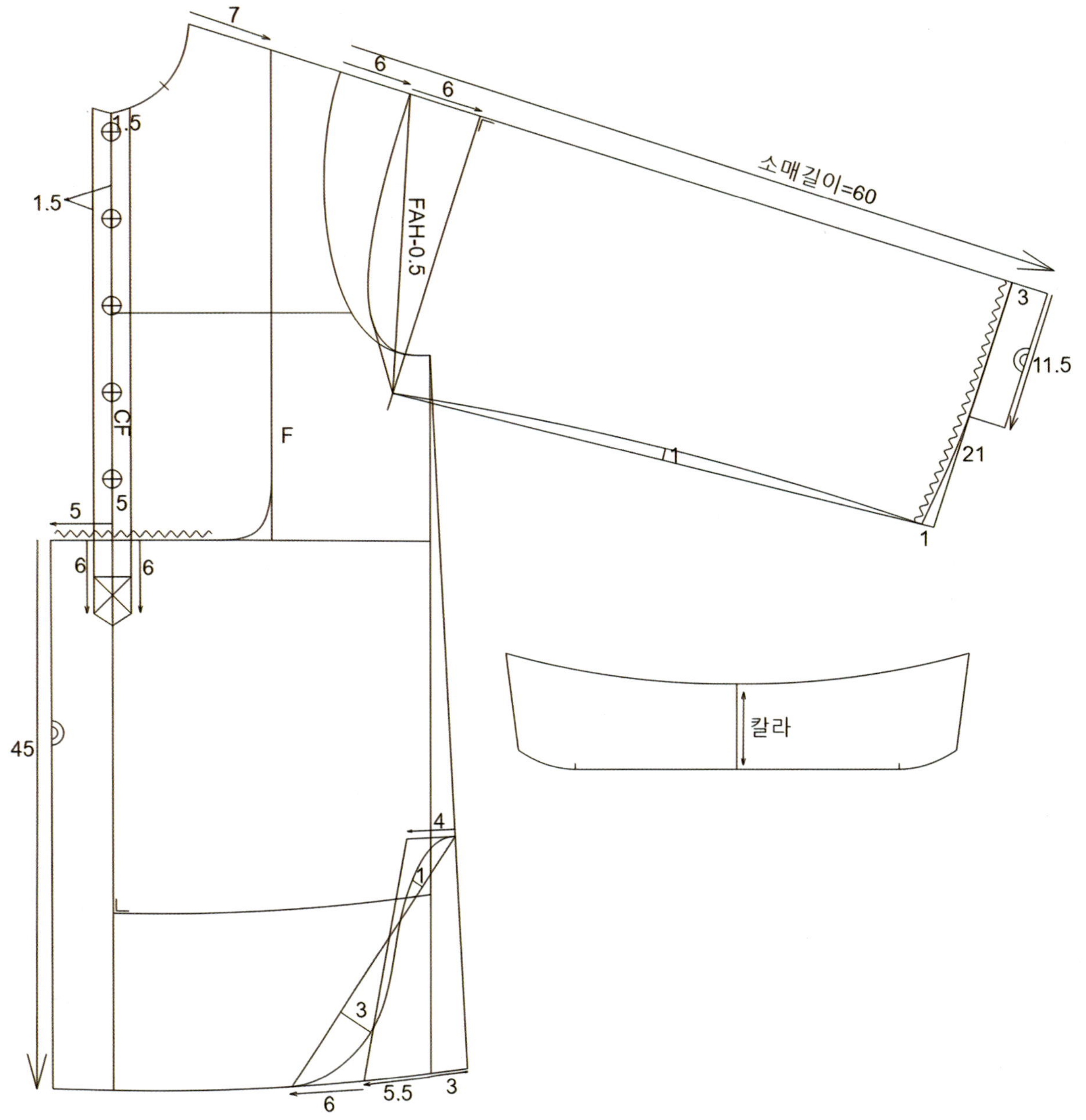

⑧ 앞중심(CF)의 허리선에서 **직각선(V)**으로 앞주름분량 5㎝, 길이 45㎝를 그리고 밑단선은 **연장(E)**으로 연결한다.

⑨ 앞요크와 소매는 뒤판(B)과 같은 방법으로 제도한다. 커프스는 **직각선(V)**으로 너비 3㎝, 길이 11.5㎝로한다.

⑩ 여밈분은 **평행(P)**으로 1.5㎝ 내어 주고 네크라인은 앞중심(CF)을 중심으로 **반전×2(F)**로 그려 준 뒤 **연장(E)**과 **다듬기(W)**로 선을 정리한다. 단추 지름은 1.5㎝, 5개를 넣는다.

⑪ 밑단과 옆선 라인은 **선그리기(D)**, **직각선(V)**, **연장(E)**, **다듬기(W)**를 이용하여 자연스러운 곡선으로 모양을낸다. 옆선 라인은 디자인에 따른다.

⑫ 칼라는 턴업커프스와 오픈칼라 블라우스의 것을 변형 없이 그대로 사용한다.

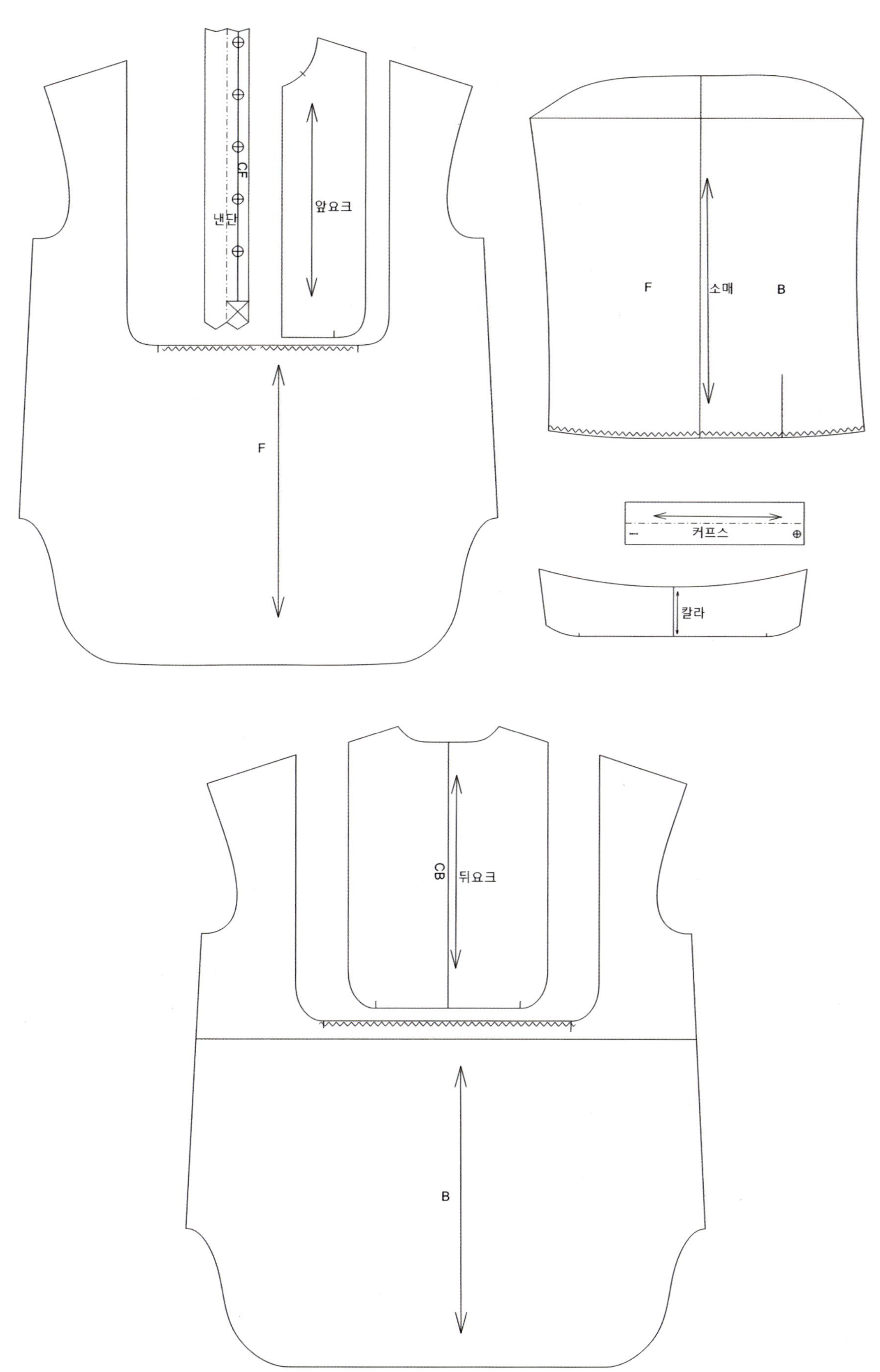
CF
낸단
앞요크
F
소매
B
커프스
칼라
CB
뒤요크
B

9. 튤립슬리브 캐스케이딩칼라 블라우스
(Tulip-Sleeve Cascading-Collar Blouse)

Front

Side

Back

제품 완성 치수					(단위: ㎝, 오차: ±0.5㎝)
가슴둘레	허리둘레	밑단둘레	총길이	어깨길이	소매길이
90.6	72.6	93.7	53	9	37

사용 아이콘								
선 그리기	직각선	수정	이동	회전	선 붙여 다듬기	평행	다듬기	연장
 벌리기	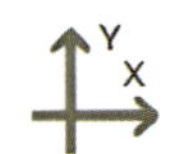 수직/수평 보정							

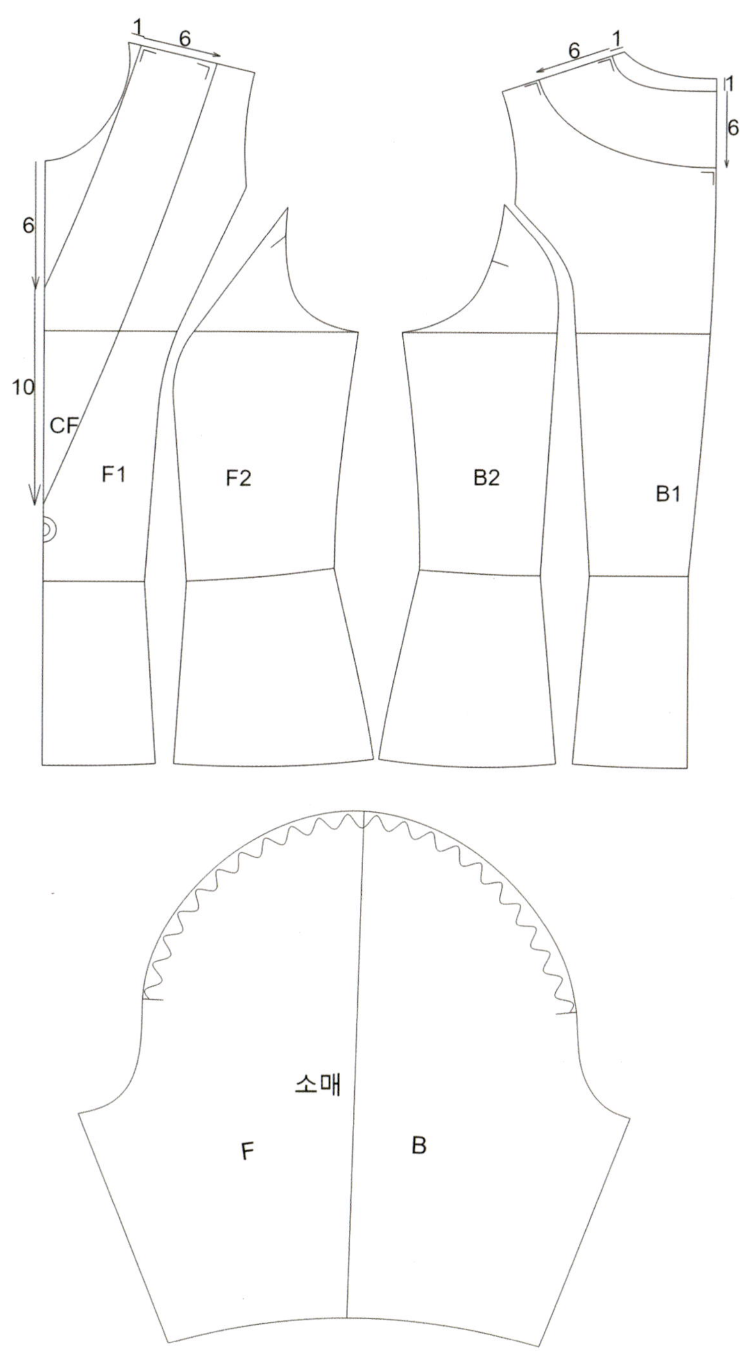

① 플랫칼라 블라우스의 앞여밈분을 삭제 후 제도한다. 그 외 F2, B2, B1, 소매는 그대로 사용한다.

② 앞판(F)은 **직각선(V)**과 **선그리기(D)**를 사용하여 V넥으로 하고, 캐스케이딩 칼라는 어깨너비 6㎝, 앞중심너
비 10㎝로 한다. 뒤판(B)은 **직각선(V)**과 **선그리기(D)**를 사용하여 라운드넥으로 한다.

③ 소매는 너치를 제외한 앞판(F)의 2등분점과 중심선의 2등분점을 지나고 뒤판(B)의 밑단점을 **선그리기곡선(D)**
으로 잇는다. 이는 뒤판(B)이 된다. 같은 방법으로 앞판(F)도 그린다.

④ 소매는 앞판(F)과 뒤판(B)을 **이동×2(M)**로 분리하고 **다듬기(W)**로 선을 정리한다.

⑤ 소매의 트임선은 직선의 2등분점에서 **직각선(V)**으로 3㎝ 내어 이 점을 지나는 **선그리기곡선(D)**으로 자연스러운 곡선으로 그린다. 3㎝ 들어가 곡선을 그리면 팔이 더 많이 노출되는 효과가 있다.

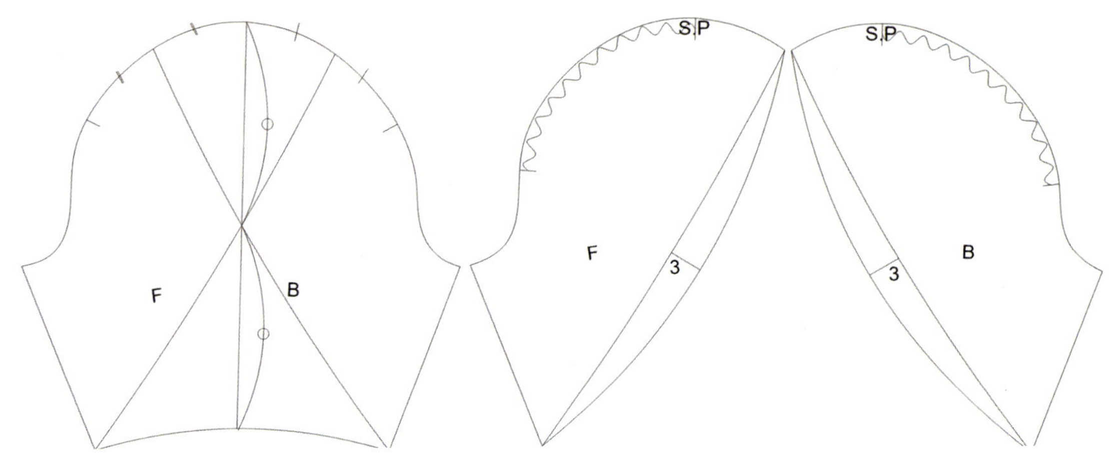

⑥ 캐스케이딩칼라는 **이동×1(M)**로 분리하여 **이동×1(M)**과 **회전×1(R)**을 사용하여 어깨선끼리 맞춘다.

⑦ 각각 5등분점을 **선그리기(D)** 한 후 **벌리기** 하고 각진선은 **선붙여다듬기(Z)**로 정리한다.

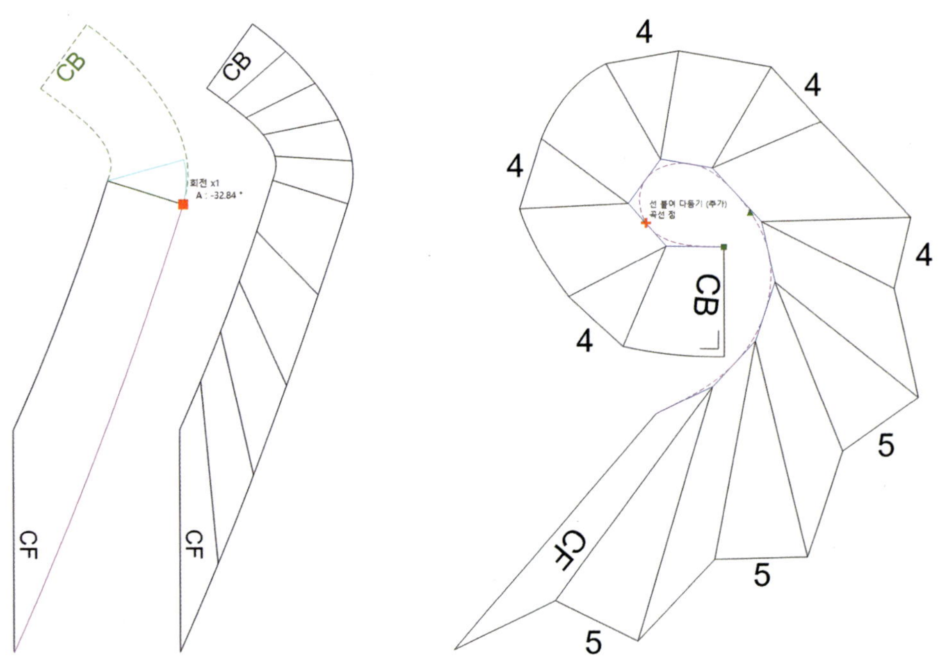

2) 완성선

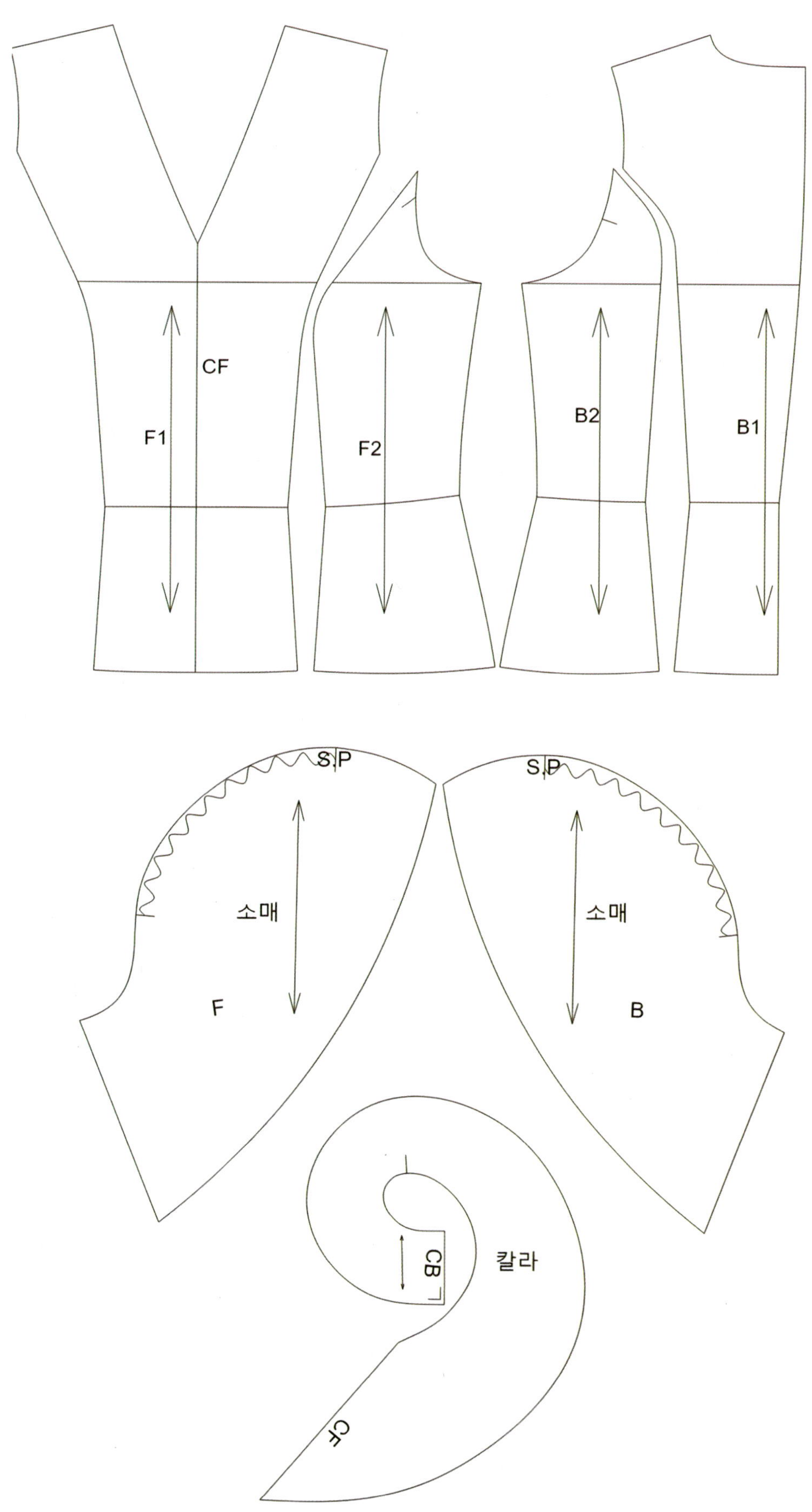

10. 비대칭다트 퍼프슬리브 블라우스
（Asymmetric Darted Puff-Sleeve Blouse）

Front

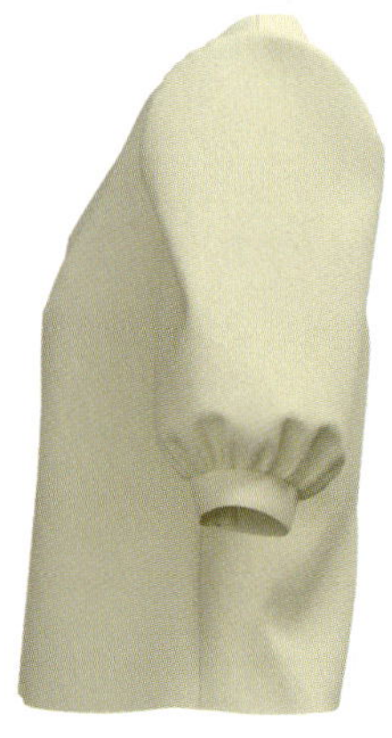

Side

Back

제품 완성 치수				(단위: ㎝, 오차: ±0.5㎝)	
가슴둘레	허리둘레	밑단둘레	총길이	어깨길이	소매길이
92	84	96	54	10	39.5

사용 아이콘

평행	다듬기	연장	선 그리기	직각선	반전	이동	벌리기	중간선	선 길이 조정

회전	기호	선 붙여 다듬기	다듬기	채우기

1) 패턴 제도(토르소 원형 이용)

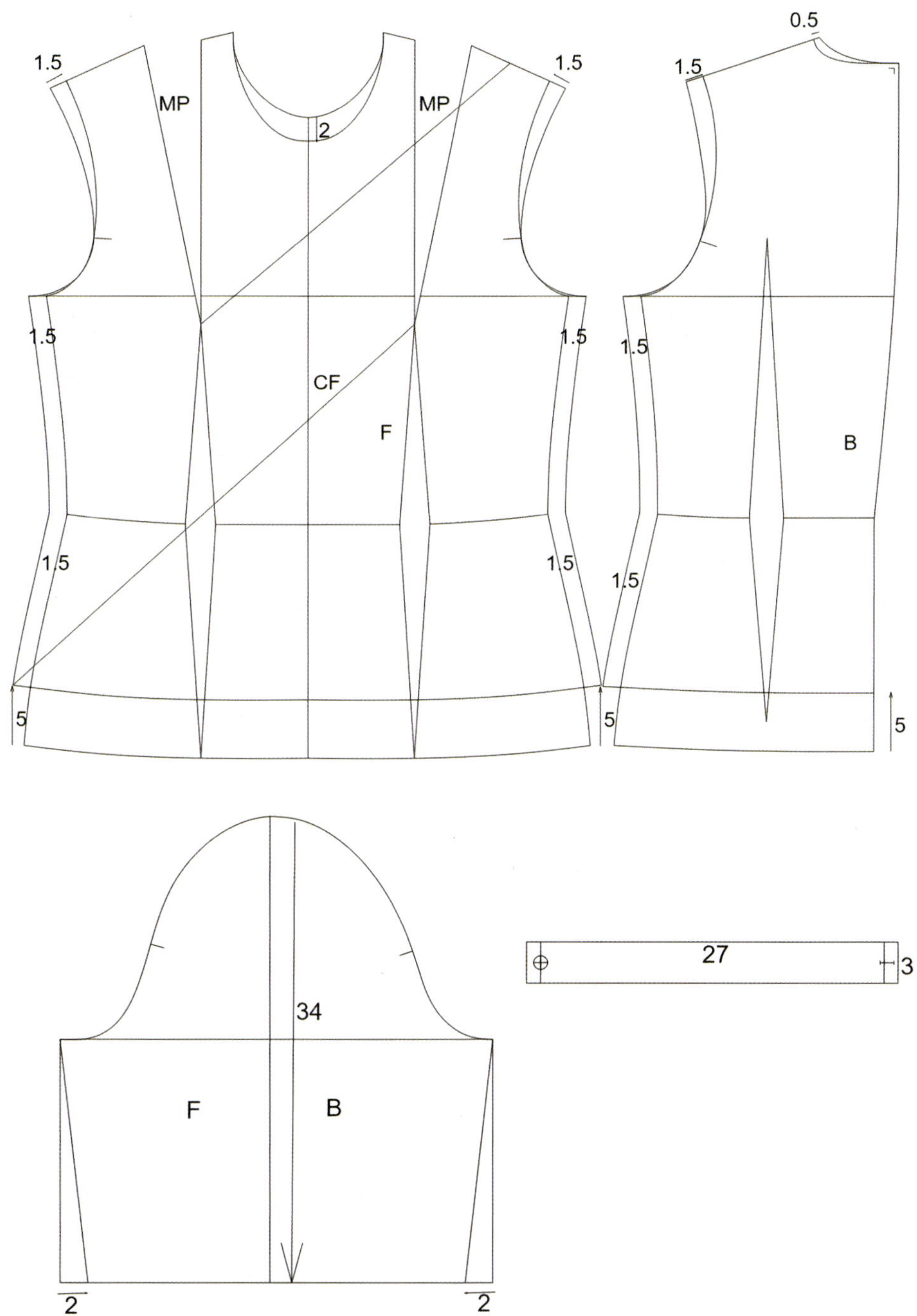

① 비대칭 디자인은 **반전×2(F)**로 앞판(F)의 패턴을 펼친 뒤 제도한다.

② 옆선을 **평행(P)**으로 1.5㎝씩 늘리고, 밑단은 5㎝ 올려 짧게 한다.

③ 어깨끝점은 퍼프소매가 달리는 경우 1.5㎝ 깎아 어깨선을 짧게 하고, **직각선(V)**과 **선그리기곡선(D)**으로 진 동둘레를 새롭게 그린다.

④ 앞중심(CF)의 목앞점은 2㎝ 내려 **선그리기곡선(D)**으로 자연스러운 곡선으로 네크라인을 그려 준다.

⑤ 뒤판(B)의 목옆점은 0.5㎝ 깎아 주고 네크라인을 **선그리기곡선(D)**으로 다시 그린다.

⑥ 소매길이는 34㎝로 하고 밑단의 양옆에서 2㎝씩 들어가 **선그리기**(D)로 그린다.

⑦ **직각선**(V)으로 길이 27㎝, 폭 3㎝의 커프스를 그린다. 커프스 옆선을 **평행**(P)으로 1㎝ 안쪽에 선을 긋고 **기능기호**(O)로 단추와 단춧구멍을 넣는다.

⑧ 소매 진동둘레의 등분점과 소매 밑단의 3등분점을 **선그리기**(D)로 직선을 그린다. 이 직선에 **벌리기**로 위아래 모두 3㎝씩 벌려 준다.

⑨ 퍼프소매의 퍼프 높이를 소매산둘레는 4㎝, 밑단은 3㎝로 **선그리기곡선**(D)으로 그린다.

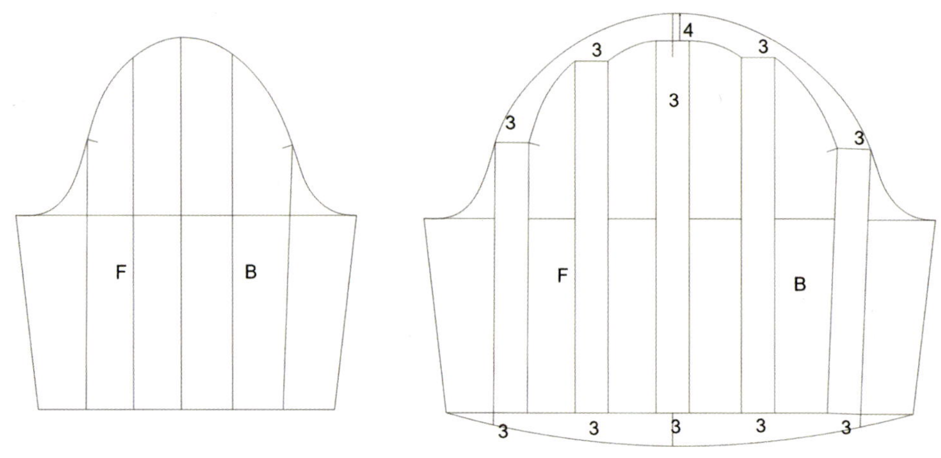

⑩ 허리 다트는 박지 않고 다트 분량은 여유로 처리하여 없앤다. 앞판(F)의 어깨 다트가 이동할 위치를 정한 후, 어깨 다트 끝점에서 **선그리기곡선**(D)으로 그린다.

⑪ 어깨 다트를 **회전**(R)으로 MP하여 이동할 다트선을 벌려 준다. 다트 끝점은 **중간선**으로 4㎝ 내려 끝점을 옮겨 **선그리기**(D)로 다트선을 다시 그린다.

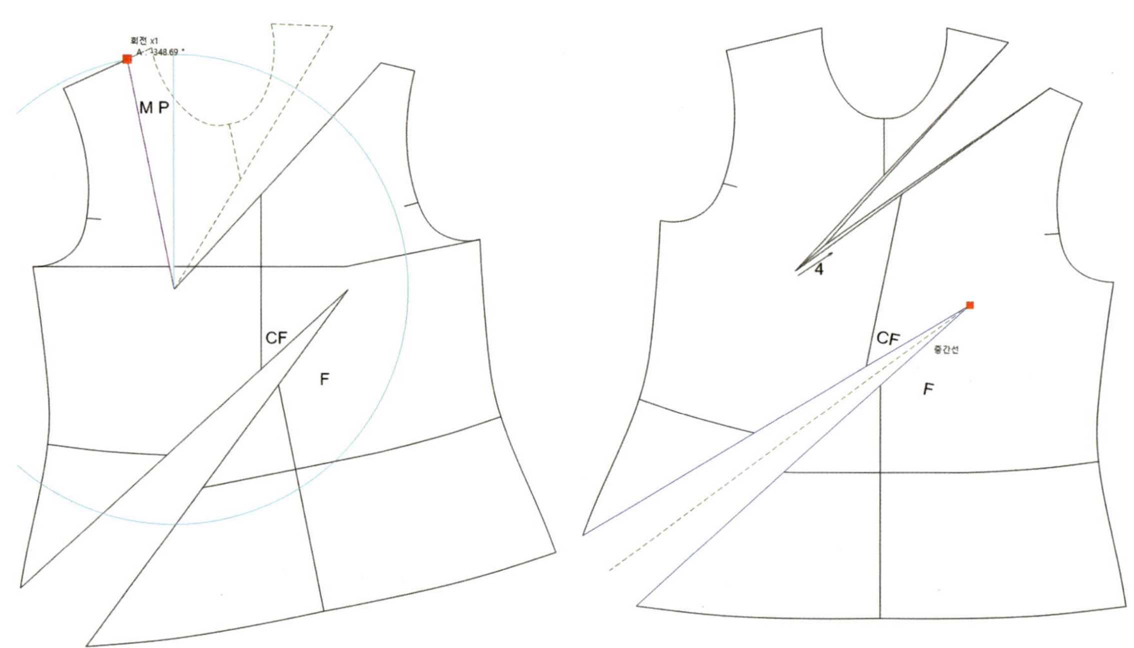

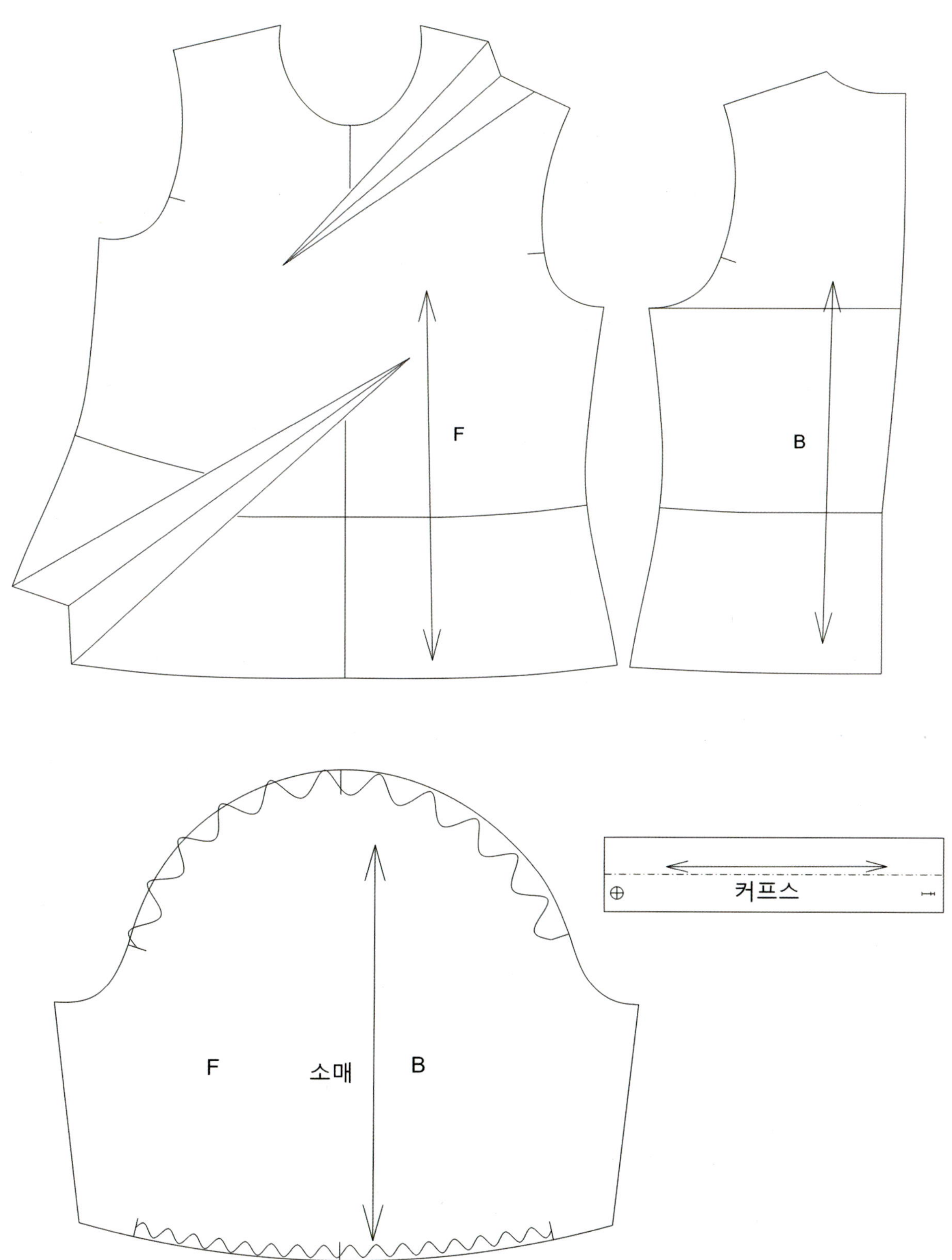
F
B
F
소매
B
커프스

11. 페젼트 블라우스(Peasant Blouse)

Front   Side   Back

제품 완성 치수				(단위: ㎝, 오차: ±0.5㎝)	
가슴둘레	허리둘레	밑단둘레	총길이	어깨길이	소매길이
90.5	114	124	55		66.6

사용 아이콘								
선 그리기	직각선	선 길이 조정	선 자르기	반전	연장	이동	수직/수평 보정	벌리기
선 붙여 다듬기								
기호	다듬기	평행						

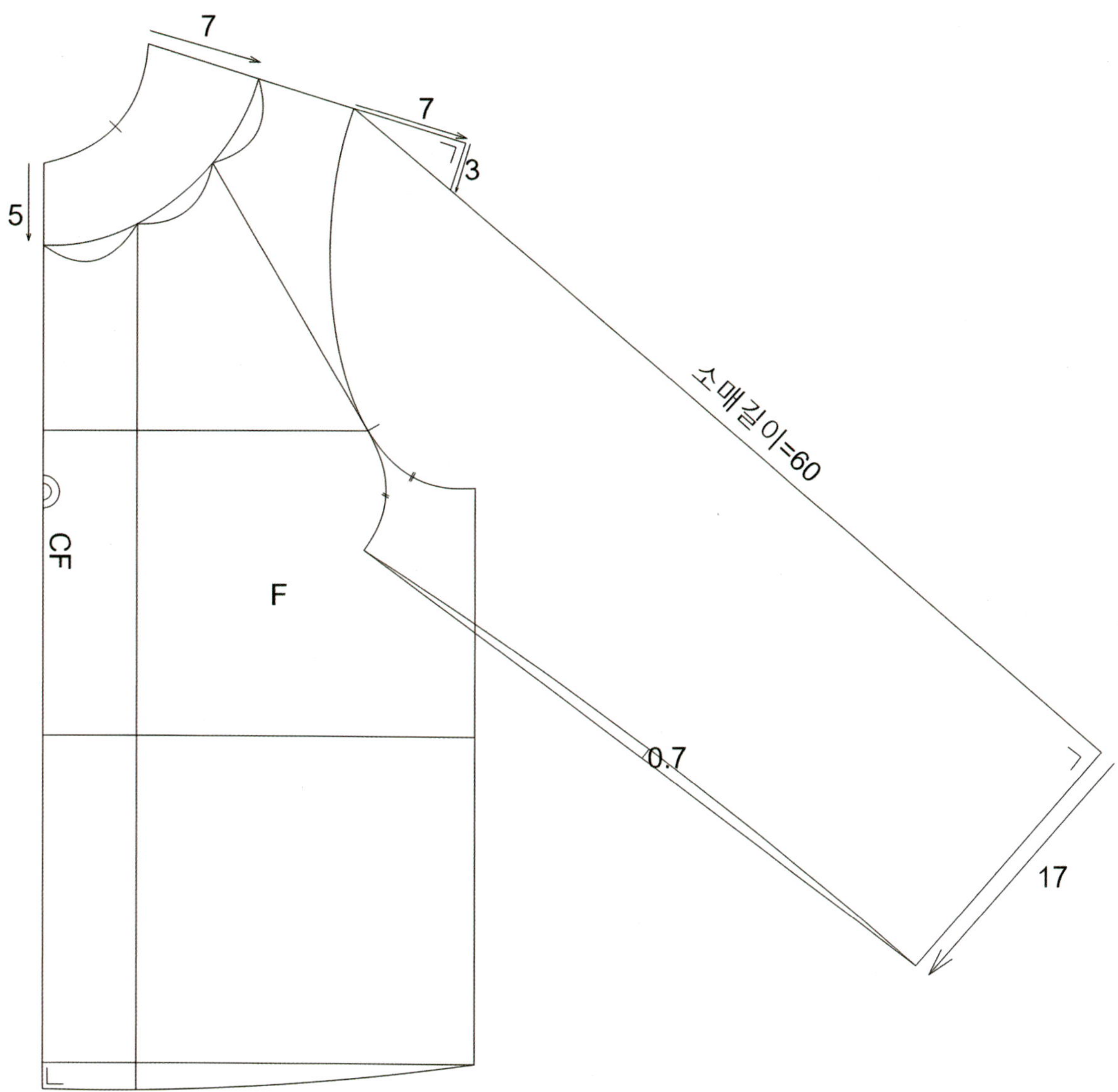

① 턴업커프스 오픈칼라 블라우스의 패턴에서 네크라인을 목앞점에서 5㎝, 목옆점에서 7㎝ 내려 **직각선(V)**과 **선그리기곡선(D)**으로 자연스럽게 그린다.

② 어깨끝점에서 **선길이조정(Q)** 7㎝ 더해 주고 **직각선(V)**으로 3㎝ 내려서 소매경사각을 그린다.

③ 어깨끝점에서 3㎝ 점을 지나는 소매길이를 **선그리기(D)**로 그리고 **직각선(V)**으로 소매부리를 그린다.

④ 새롭게 그린 네크라인의 3등분점에서 **선그리기(D)**로 진동둘레에 맞닿는 직선을 그린다. 진동둘레의 이 점이 너치가 되며 **선자르기(C)**로 이 점을 자른다.

⑤ 너치 아래의 남은 진동둘레는 **반전×2(F)** 한다. 소매의 진동둘레가 그려진다.

⑥ 네크라인의 3등분점에서 **선그리기(D)+Shift**로 밑단까지 직선을 그린다. 이는 주름분량으로 벌어지게 된다.

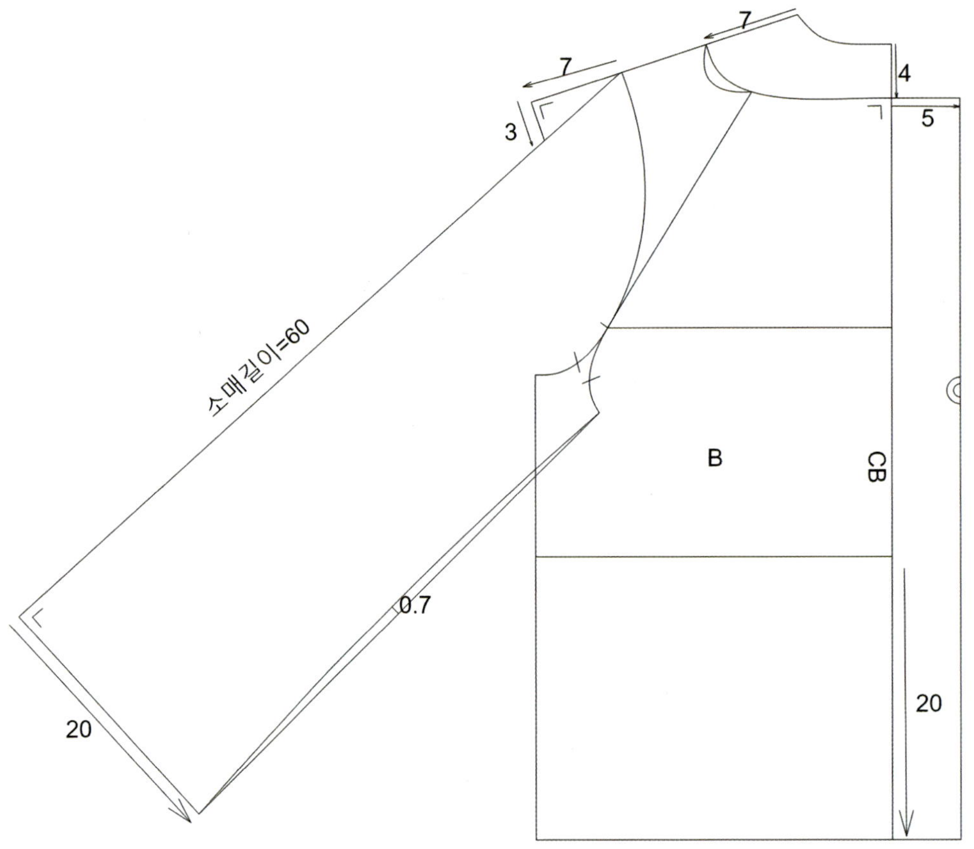

⑦ 앞판(F)과 동일한 방법으로 네크라인과 소매를 제도한다.

⑧ 뒤중심(CB)에서 주름분량 5㎝를 **직각선(V)**)을 사용해 그린다.

⑨ **선자르기(C)**로 분리할 선들을 자르고, **이동(M)**으로 소매와 몸판을 분리한다.

⑩ **수직/수평보정**으로 소매를 수직 보정하여 한 장 소매로 만든다.

⑪ **이동×1(M)**로 X축으로 5㎝ 이동하여 주름 분량을 만들고, 밑단과 네크라인은 **선그리기(D)**로 그려 준다. 주름 분량은 디자인에 따른다.

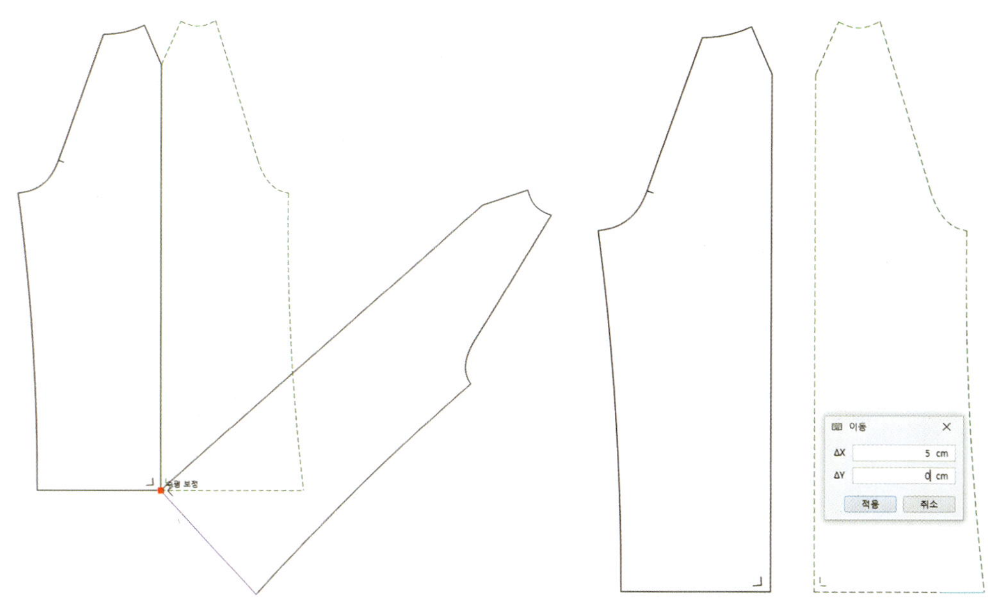

⑫ 앞판(F)의 주름은 **벌리기**로 위아래 모두 5㎝ 넣어 준다.

⑬ 고무실 위치를 네크라인과 밑단은 1.5㎝, 그 외 디자인 고무실은 1㎝ 간격으로 **기능기호(O) 스티치**로 넣어 준다.

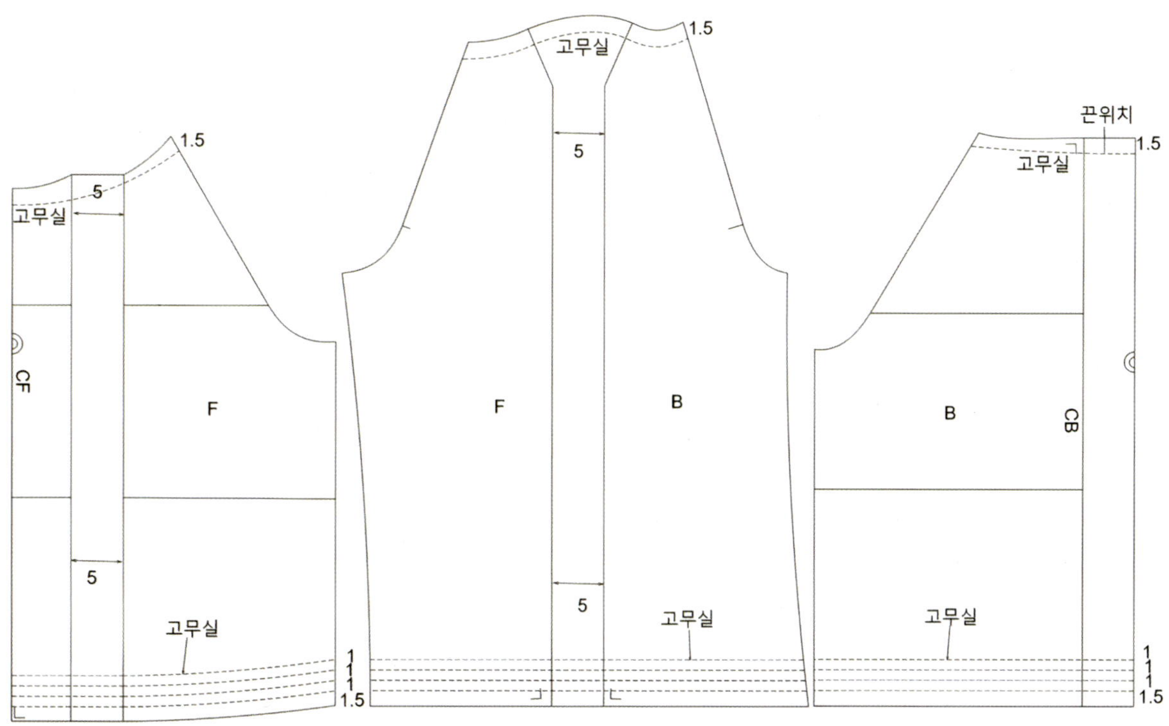

2) 완성선

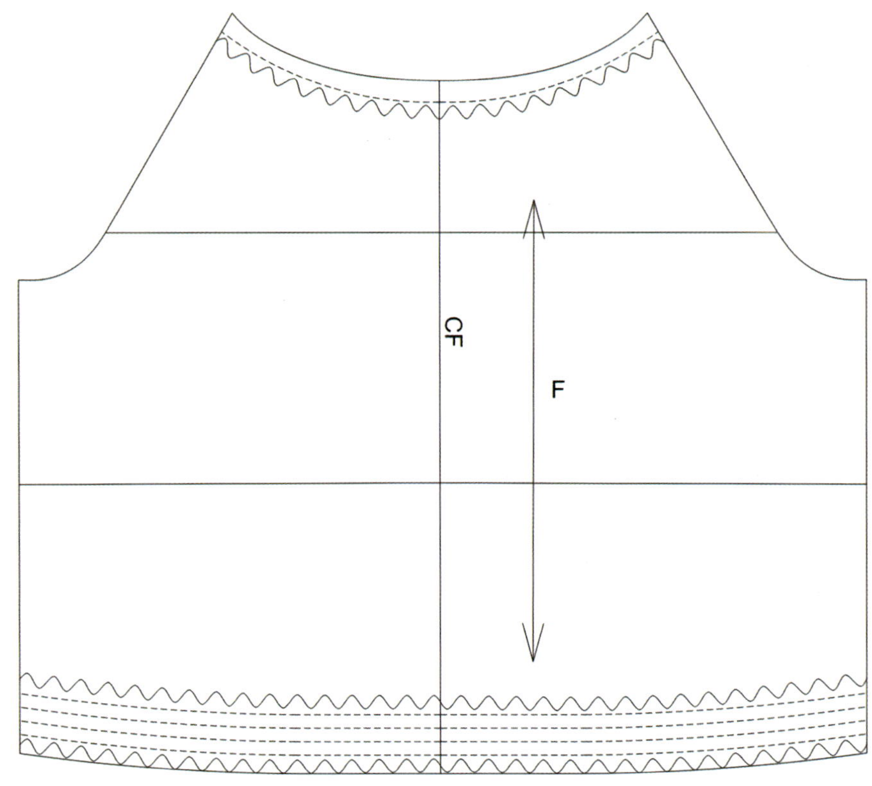

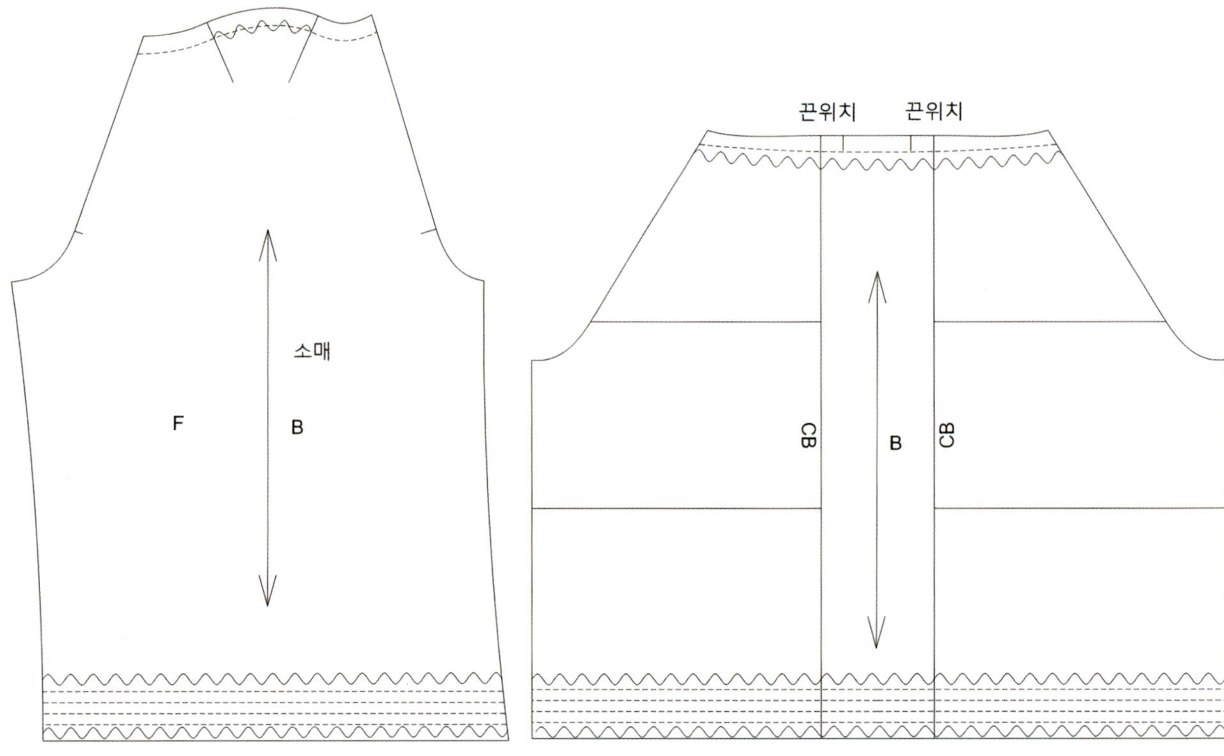

12. 레그오브머튼슬리브 더블버튼 페플럼 블라우스
(Leg-of-Mutton-Sleeve Double-Breasted Peplum Blouse)

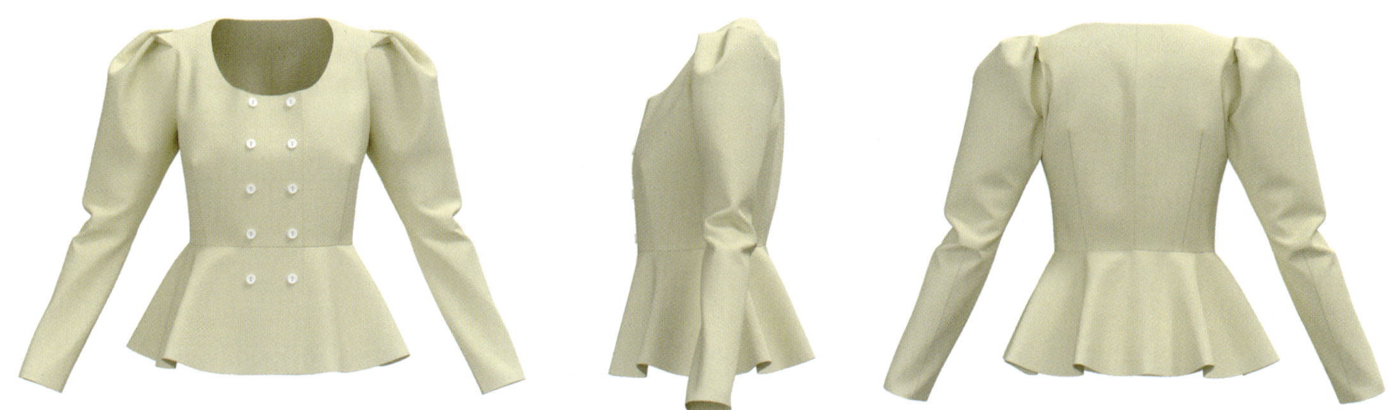

| Front | Side | Back |

제품 완성 치수				(단위: cm, 오차: ±0.5cm)	
가슴둘레	허리둘레	밑단둘레	총길이	어깨길이	소매길이
86	66	161	57	7	74

사용 아이콘

선 그리기	직각선	선 길이 조정	연장	평행	기호	이동	선 자르기	회전	중간선

벌리기	선 붙여 다듬기	다듬기	다듬기	채우기

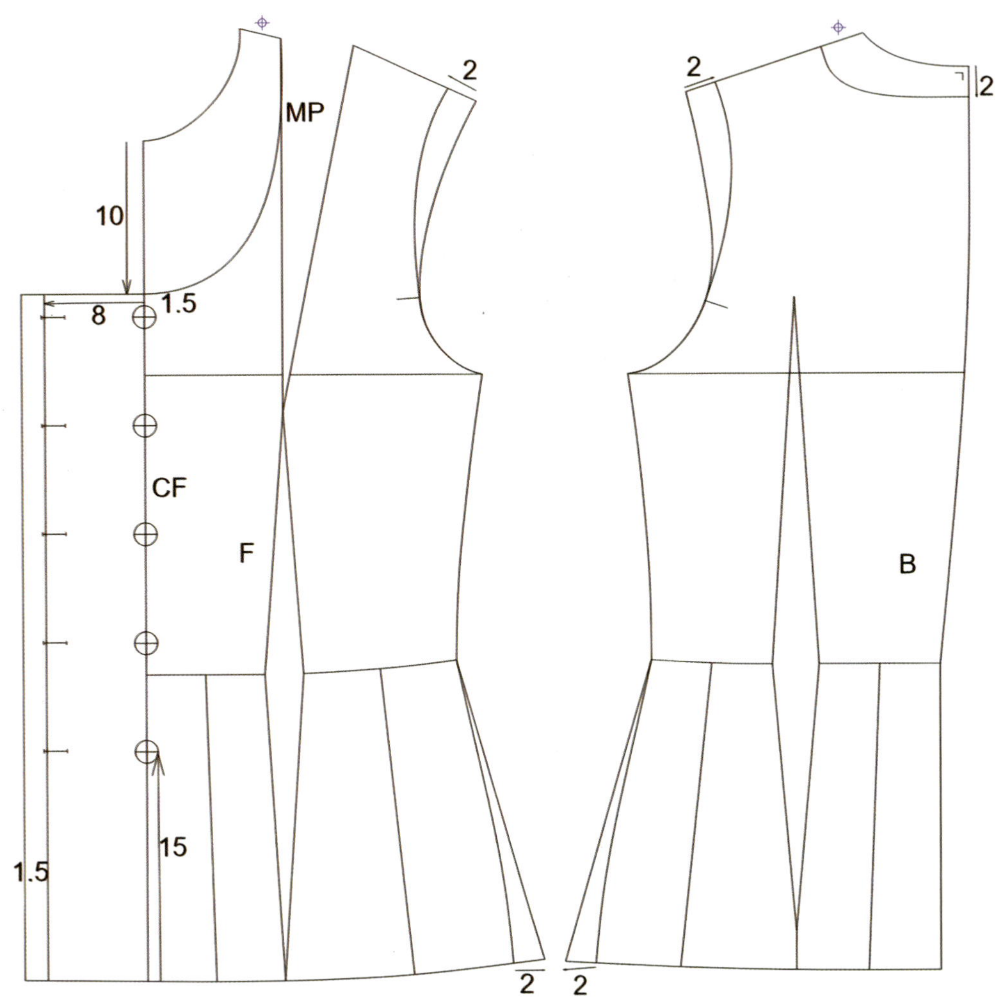

① 목앞점에서 10㎝, 목뒤점에서 2㎝ 내려 **직각선(V)**으로 기준선을 잡은 뒤 목옆점에서 ⊕ 길이만큼 **선그리기곡선(D)**으로 네크라인을 그린다.

② 어깨끝점에서 어깨선을 2㎝ 짧게 하여 진동둘레를 **선그리기곡선(D)**으로 그린다.

③ 허리선 등분점과 밑단선 등분점을 **선그리기(D)**로 직선 연결한다.

④ 밑단의 옆선에서 **선길이조정(Q)**으로 2㎝ 늘려 옆선을 **선그리기(D)**로 그린다.

⑤ 목앞점에서 10㎝ 내린 점에서 **직각선(V)**으로 8㎝의 여밈분을 밑단까지 그린다. **평행(P)**으로 여밈분 1.5㎝를 추가로 내어 그리고, 밑단과 네크라인은 **연장(E)**한다.

⑥ **기능기호(O)**로 단추지름 1.5㎝로 5개를 넣는다. 첫 번째 단추 시작점 1.5㎝, 마지막 단추 위치 15㎝의 단추와 단춧구멍을 넣는다.

⑦ 허리선에서 **이동×1(M)**로 상의 부분과 페플럼 부분을 분리한다.

⑧ 다트끝점은 **중간선**으로 4㎝ 아래에 놓고 **수정(A)**으로 옮긴다.

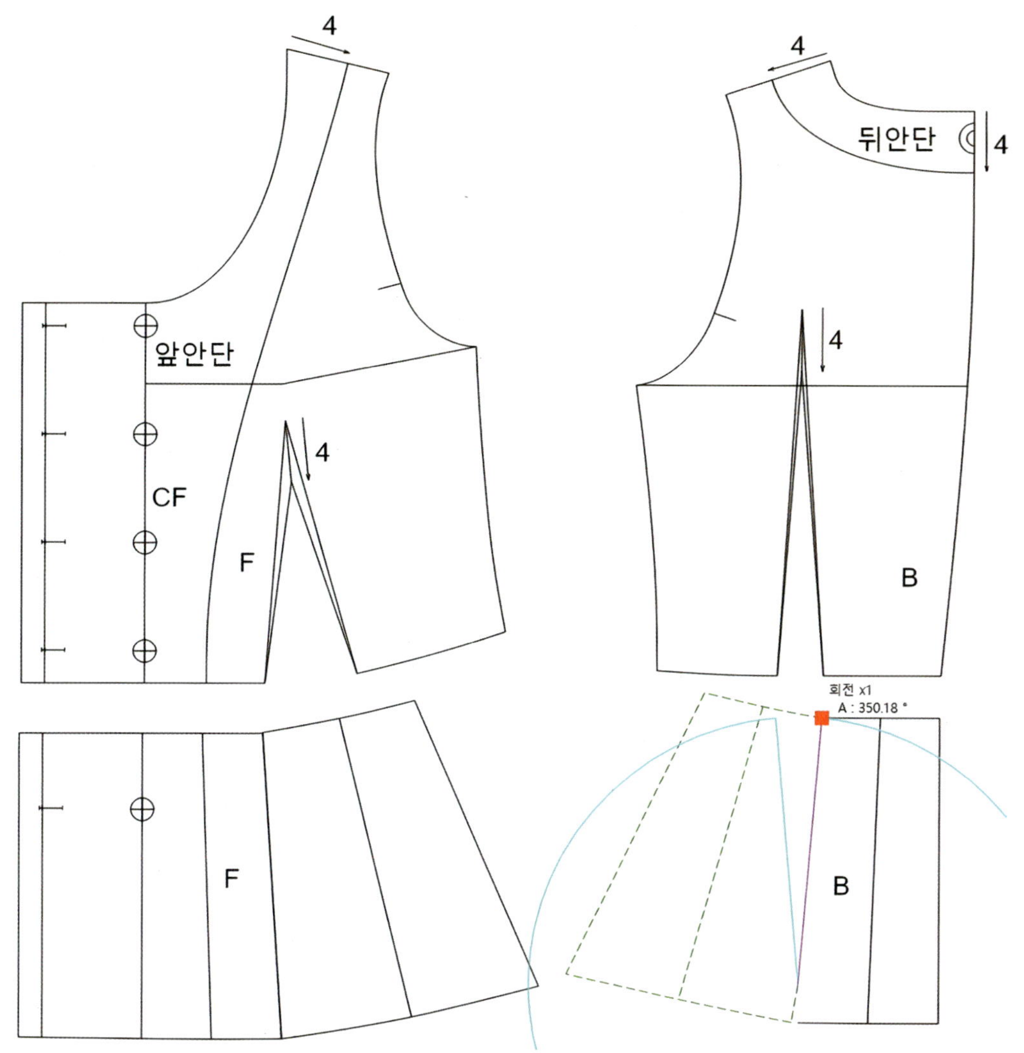

⑨ 어깨선에서 4㎝의 안단을 **직각선**(V)과 **선그리기곡선**(D)으로 그린다.

⑩ 페플럼은 등분선을 기준으로 **벌리기**로 아래만 5㎝씩 벌린다.

⑪ 네크라인과 진동둘레 옆선 등, 페플럼 상단과 밑단을 각각 **선붙여다듬기**(Z) 한다.

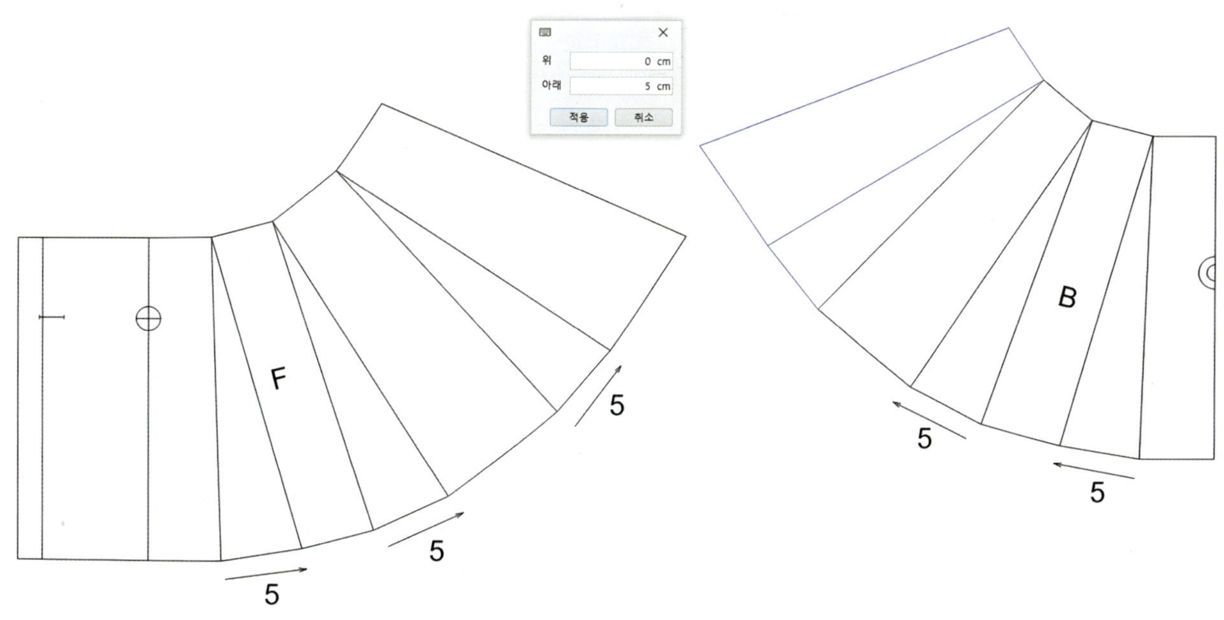

⑫ 소매원형을 소매중심선의 밑단에서 양옆으로 11㎝씩 **직각선(V)**으로 그린 후, **선그리기(D)**로 옆선을 그린다.

⑬ 뒤판(B)의 팔꿈치선에서 8㎝ **선자르기(C)**하고, **선그리기(D)**로 1㎝의 다트를 그린다.

⑭ 다트끝점에서 **직각선(V)**으로 밑단에 직선을 그린다.

⑮ 팔꿈치 다트 1㎝만큼 옆선을 **선길이조정(Q)**으로 늘려서 **선그리기곡선(D)**으로 밑단선을 그린다. 이 팔꿈치 다트는 **회전(R)**으로 MP시켜 소매부리 다트로 만든다.

⑯ 어깨끝점에서 10㎝, 옆선에서 각각 8㎝씩 **선자르기(C)** 한 후, **선그리기(D)**로 각 점을 잇는 직선을 그린다.

⑰ **회전(R)**으로 각 선을 5㎝씩 벌린다.

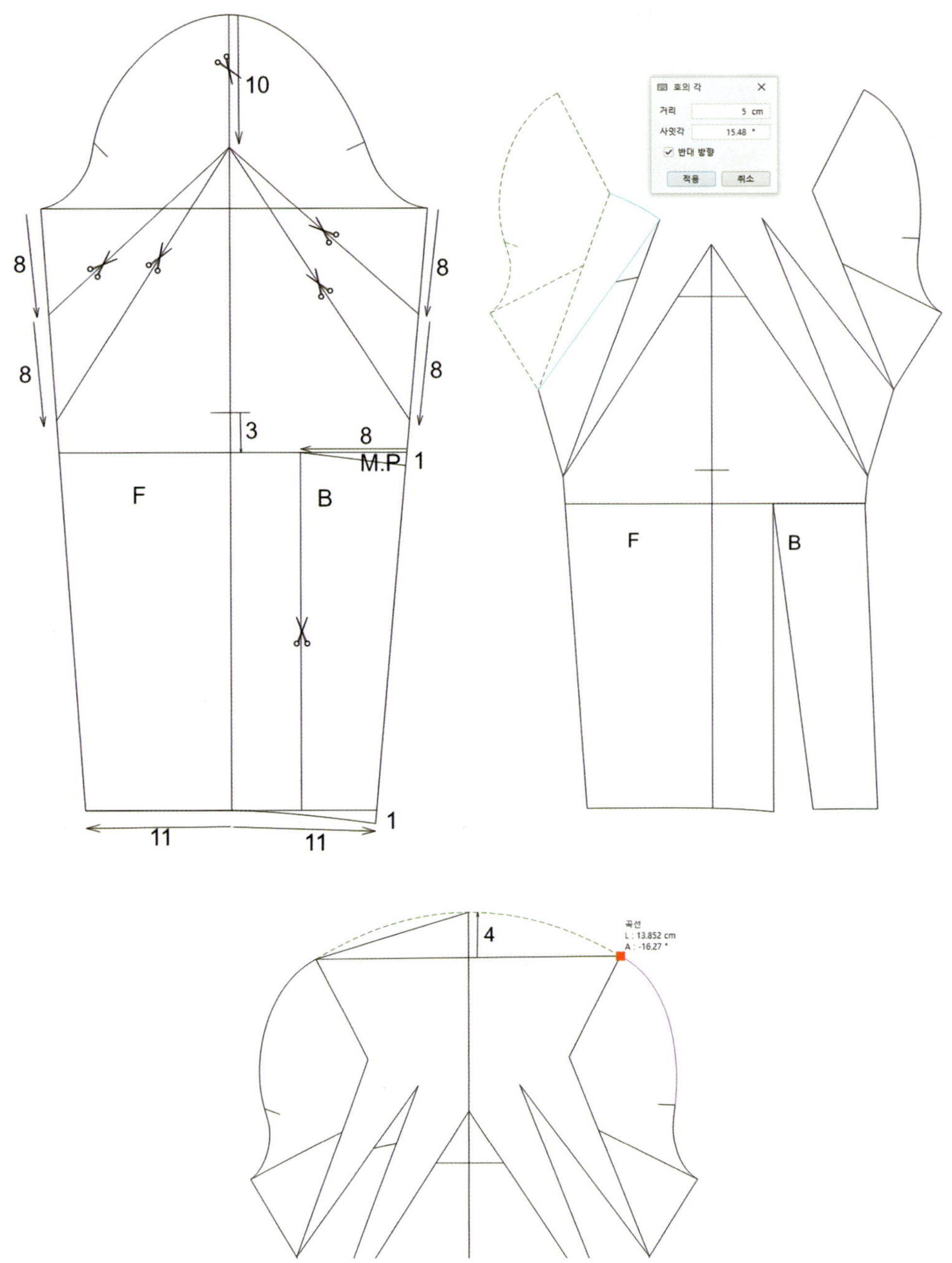

⑱ 벌어진 주름량의 끝과 소매중심선의 교차점에서 **선길이조정(Q)** 4㎝ 올려서 소매산둘레를 **선그리기곡선(D)**으로 그린다. 옆선과 밑단 등을 **선붙여다듬기(Z)** 한다.

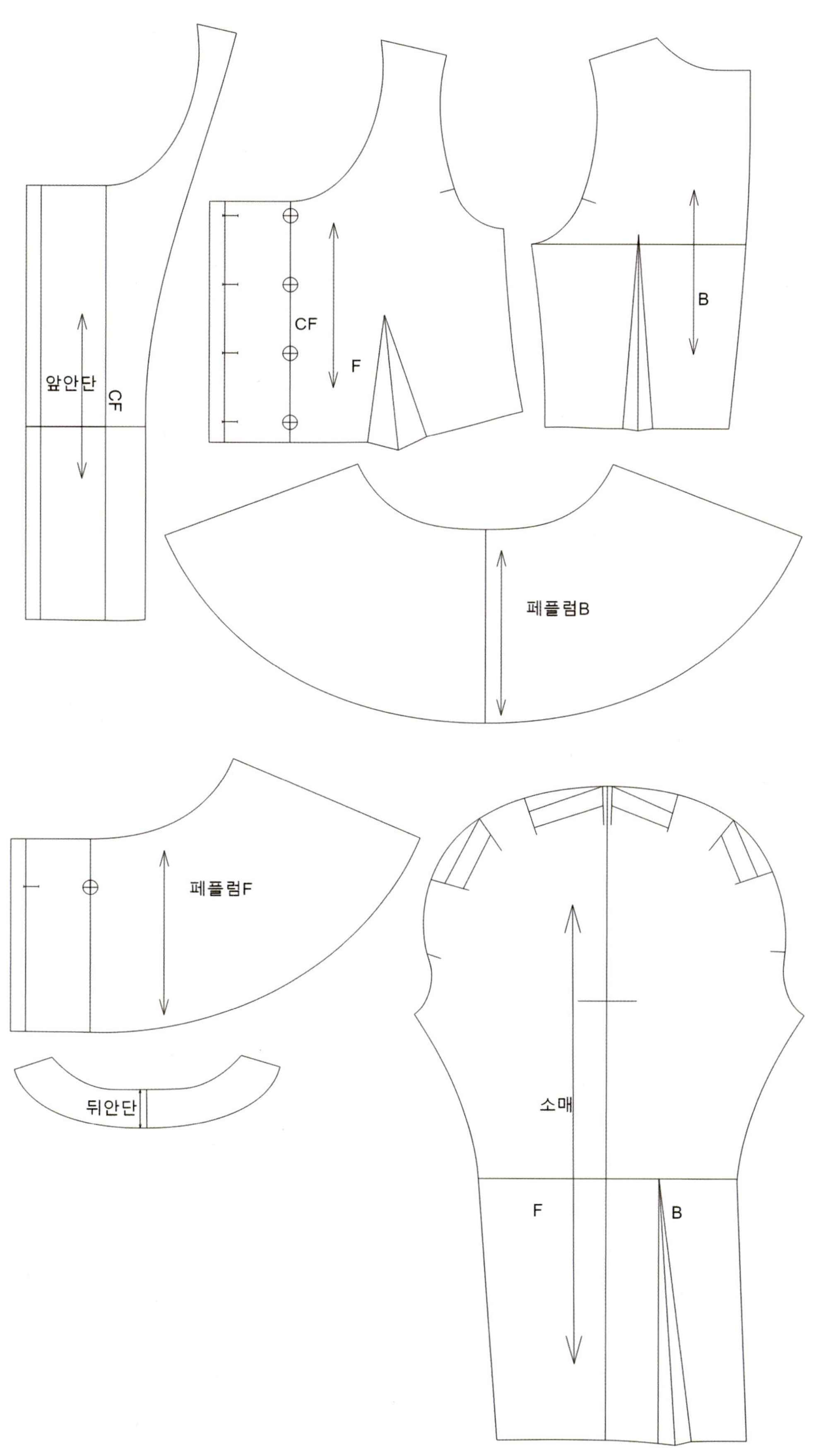
앞안단
CF
CF
F
B
페플럼B
페플럼F
뒤안단
소매
F
B

13. 브이넥 벌룬슬리브 블라우스
（V-Neck Balloon-Sleeve Blouse）

Front

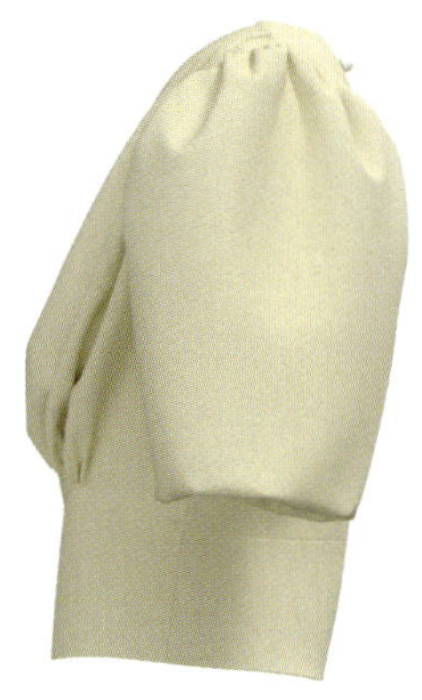

Side

Back

제품 완성 치수				(단위: ㎝, 오차: ±0.5㎝)	
가슴둘레	허리둘레	밑단둘레	총길이	어깨길이	소매길이
86	72	85	45	7.6	29

사용 아이콘								
선 그리기	직각선	다듬기	선 자르기	연장	선 길이 조정	이동	회전	중간선
벌리기	반전	평행	선 붙여 다듬기	기호	다듬기	채우기		

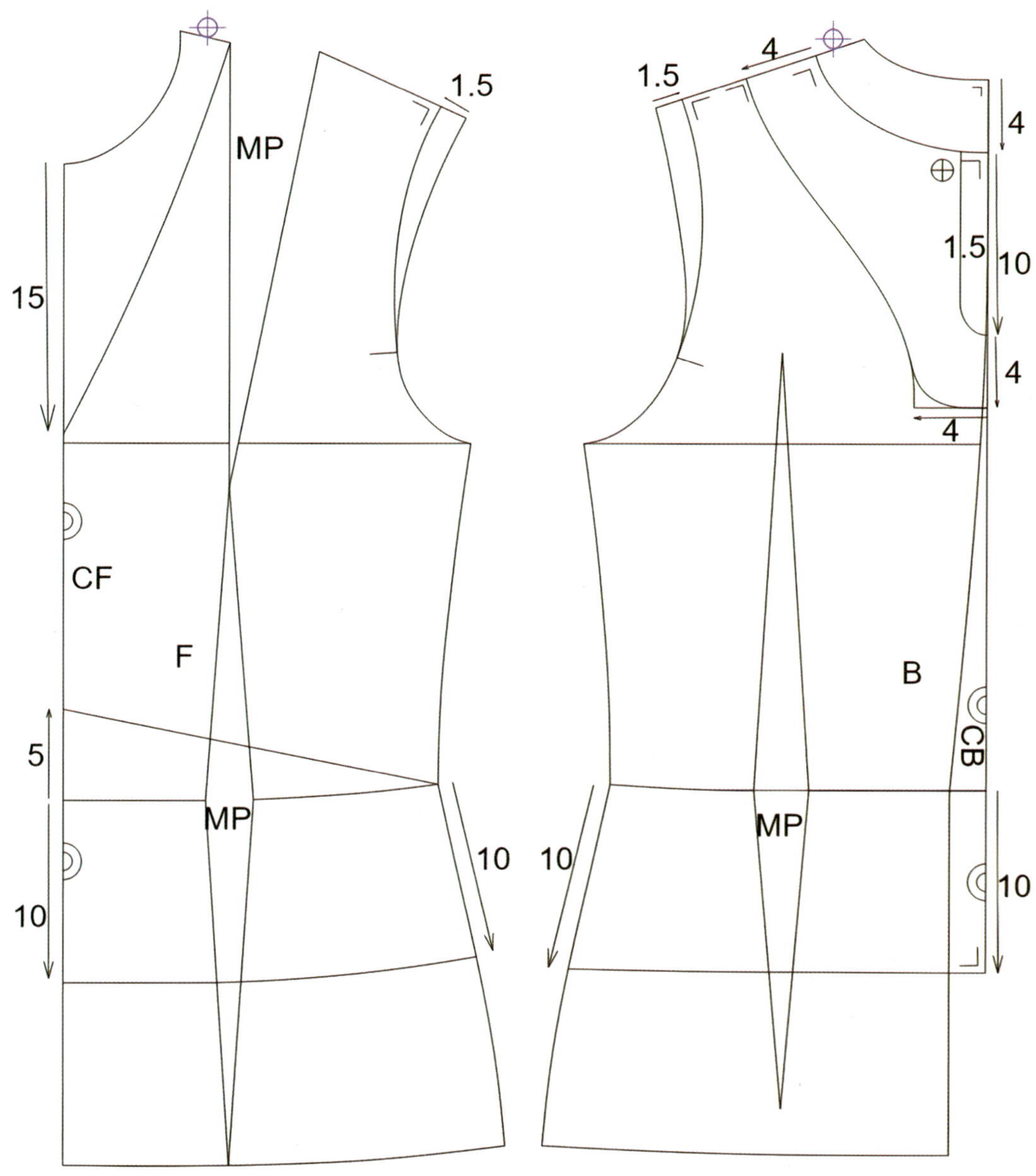

① 목앞점에서 15cm 목뒤점에서 4cm 내려 **직각선(V)**으로 기준선을 잡은 뒤 목옆점에서 ⊕ 길이만큼 **선그리기** **(D)**으로 네크라인을 그린다.

② 어깨끝점에서 어깨선을 1.5cm 짧게 하여 진동둘레를 **선그리기곡선(D)**으로 그린다.

③ 뒷중심 허리선과 옆허리선에서 10cm, 앞중심 허리선에서 아래로 10cm, 위로 5cm 하여 허리 밴드 라인을 **선 그리기곡선(D)**으로 그린다.

④ 뒤안단을 **직각선(V)**과 **선그리기곡선(D)**으로 그린다. 1.5cm를 키홀 모양으로 들어가 그려 주고 단추를 넣는다.

⑤ **다듬기(W)**와 **선자르기(C)**를 사용하여 기준선들은 삭제하고 완성선만을 남긴다.

⑥ 선들을 **선자르기**(C) 한 후, **이동**×1(M)로 상의 부분과 밴드 부분을 분리한다.

⑦ **회전**(R)으로 어깨 다트를 MP하여 허리 다트로 보내 주어 허리 다트량이 늘어난다.

⑧ 뒤 허리 다트는 다트 끝점을 **중간선**으로 4㎝ 내려 다시 그린다.

⑨ 밴드의 상단과 밑단, 옆선 등 각진 선들은 **선붙여다듬기**(Z)로 부드럽게 다듬는다.

⑩ 앞판(F)의 어깨선의 등분점에서 밑단의 적당한 점까지 **선그리기**(D) 그린 후 **벌리기**로 3㎝씩 주름 분량을 벌려 준다. 이때 허리 다트는 주름으로 흡수된다.

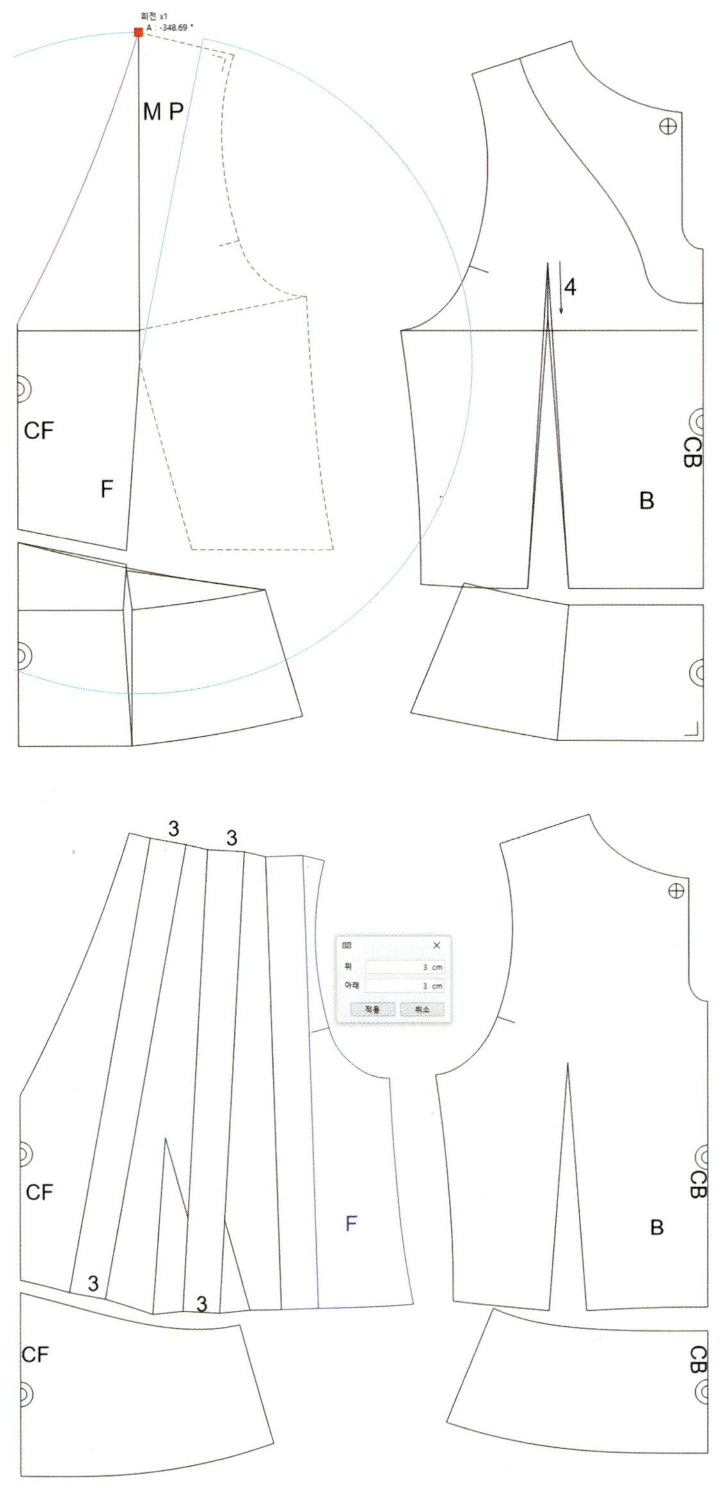

⑪ 벌룬 소매는 안소매와 겉소매로 이루어진다. 소매원형을 이용하여 제도하고 겉소매길이는 34㎝, 겉소매 밑단둘레는 27㎝이고, 안소매길이는 29㎝, 밑단둘레는 24㎝로 **직각선(V)**과 **선그리기(D)**로 그린다. 안소매를 5㎝ 짧게 하여 벌룬의 형태가 된다.

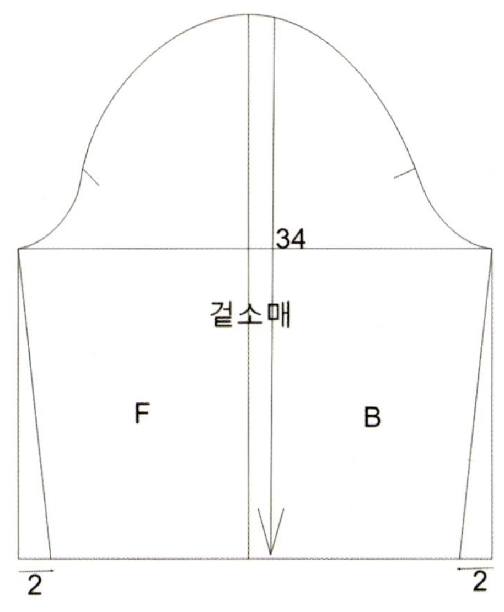

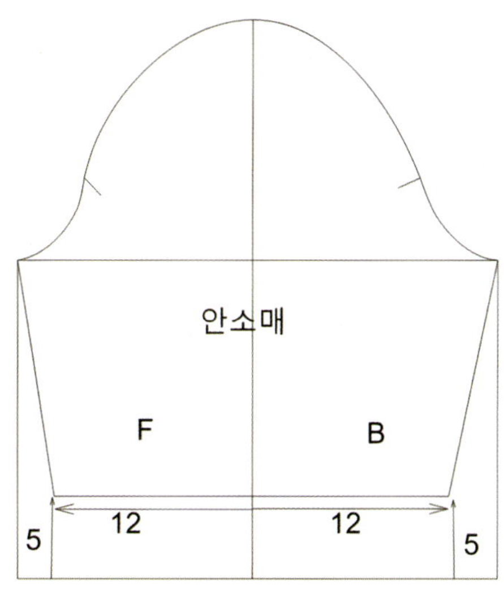

⑫ 겉소매는 등분선을 그린 후 **벌리기**로 4㎝씩 주름 분량을 넣어 준다.

⑬ 소매중심선의 소매산둘레 4㎝ 올려 주고 밑단은 2㎝ 내려 **선그리기곡선(D)**으로 자연스러운 곡선을 그린다.

⑭ 겉소매와 안소매의 길이 차이는 봉제 후 퍼프의 높이가 되어 벌룬 소매가 완성된다.

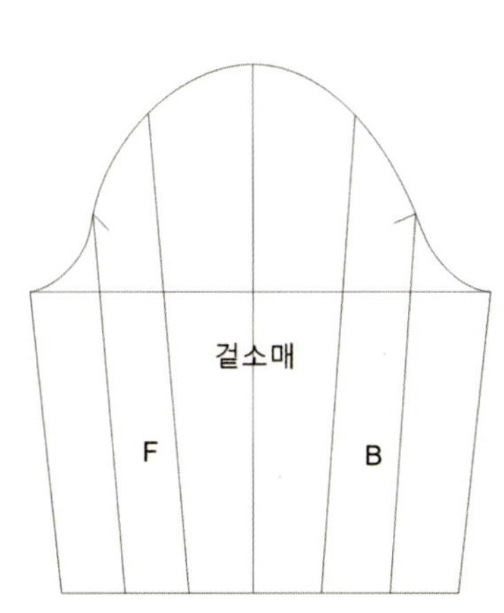

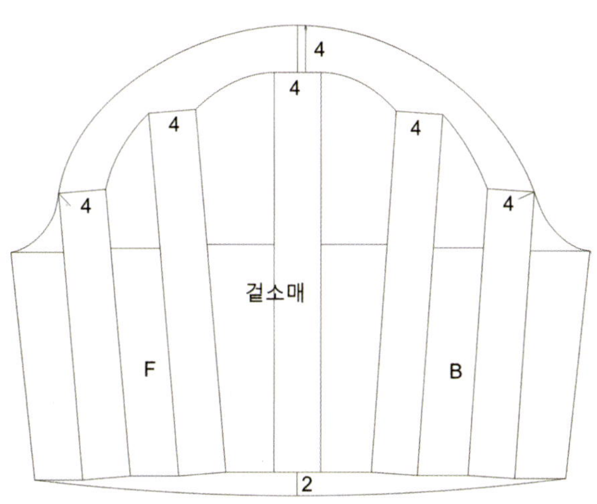

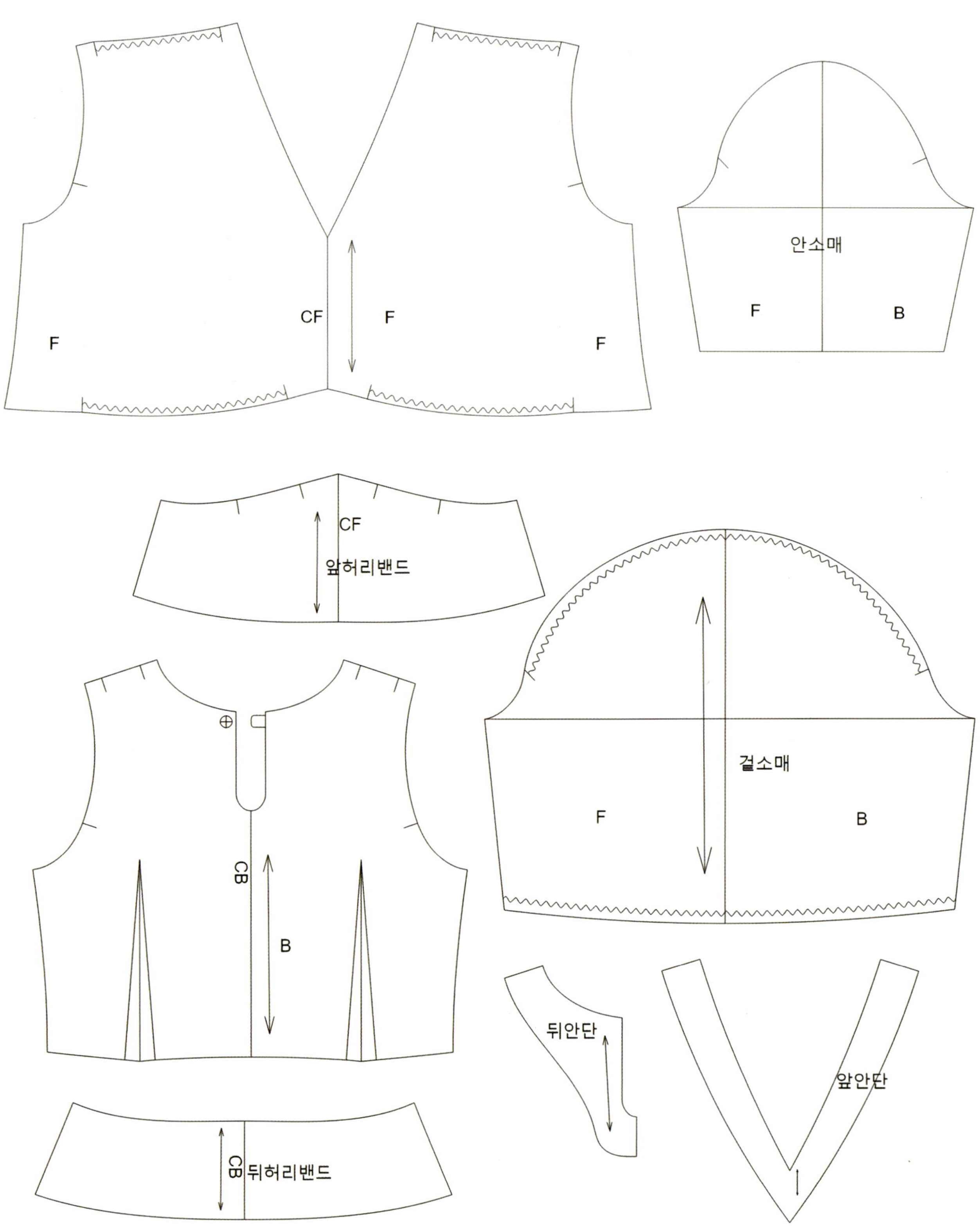
안소매
F
B
CF
F
F
F
CF
앞허리밴드
걸소매
F
B
CB
B
뒤안단
앞안단
CB 뒤허리밴드

14. 2단 칼라와 2단 플레어 블라우스
(Double-Layered Collar Double-Tiered Flare Blouse)

Front

Side

Back

제품 완성 치수				(단위: ㎝, 오차: ±0.5㎝)	
가슴둘레	허리둘레	밑단둘레	총길이	어깨길이	소매길이
76.7	63	160.5	65	3	소매 없음

사용 아이콘					
직각선	선 그리기	선 길이 조정	연장	다듬기	평행
선 붙여 다듬기	이동	선 자르기			
벌리기	회전	반전	수직/수평 보정	기호	

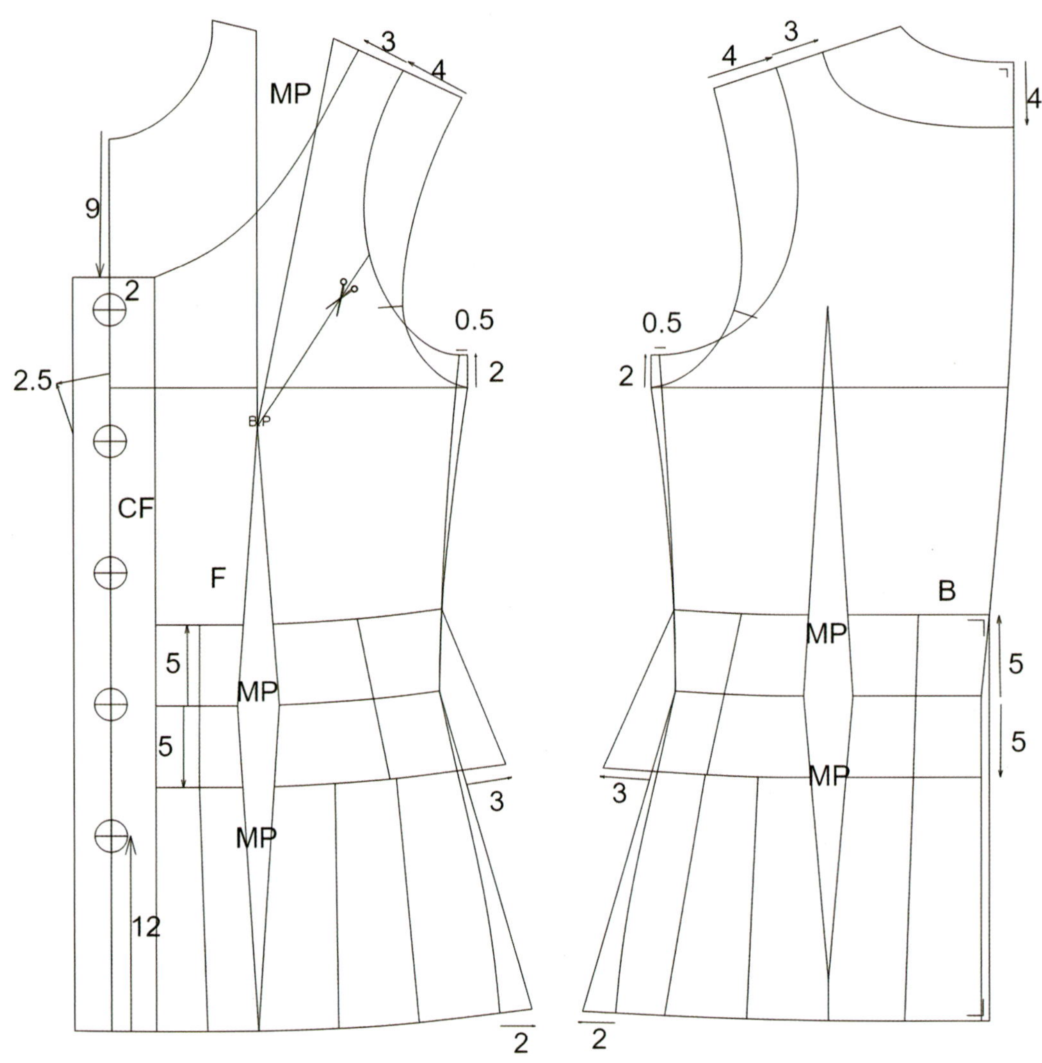

① 소매가 없는 블라우스는 입었을 때 겨드랑 속이 보이지 않도록 겨드랑점을 1~2㎝ 올려 주고 0.5~1㎝ 안으로 넣어 겨드랑점을 변경한다. **직각선(V)**으로 기준선을 잡은 뒤 **선그리기곡선(D)**으로 진동둘레선을 그린 후 옆선도 다시 그린다.

② 목앞점에서 9㎝, 목뒤점에서 4㎝ 내려 **직각선(V)**으로 기준선을 잡은 뒤, 어깨선을 3㎝로 하는 네크라인을 **선그리기곡선(D)**으로 그린다.

③ 0.5㎝ 들어간 겨드랑점과 밑단에서 **선길이조정(Q)**으로 2㎝ 늘린 점을 연결하는 옆선을 새롭게 그린다.

④ 뒤판(B)의 진동둘레 2등분점과 뒤다트를 잇는 프린세스라인을 그린다. **선그리기(D)**로 앞판(F)의 진동둘레의 2등분점과 B.P점을 잇는 프린세스라인을 그린다.

⑤ 여밈분은 **직각선(V)**으로 2.5㎝로 그린다. 밑단선은 **연장(E)**을 사용할 수 있다. **기능기호(O)**로 첫 번째 단추 시작점 2㎝, 마지막 단추 12㎝의 단추 5개를 넣는다.

⑥ 허리선을 위로 아래로 5㎝씩 **평행(P)**으로 복사선을 그린다. 필요시 **연장(E)**을 사용하여 선을 완성한다. 아래선은 **선길이조정(Q)**으로 3㎝ 늘려 1단 프릴의 옆선을 **선그리기(D)**로 그린다.

⑦ 프릴의 등분점들을 각각 **선그리기**(D)로 연결하여 그린다.

⑧ 필요한 선들을 **선자르기**(C) 하고, **회전**(R)으로 어깨 다트를 MP하여 진동 다트를 생성한다. **회전**(R)으로 허리 다트를 MP한다.

⑨ **선붙여다듬기**(Z)로 프린세스라인을 곡선으로 하고, 플레어도 **선붙여다듬기**(Z)로 곡선 처리한다.

⑩ 여밈분과 플레어 등 각 패턴 조각들은 **이동×1**(M)로 각각 분리하고, **다듬기**(W)와 **연장**(E)으로 선들을 정리한다.

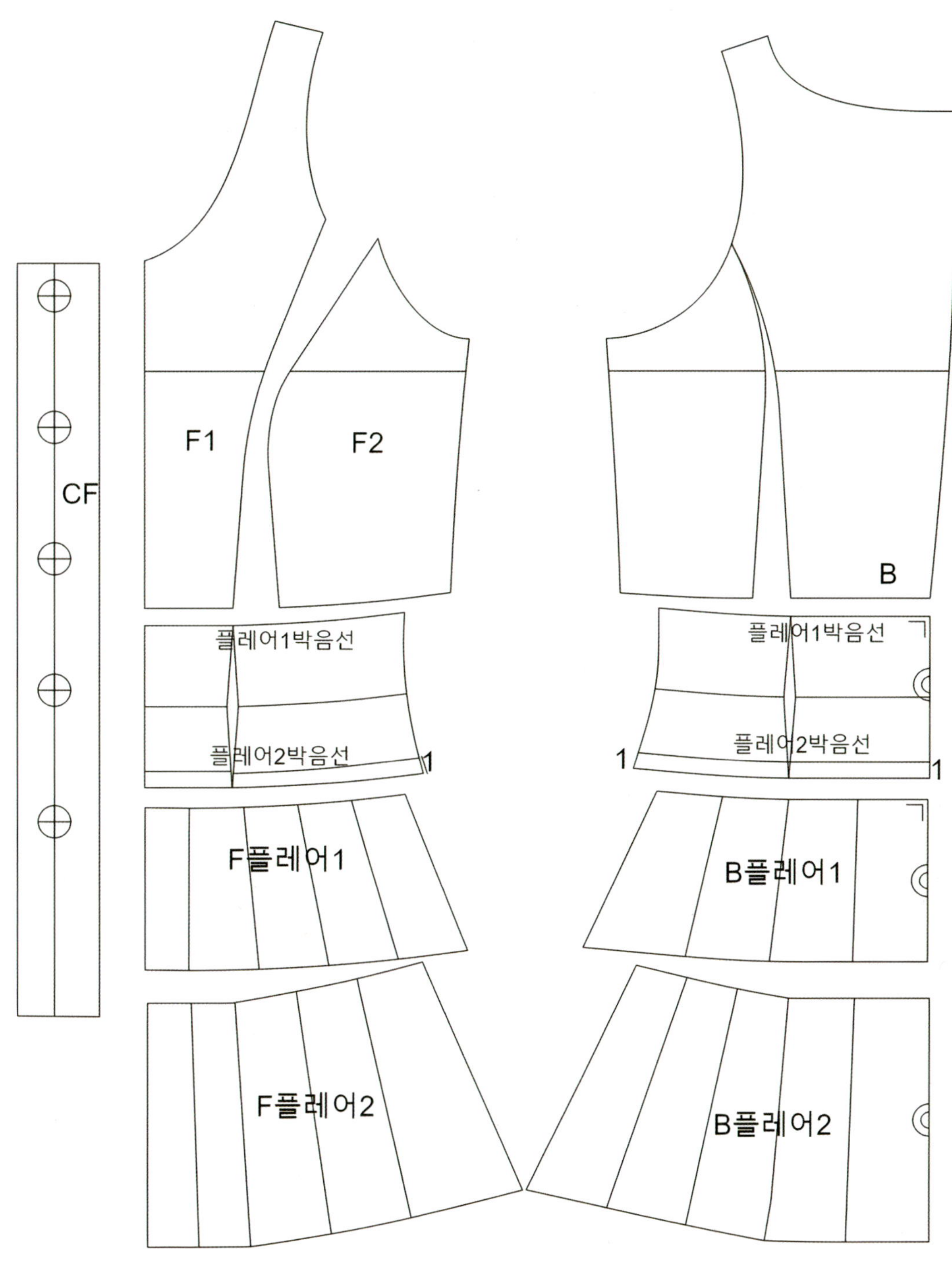

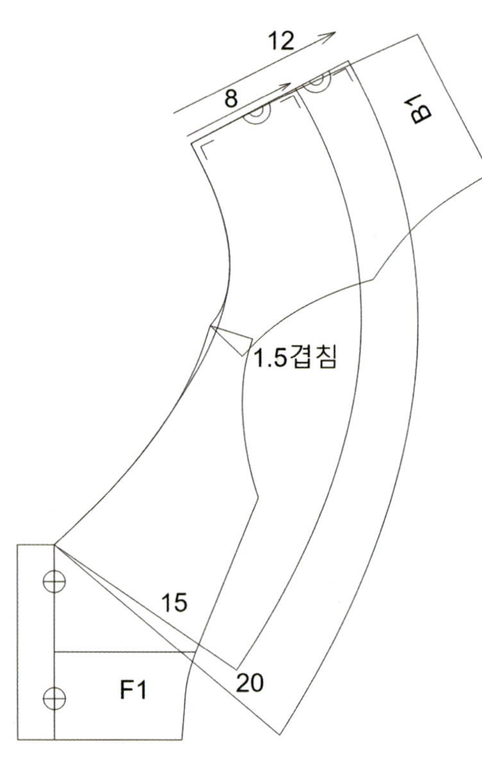

⑪ **이동×2(M)**로 F1과 F2의 목옆점을 붙인다.

⑫ **회전×1(R)**로 B1을 회전시켜 어깨끝점을 1.5㎝ 겹치게 한다.

⑬ 칼라1은 뒷중심에서 **직각선(V)**으로 8㎝, 앞칼라 길이 **선그리기(D)** 15㎝로 한다. 칼라 외곽선은 **선그리기곡선(D)**으로 그린다.

⑭ 칼라2는 뒷중심에서 **직각선(V)**으로 12㎝, 앞칼라 길이 **선그리기(D)** 20㎝로 한다. 칼라 외곽선은 **선그리기곡선(D)**으로 그린다.

⑮ 칼라앞의 각도는 디자인에 따른다.

⑯ 칼라 달림선은 **선그리기곡선(D)**으로 자연스럽게 그린다.

⑰ 칼라1과 칼라2를 각각 **이동×2(M)**로 분리하고, **수직수평보정**한다.

⑱ 각각의 칼라를 **반전×2(F)**로 펼친다.

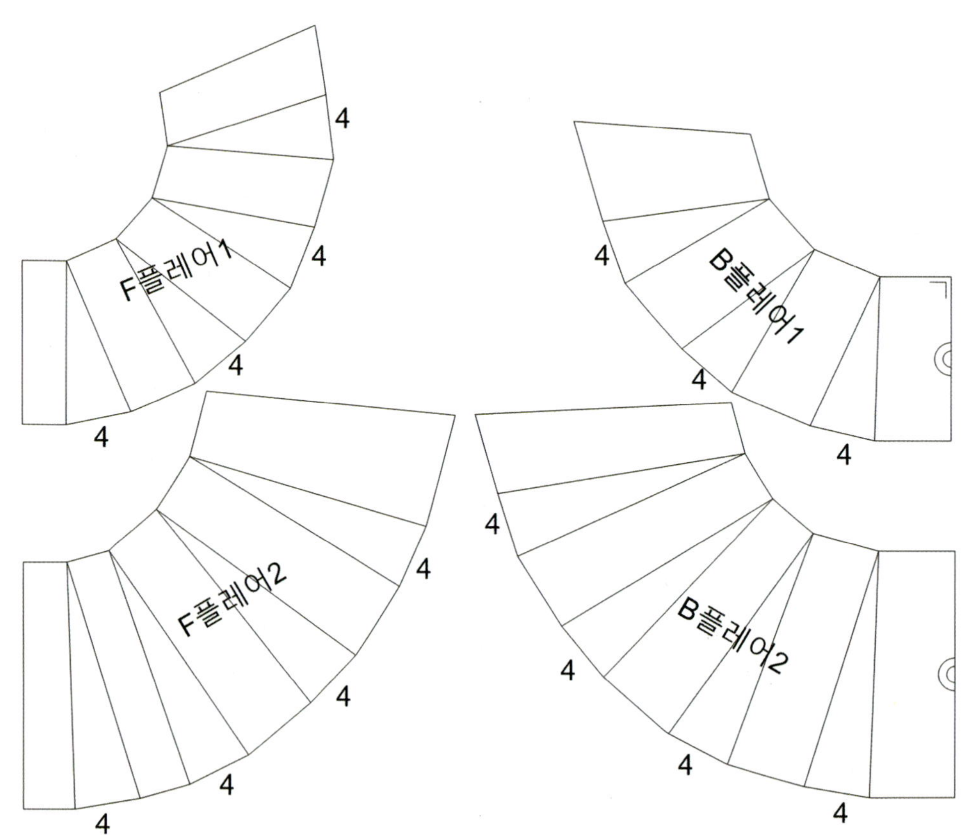

⑲ 각 플레어는 **벌리기**로 각 선에 4㎝의 플레어를 준다. **선붙여다듬기(Z)**로 각 선들을 자연스러운 곡선으로 다듬는다.

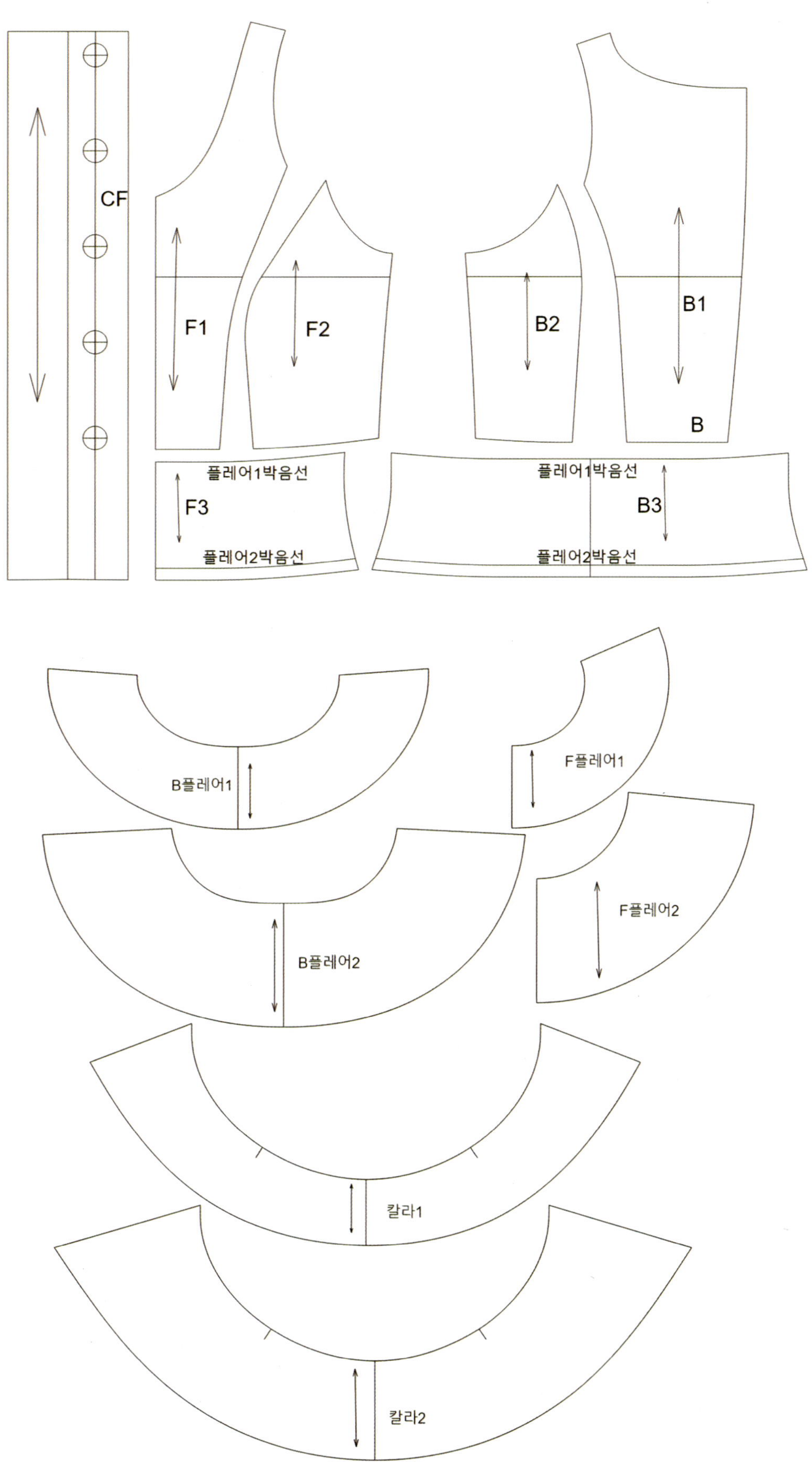

CF
F1
F2
B2
B1
B
플레어1박음선
F3
플레어2박음선
플레어1박음선
B3
플레어2박음선
B플레어1
F플레어1
B플레어2
F플레어2
칼라1
칼라2

15. 윙칼라 케이프 블라우스(Wing-Collar Cape Blouse)

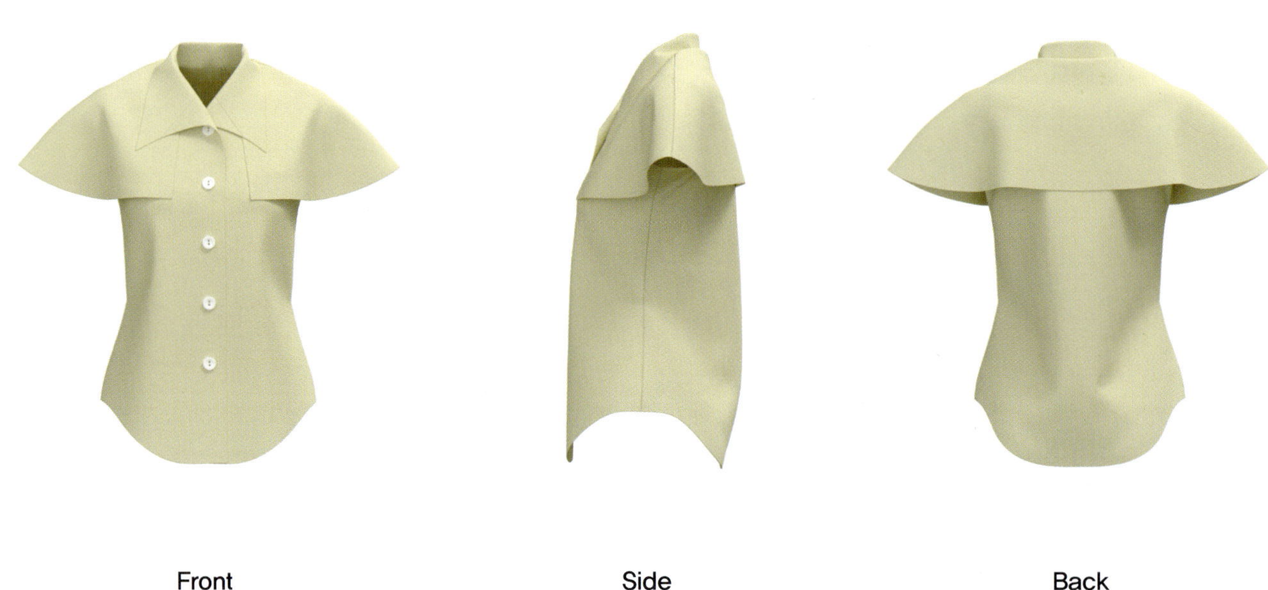

Front   Side   Back

제품 완성 치수				(단위: ㎝, 오차: ±0.5㎝)	
가슴둘레	허리둘레	밑단둘레	총길이	어깨길이	소매길이
85	81.7	106	64	7	소매 없음

사용 아이콘									
선 그리기	직각선	중간선	선 길이 조정	연장	평행	다듬기	선 자르기	측정	이동
수직/수평 보정	선 붙여 다듬기	기호	다듬기	채우기					

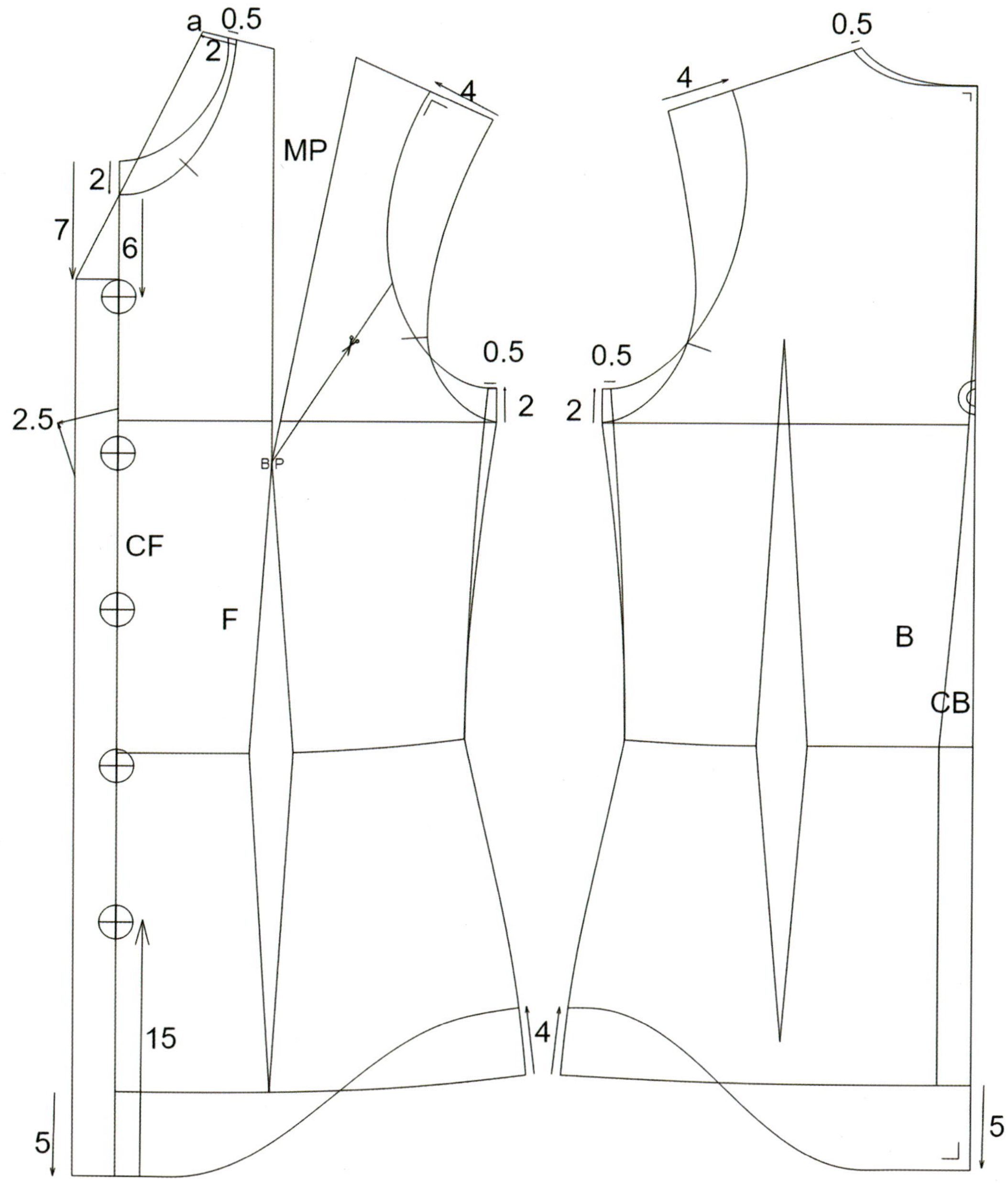

① 목옆점에서 0.5㎝, 목앞점에서 2㎝ 내려와 **직각선(V)**으로 기준을 잡은 뒤 **선그리기곡선(D)**으로 네크라인을 다시 그린다.

② 소매가 없는 블라우스 경우 입었을 때 겨드랑이 보이지 않도록 겨드랑점을 2㎝ 올려 주고 0.5㎝ 안으로 넣어 겨드랑점을 변경한다. 어깨끝점에서 어깨선을 4㎝ 짧게 하고, **직각선(V)**으로 기준선을 잡은 뒤, **선그리기곡선(D)**으로 진동둘레선과 옆선을 그린다.

③ 허리 다트는 여유분으로 없앤다. 필요한 선들을 **선자르기(C)** 하고, **회전×1(R)**로 어깨 다트를 MP하여 진동 다트로 생성한다. **중간선**으로 다트끝을 3㎝ 이동한다.

④ 여밈분은 새롭게 그린 목앞점에서 5㎝ 내려와 **직각선(V)**으로 2.5㎝로 한다.

⑤ 밑단은 중심선에서 **선길이조정(Q)**으로 5㎝ 늘리고, 옆선에서 4㎝ 올려서 **직각선(V)**으로 기준을 잡은 뒤, **선그리기곡선(D)**으로 밑단선을 디자인에 맞게 그린다.

⑥ 앞판(F)의 목옆점에서 **선길이조정(Q)**으로 어깨선을 2㎝ 늘린 점을 a라고 한다. a와 여밈분을 잇는 직선을 **선그리기(D)**로 그린다.

⑦ a에서 뒷목둘레선 길이만큼 **선길이조정(Q)**으로 그린 후, **직각선(V)**으로 7.5㎝, **선그리기(D)**로 네크라인과 맞닿는 직선을 그린다. 여기에 너치를 넣는다.

⑧ 너치에서 ⊕ +뒷목둘레선 길이만큼 **선길이조정(Q)**하고 **직각선(V)**으로 7.5㎝의 칼라 너비를 그린다.

⑨ **선그리기곡선(D)**으로 칼라를 그린다. 칼라끝의 각도와 크기는 디자인에 따른다.

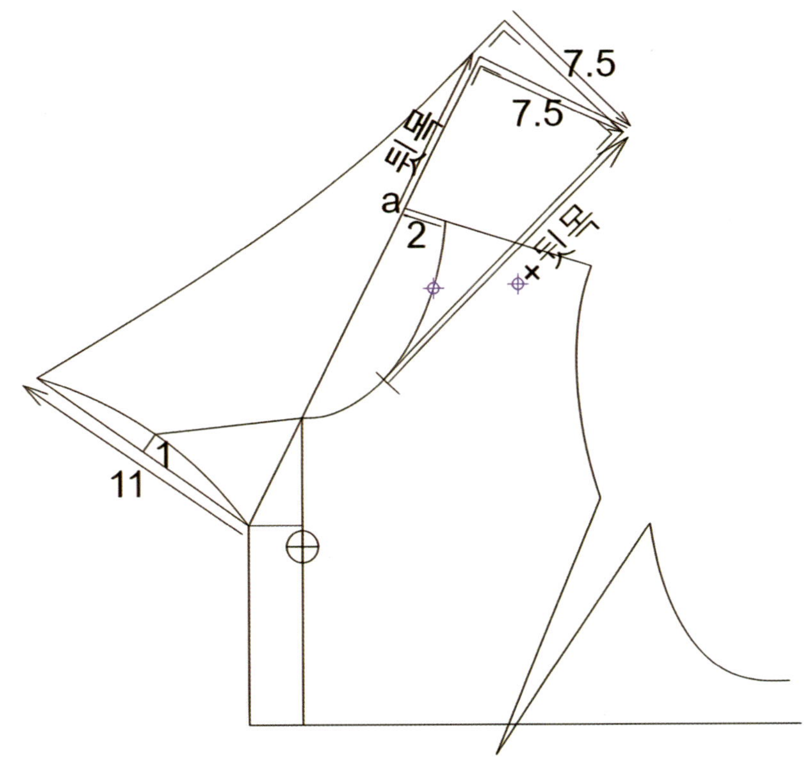

⑩ 앞판(F)의 어깨선과 칼라달림선이 교차하는 점에서 앞안단을 **선그리기곡선(D)**으로 앞중심(CF)에서 4.5㎝ 너비로 밑단까지 그린다.

⑪ 목뒤점에서 4㎝ 내리고 앞안단의 어깨길이만큼 안단의 어깨길이를 **직각선(V)**으로 기준을 잡은 뒤 **선그리기곡선(D)**으로 그린다.

⑫ 앞네크라인선을 칼라 끝까지 **연장(E)**한다.

⑬ 칼라는 골선 재단이 아닌 2장 재단이며, 칼라를 포함한 앞 안단을 골선 재단한다.

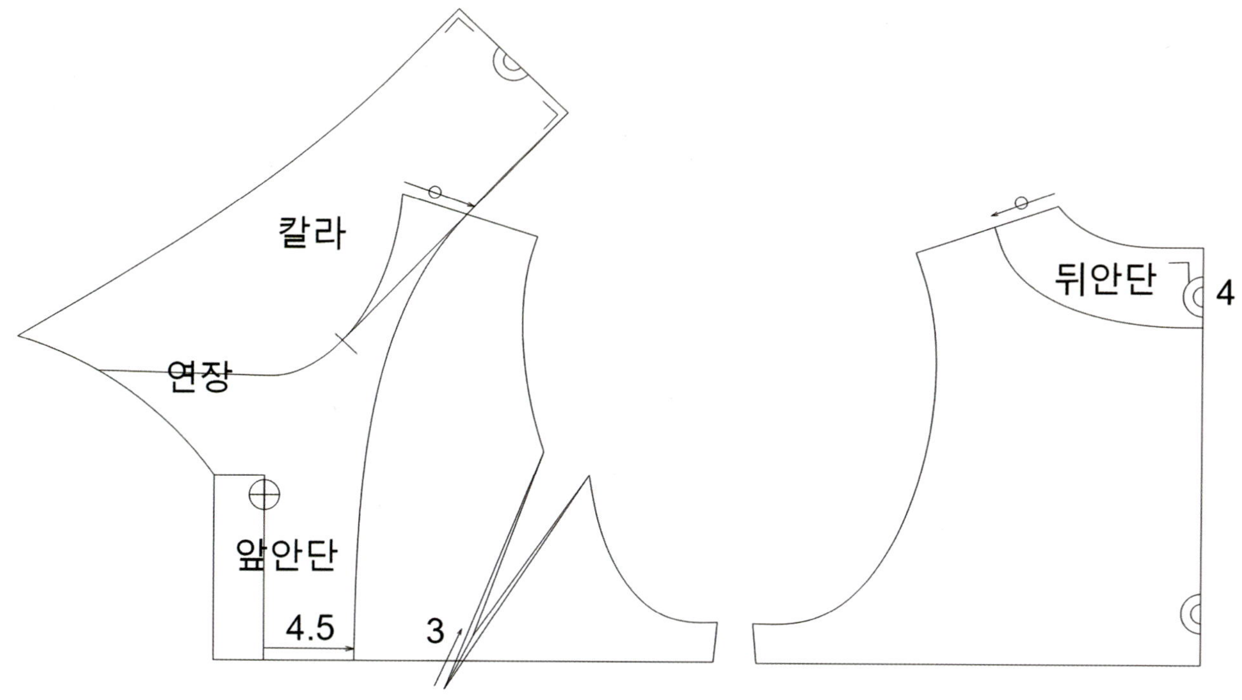

⑭ 케이프는 토르소 원형의 어깨선에서 연장하여 제도한다.

⑮ 앞 네크라인 너치점에서 **선그리기**(D)+**Shift**로 20㎝ 직선을 그린다.

⑯ 어깨끝점을 **선길이조정**(Q) 7㎝ 하고 **직각선**(V)으로 3㎝의 경사각을 그린다. 이 경사각을 따라 **선그리기**(D)로 20㎝ 직선을 그린다. 케이프 길이는 디자인에 따른다.

⑰ 케이프의 밑단을 **선그리기곡선**(D)으로 그린다.

⑱ 케이프의 뒤중심선 길이는 23㎝로 하고 앞판과 동일한 방법으로 그린다.

⑲ **선붙여다듬기**(Z)로 네크라인, 어깨선, 밑단선 등 각 선들을 자연스러운 곡선으로 다듬는다.

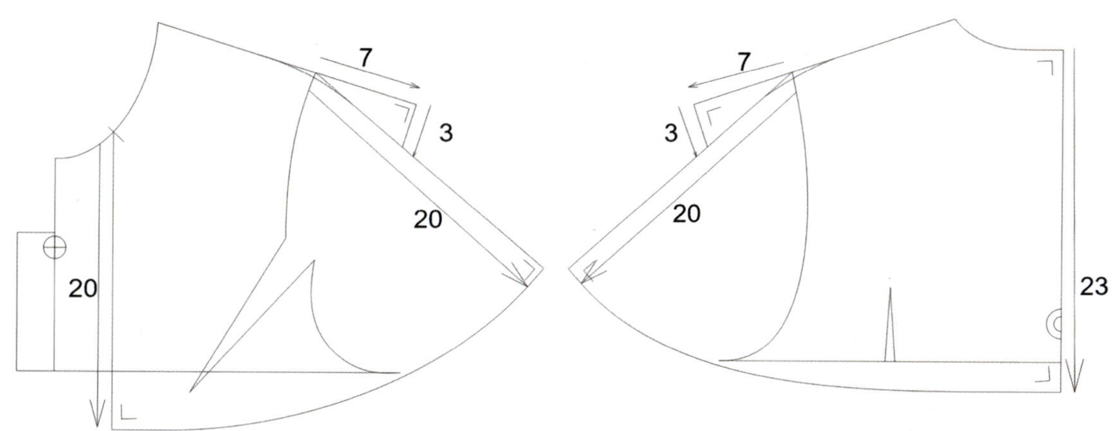

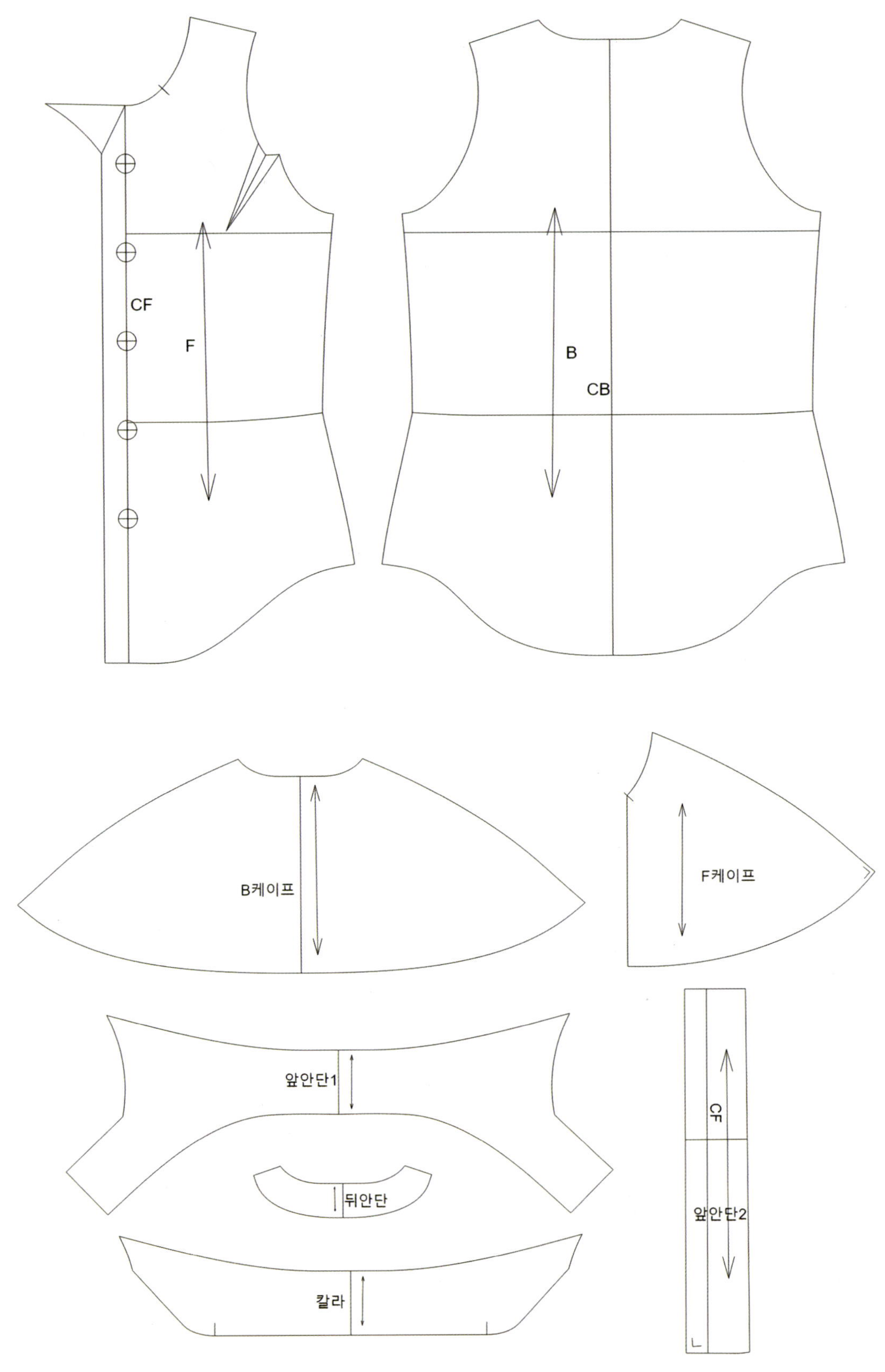

CF
F
B
CB
B케이프
F케이프
앞안단1
뒤안단
칼라
CF
앞안단2

16. 프릴 캡슬리브 블라우스(Frilled Cap-Sleeve Blouse)

Front

Side

Back

제품 완성 치수				(단위: cm, 오차: ±0.5cm)	
가슴둘레	허리둘레	밑단둘레	총길이	어깨길이	소매길이
91	72.6	102	59	11.5	소매 없음

사용 아이콘									
선 그리기	직각선	연장	선 길이 조정	선 붙여 다듬기	선 자르기	다듬기	평행	이동
회전	벌리기	반전	수직/수평 보정	기호				

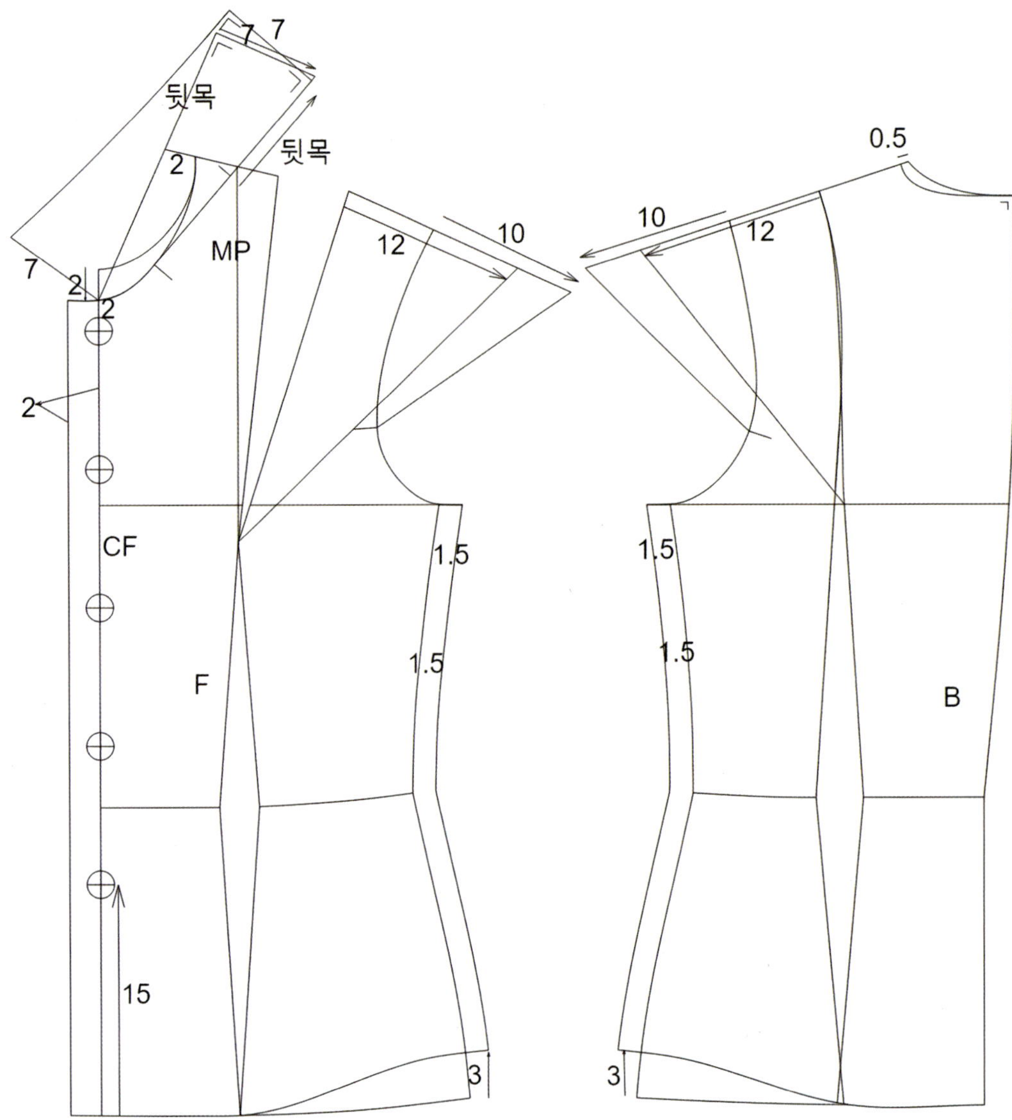

① **평행(P)**으로 옆선을 1.5㎝ 늘린다. **연장(E)**과 **다듬기(W)**로 옆선을 정리한다.

② 옆선의 엉덩이선 위로 3㎝ 올려서 **직각선(V)**으로 기준선을 잡고 **선그리기곡선(D)**을 이용하여 밑단선을 그린다.

③ **직각선(V)**으로 목앞점에서 2㎝를 내려 2㎝ 너비의 여밈분을 그린다.

④ 첫 번째 단추 2㎝ 아래 마지막 단추 15㎝의 단추 5개를 **기능기호(O)**로 넣는다.

⑤ 컨버터블칼라 블라우스의 컨버터블칼라를 참조하여 그린다.

⑥ 어깨 프린세스라인점과 B.P점을 잇는 프릴1선을 **선그리기(D)**로 그린다.

⑦ 어깨끝점에서 **선길이조정(Q)**으로 10㎝ 늘려서 프릴2를 **선그리기(D)**로 진동둘레 너치점까지 그린다.

⑧ 앞과 뒤의 프릴1선과 프릴2선을 **이동×2(M)**와 **회전×1(R)**로 어깨선을 붙인다.

⑨ 등분선을 **선그리기(D)**로 긋고, **벌리기**로 위아래 2㎝씩 프릴의 양을 벌린다.

⑩ 어깨선에서 **선길이조정(Q)**으로 3㎝ 늘려서 **선그리기곡선(D)**으로 자연스러운 곡선을 그린다.

⑪ **수직수평보정**으로 프릴1과 프릴2의 그리기선을 바로 놓는다.

⑫ **선붙여다듬기(Z)**로 네크라인, 어깨선, 밑단선, 프릴선 등 각 선들을 자연스러운 곡선으로 그린다.

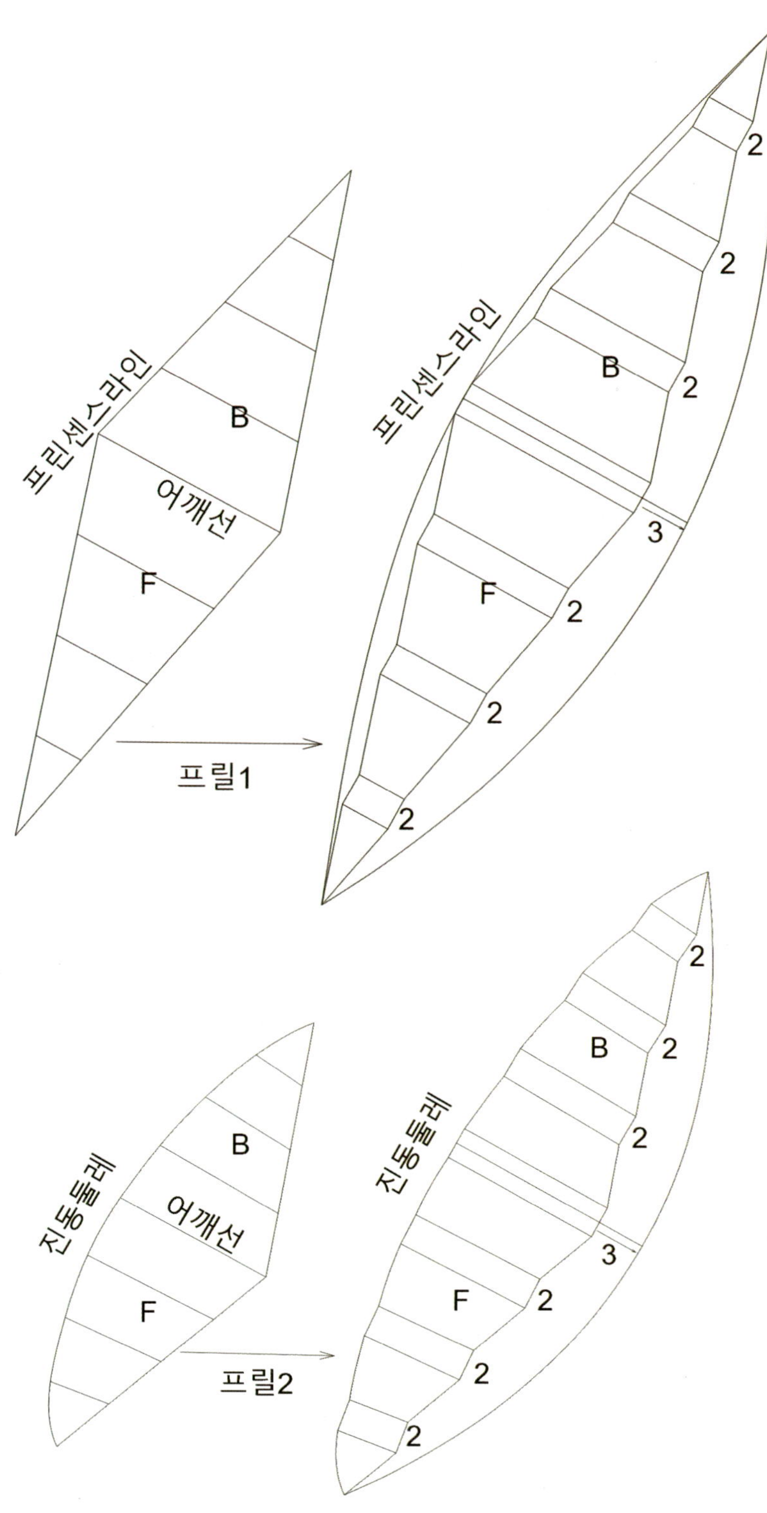

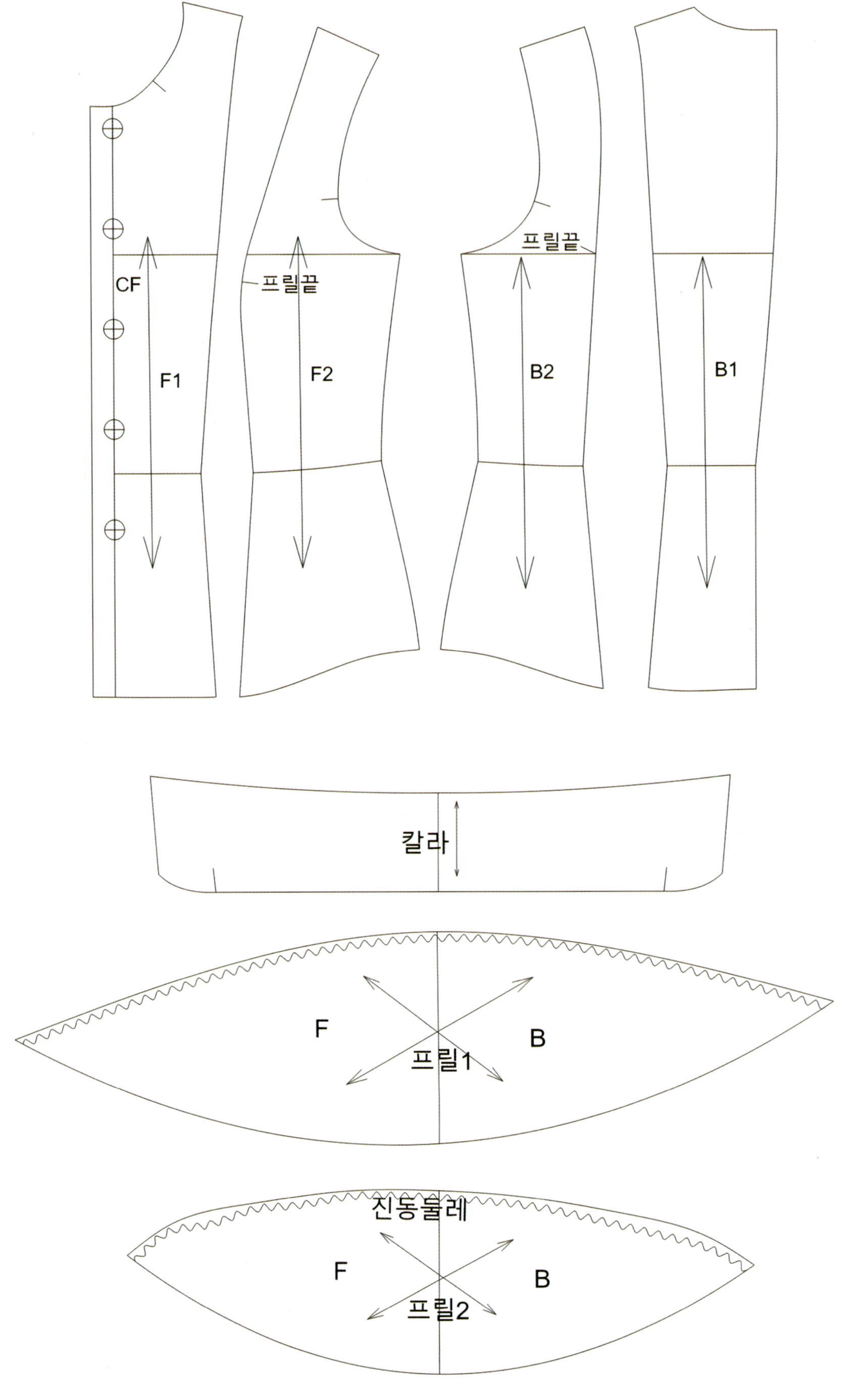

CF
프릴끝
프릴끝
프릴끝
F1
F2
B2
B1
칼라
F
B
프릴1
진동둘레
F
B
프릴2

17. 뷔스티에 블라우스(Bustier Blouse)

Front

Side

Back

제품 완성 치수				(단위: ㎝, 오차: ±0.5cm)	
가슴둘레	허리둘레	밑단둘레	총길이	어깨길이	소매길이
86	64.5	181.6	60	9	17

사용 아이콘								
직각선	선 자르기	선 그리기	연장	선 길이 조정	선 붙여 다듬기	다듬기	평행	이동	회전
측정	벌리기		수직/수평 보정	반전				

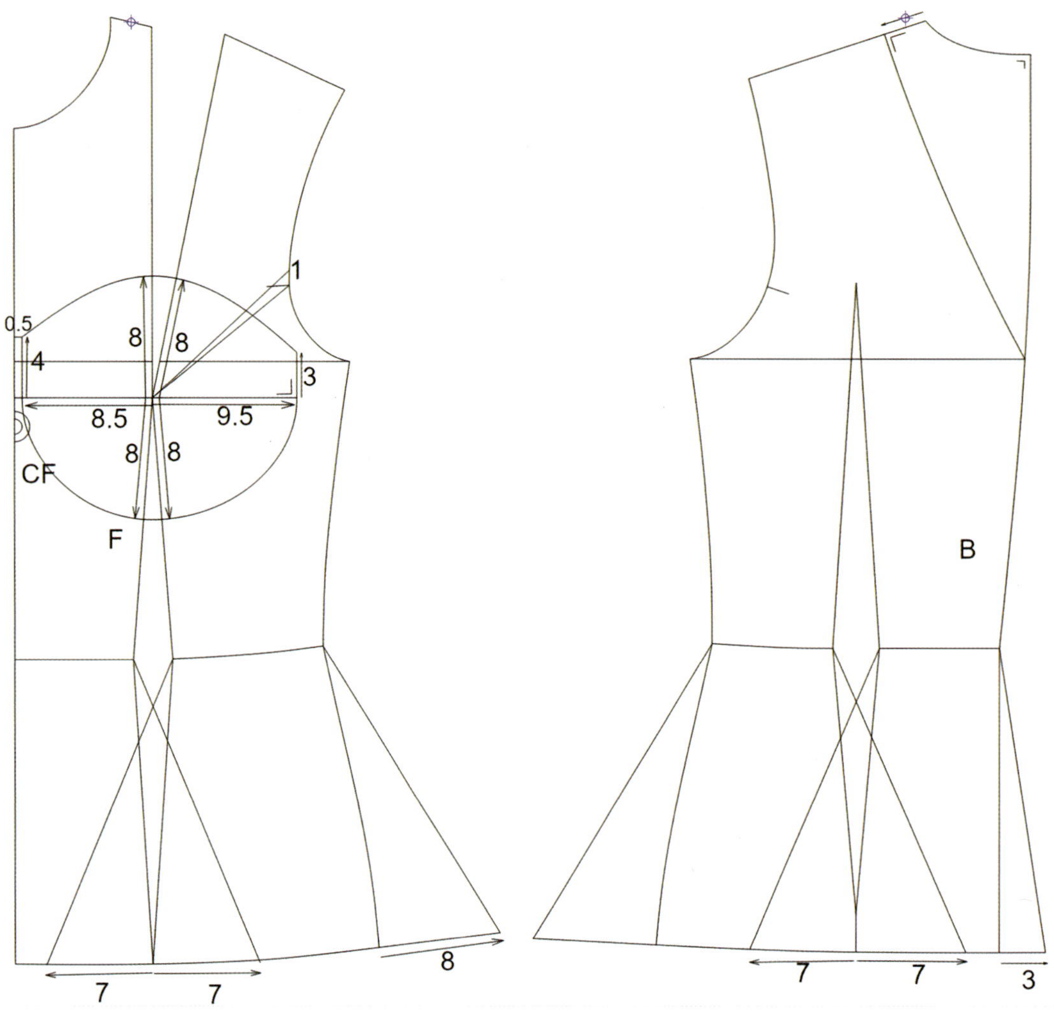

① 뒤판(B)의 어깨선에서 ⊕ 길이만큼 **직각선(V)**으로 기준선을 그린 후, 가슴둘레 기준선까지의 **선그리기곡선(D)**으로 뒤 네크라인을 그린다.

② 뒤판(B)의 밑단선을 **선길이조정(Q)**으로 늘리고 **선그리기(D)**로 허리선에서 밑단까지 각각의 옆선들을 그린다.

③ 앞판(F)의 B.P점 기준선에서 앞중심선(CF)을 따라 4㎝ 위에 **직각선(V)**으로 0.5㎝ 들어와 컵라인을 시작한다.

④ B.P점에서 **선그리기(D)+Shift**로 9.5㎝를 옆선 쪽으로 그린다. 이 점에서 **직각선(V)**으로 3㎝ 올린다.

⑤ B.P점을 기준으로 닿는 다트선들을 **선자르기(C)**로 8㎝씩 자른다. 점이 생성된다.

⑥ ④와 ⑤를 잇는 곡선을 그린다. B.P점 기준선을 기준으로 위는 상컵이 되고 아래는 하컵이 된다. B.P점에서 진동둘레 너치점에 1㎝ 다트를 넣는다.

⑦ **이동×1(M)**과 **이동×2(M)**로 컵 모양의 조각을 각각 분리한다. 밑단선과 옆선, 진동둘레 등 **선붙여다듬기(Z)**로 자연스러운 곡선을 만든다.

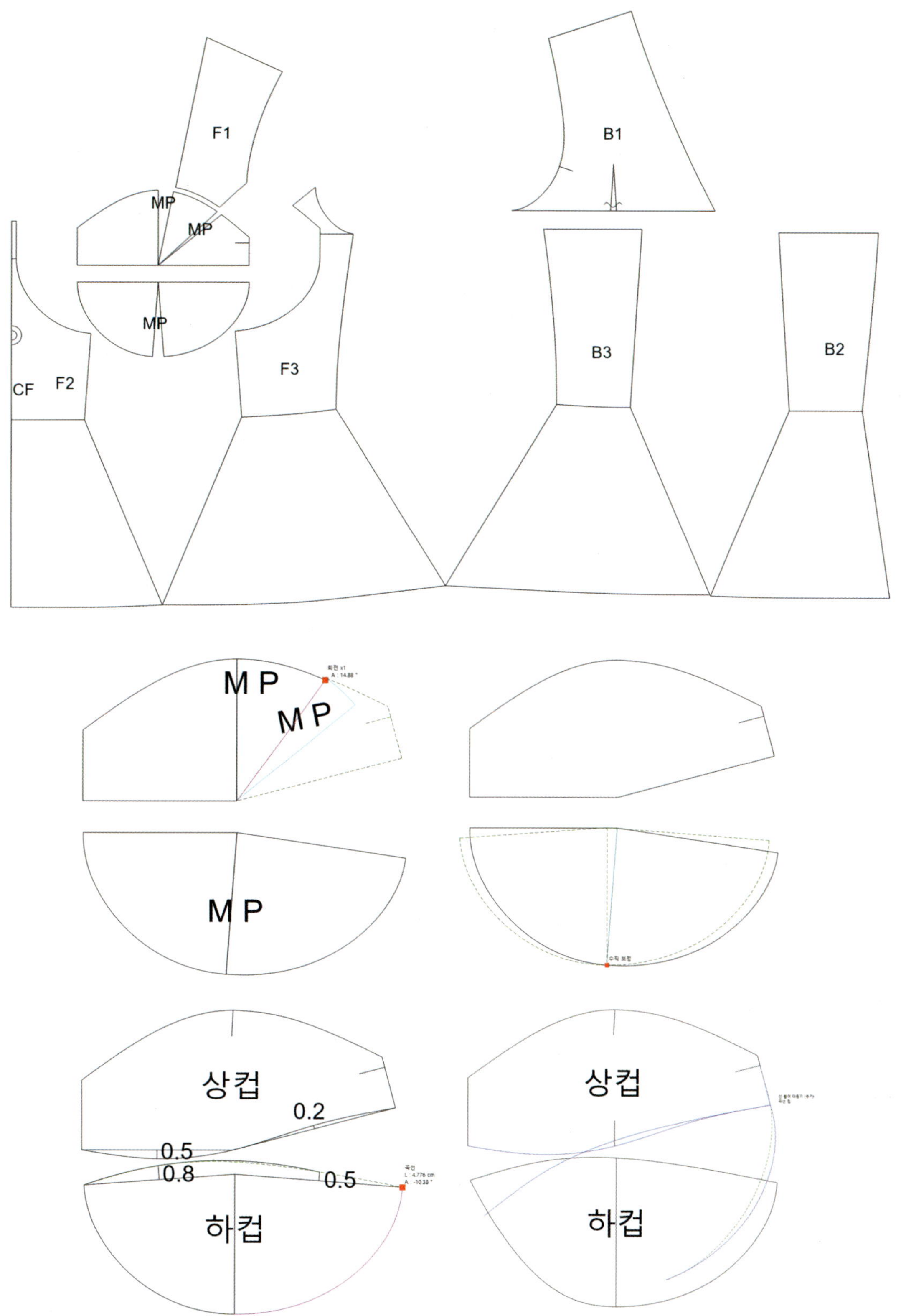

⑧ 상컵과 하컵의 MP에 필요한 선들을 **선자르기**(C) 후 **회전**(R)으로 MP한다.

⑨ 곡선을 좀 더 아름답게 그리기 위해 하컵을 **수직수평보정**한다.

⑩ 상컵과 하컵의 자연스러운 볼륨감을 위해 라인에 **직각선**(V)으로 그림과 같이 선을 그린 뒤, 이 점들을 잇는 **선그리기곡선**(D)으로 그린다.

⑪ 하컵, 상컵 라인과 컵의 옆라인 등 **선붙여다듬기**(Z)로 자연스러운 곡선을 만든다.

⑫ 소매 원형의 소매산둘레 너치점 및 각 등분점을 **선그리기**(D)로 그린다.

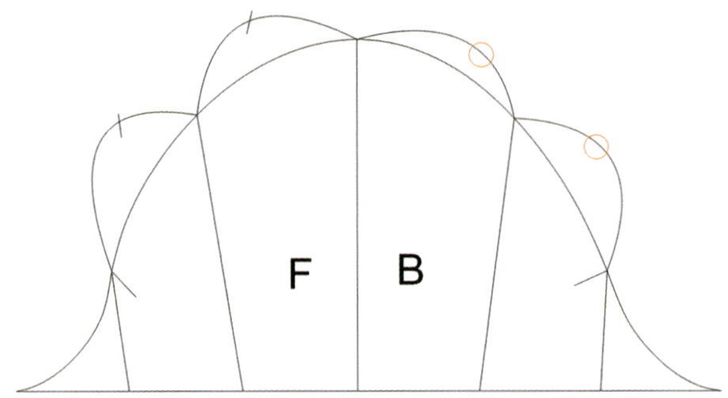

⑬ **벌리기**로 각 선을 3㎝씩 벌린다.

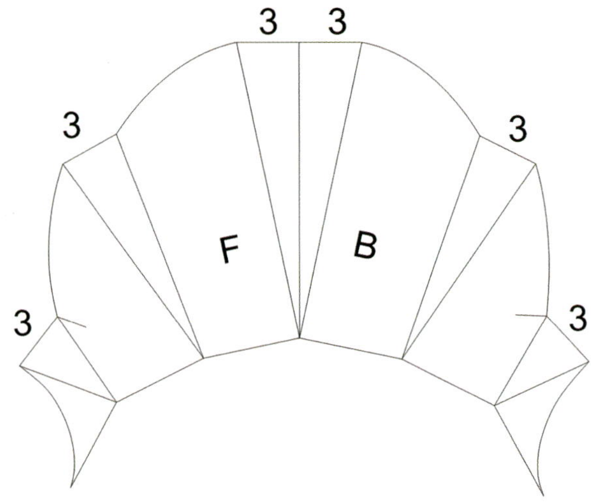

⑭ 중심선을 3㎝ 올려서 퍼프 높이를 주고 점을 지나는 **선그리기곡선**(D)으로 소매산둘레를 그린다.

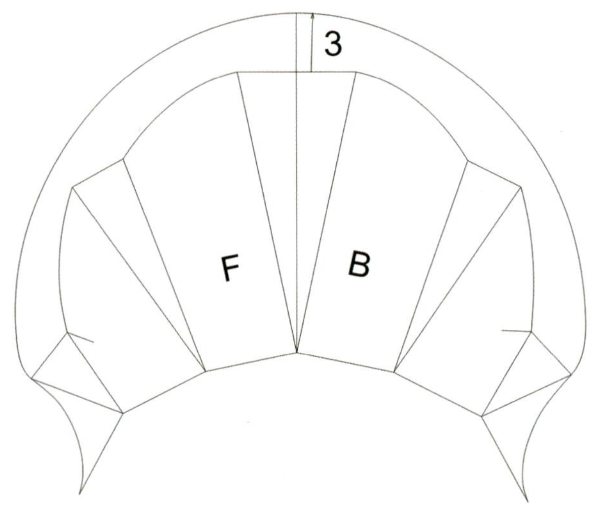

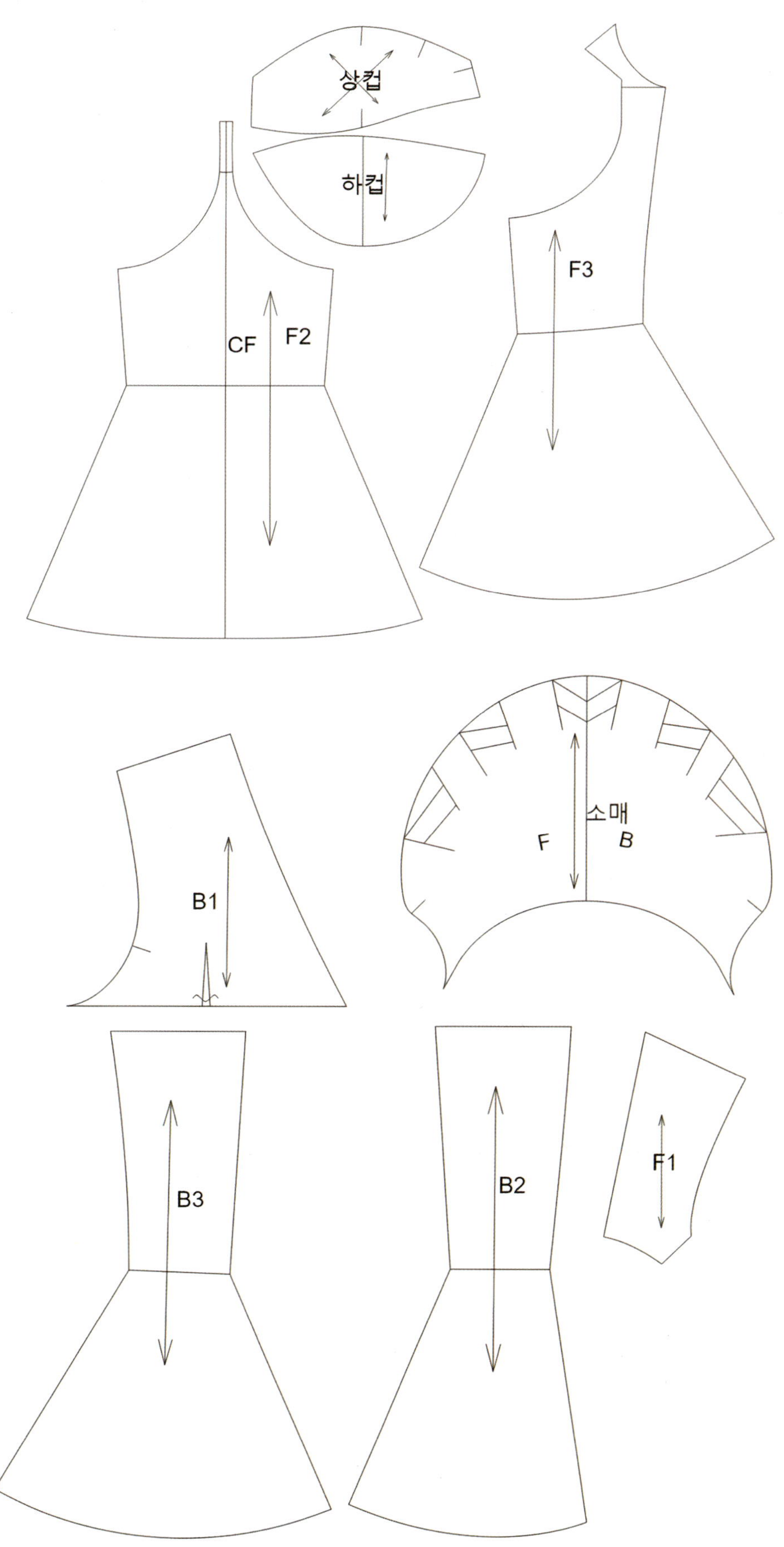

상컵
하컵
CF
F2
F3
B1
소매
F
B
B3
B2
F1

참고 문헌 ○

- 조극영, 2016, 여성복 패턴, 책과나무
- 조극영, 2016, 클래식 여성복 패턴, 책과나무
- 전은경 · 권숙희, 2000, 패턴제작의 원리, 교문사
- 나미향 · 허동진 외, 2020, 산업패턴설계-여성복1(개정판), 교학연구사
- 권영자 · 권수정 · 정은아, 2003, 서양의복구성의 실제, 미진사
- 이영숙, 2005, 디자인과 패턴, 경춘사
- 한국모델리즘산학교수협회, 2008, 트렌드 패턴 북, 교학연구사
- 이희춘, 2012, 패턴의 정석: 모델리스트의 첫걸음-여성복, 교문사
- 박상희 · 강경희, 2008, 졸업작품 패션쇼 모델의 치수에 적합한 원형연구, Journal of Korean Society of Clothing and Textiles, 32(6), 999-1011

여성복 패턴 메이킹 스커트/블라우스

초판 1쇄 인쇄일 2026년 01월 02일
초판 1쇄 발행일 2026년 01월 13일

지은이 최현옥 유은주
펴낸이 양옥매
디자인 표지혜
마케팅 송용호
교　정 조준경

펴낸곳 도서출판 책과나무
출판등록 제2012-000376
주소 서울특별시 마포구 방울내로 79 이노빌딩 302호
대표전화 02.372.1537　팩스 02.372.1538
이메일 booknamu2007@naver.com
홈페이지 www.booknamu.com
ISBN 979-11-6752-728-8 (13590)